安全监管监察干部理论学习读本

主编　张国茹

煤 炭 工 业 出 版 社
·北　　京·

前言

习近平总书记强调，党员领导干部要加强学习，首先就要认真学习马克思主义理论，因为这是做好一切工作的看家本领，也是必须普遍掌握的工作制胜的看家本领。

当前，世情、国情、党情继续发生深刻变化，面临的发展机遇和风险挑战前所未有，新情况、新问题层出不穷，有许多深层次的矛盾亟待研究和解决，有许多规律性的东西需要认识和把握。在安全生产领域，全国安全生产形势稳定好转，各类事故起数和死亡人数不断下降，但形势依然严峻。突出表现在重特大事故尚未有效遏制，一些地区和单位科学发展、安全发展理念没有牢固树立，安全生产责任不落实，安全生产基础比较薄弱，安全监管工作存在差距。

在这样的背景下，安全生产监管监察领域党员领导干部需要进一步认清时代形势，把握朝代潮流，坚定理论自信、制度自信和道路自信；需要时刻保持清醒头脑，科学认识安全生产工作的规律特点，提升安全业务素质。

为了贯彻落实中组部《2013—2017 年全国干部教育培训规划》精神，落实国家安全生产监督管理总局加强安全生产监管监察系统教育培训教材建设的要求，在国家安全生产监督管理总局人事司领导下，国家安全生产监督管理总局党校老师组织编写了《安全监管监察干部理论学习读本》，以强化安全监管监察干部对理论学习的重视程度，进而提升理论素质和业务能力。

目录

第一章　马克思列宁主义基本理论

第一节　马克思列宁主义概述

在人类历史发展的长河中，曾经有过无数辉煌的创造和惊人的发现，但从来没有任何一种创造和发现，像马克思、恩格斯所创立的马克思主义那样，引起整个人类思想的巨大震颤，从根本上动摇了人们的传统观念，改变了人们观察自然、社会和人自身的思维方式，开辟了人类思想史的新纪元。

一、马克思列宁主义的形成和发展

马克思主义是一个严密而完整的理论体系，它产生于19世纪40年代中期，至今已有160多年的历史。马克思主义产生以后，在解答各个历史时期实践提出的各种重大理论课题的过程中，不断丰富和发展自己。

任何一种科学理论都是时代的产物。同样，马克思主义的产生和发展也有其深刻的经济社会根源、思想渊源和实践基础。

首先，资本主义经济的发展为马克思主义的产生提供了经济、社会历史条件。美洲大陆的发现，为新兴资产阶级开拓了新的活动场所，有力地促进了资本主义商品经济的发展，加快了资本主义生产关系取代封建生产关系的过程。工业革命大大地提高了劳动生产率，促进了资本主义社会生产力及经济发展，也把资本主义推进到一个新的阶段。生产力的巨大发展，既促进了新兴资本主义制度的确立和巩固，也使这种制度开始显示出它所固有的深刻的内在矛盾，周期性爆发的生产过剩的经济危机就是这种矛盾的突出表现。资本主义固有矛盾的发展，预示着未来社会革命的性质和历史发展的方向，这为马克思主义的产生提供了经济社会的条件和基础。

其次，无产阶级反对资产阶级的斗争日趋激化，对科学理论的指导提出了强烈的需求。19世纪30—40年代，法国、英国、德国接连爆发了工人阶级反对资本主义制度的斗争。但是，由于没有革命理论的指导和无产阶级政党的领导，工人的几次起义均以失败而告终。这就迫切需要总结和升华无产阶级在长期斗争实践中积累的丰富经验，形成科学的世界观和对现存社会进行革命改造的系统理论，用以指导无产阶级的解放斗争。这就成为马克思主义产生的阶级基础和实践基础。

再次，德国古典哲学、英国古典经济学和19世纪的英法两国的空想社会主义学说是马克思主义的直接理论来源。德国古典哲学、英国古典经济学、英法两国的空想社会主义学说，形成了19世纪上半叶欧洲特殊的理论环境，它们在理论上的成就和缺陷，已经解决的问题和尚未解决的问题，正面和反面的经验，正确和错误的方法，合理的和空想的设想，都成为孕育马克思主义诞生的肥沃土壤。

马克思、恩格斯之所以能够完成时代赋予的重任，创立马克思主义，也与他们的主观条件分不开。

首先，马克思、恩格斯都树立了为人类解放事业而奋斗的崇高理想，他们仇视和憎恨剥削制度，同情和热爱贫苦的劳动大众，有强烈的革命热情和激情。

其次，马克思、恩格斯勤奋好学，兴趣广泛，涉猎较多的学科领域，在崎岖的科学小道上不畏艰险、勇于攀登，掌握了人类创造的丰富的文明成果，在很多学科都颇有建树。

再次，马克思、恩格斯既不是蛰居书斋的学者，也不是鲁莽的实践家，与同时代的其他人相比，他们具有双重的优越性：比起工人活动家，他们具有高度的理论素养和渊博的学识；而比其他理论家，他们又具有强烈的实践愿望、实践经验和组织领导工人运动的实际能力。正是这种主观条件，使他们能够抓住时代脉搏，解决人类面临的任务，回答时代所提出的理论课题，从而成为马克思主义的创始人。

马克思主义既然是时代的产物、实践经验的总结、科学成果的升华，它就必然会随着时代的改变、实践的扩展、科学的进步而不断丰富和发展。马克思、恩格斯不仅是马克思主义的创立者，而且也是马克思主义的发展者。马克思1845年春天写作的《关于费尔巴哈的提纲》和马克思、恩格斯1845—1846年合写的《德意志意识形态》一书，是标志马克思主义基本形成的著作；1847年7月发表的马克思的《哲学的贫困》和1848年2月发表的马克思、恩格斯合写的《共产党宣言》，则标志着马克思主义的公开问世。

自此以后，马克思、恩格斯又通过总结实践经验、理论研究以及同反马克思主义观点的论战，不断把自己的理论推向前进。马克思主义刚刚公开问世，就接受了1848年欧洲革命的洗礼，到1871年，又接受了巴黎工人起义和巴黎公社实践的检验，得到进一步发展。马克思、恩格斯晚年在总结1848年革命经验和巴黎公社经验的基础上，纠正了他们把资本主义寿命估计过短的历史局限性，在一定程度上认识到了资本主义制度的自我调节功能，对工人阶级斗争形式和斗争策略的认识也发生了相应的改变。

在马克思主义基本形成和刚刚问世时，马克思、恩格斯对经济学批判的任务尚未完成，经济学理论尚未成熟，此后又经过几十年的潜心研究，马克思写成了《资本论》这部鸿篇巨制，于1867年出版《资本论》第1卷。马克思过世后，恩格斯又组织出版该书的第2、3卷，并且整理和出版了《资本论》的手稿。

马克思、恩格斯逝世以后，列宁在帝国主义和无产阶级革命的时代条件下，在领导俄国无产阶级革命和社会主义改造与社会主义建设的实践中，在同第二国际机会主义的斗争中，继承、捍卫、发展了马克思主义，把马克思主义推进到一个新的阶段，即列宁主义阶段。列宁在《唯物主义和经验批判主义》《哲学笔记》等著作中，捍卫和发展了马克思主义哲学，明确界定“物质”范畴，全面阐述唯物辩证法的内容和本质，将实践观点引入认识论；在《帝国主义是资本主义的最高阶段》等著作中，捍卫和发展了马克思主义的政治经济学，指出帝国主义是资本主义的最后阶段，揭露了它必然灭亡的条件；在《国家与革命》等著作中，捍卫和发展了科学社会主义理论，如无产阶级革命理论、民族殖民地问题理论、无产阶级专政理论、建设社会主义的理论和新型无产阶级政党的理论。特别值得提及的是，列宁的《论欧洲联邦口号》和《无产阶级革命的军事纲领》两篇论文，提出了在特定的历史条件下，社会主义革命有可能在一国或几国首先取得胜利的思想；在十月革命前夕和革命胜利以后，多次谈到落后的国家通过国家资本主义形式向社会主义过渡的思想。这些思想对落后国家的社会主义革命和社会主义建设，具有非常重大的指导意义。

马克思主义在19世纪末20世纪初传入中国。在指导中国革命和建设的过程中，逐渐形成了中国化的马克思主义——毛泽东思想和中国特色社会主义理论体系，成为中国革命和建设的指导思想，是党最可宝贵的政治和精神财富，是全国各族人民团结奋斗的共同思想基础。

总之，马克思主义不是封闭僵化的理论体系，而是在解决时代和实践的重大课题中不断发展的科学。马克思主义是真理性的认识，同时它又没有结束真理，而是开辟了在实践中不断认识真理和发展真理的广阔道路。这就使它与历史上无数显赫一时的其他理论有着完全不同的命运。历史上有许多理论和学说往往随着其创始人的去世而逐渐走向衰落，马克思主义却不是这样。马克思主义由于自觉植根于时代和实践的沃土之中，并不断根据时代和实践发展的需要，为满足广大人民群众的利益和要求，推进理论创新，成为一个开放的、不断发展的理论体系，所以它能够并必将保持长久的生命活力。

二、马克思列宁主义的主要内容和理论特征

马克思列宁主义是由马克思、恩格斯创立，为列宁继承和发展，以反对资本主义、建设社会主义和共产主义为目标的科学的理论体系，简要地说，它是关于工人阶级和人类解放的科学。马克思列宁主义最崇高的社会理想是实现物质财富极大丰富、人民精神境界极大提高、每个人自由而全面发展的共产主义社会。

马克思主义的主要内容包括马克思主义哲学、政治经济学和科学社会主义。哲学基本观点主要包括：关于客观世界的本质和规律的观点，关于人的实践和认识活动的本质和规律的观点，关于社会形态和社会基本矛盾运动规律的观点，关于人民群众的历史主体作用的观点，关于人的全面发展和社会全面进步的观点。政治经济学基本观点包括：关于商品经济和社会化大生产一般规律的观点，关于劳动价值论、剩余价值论和资本主义生产方式本质的观点。科学社会主义基本观点包括：关于社会主义必然代替资本主义的观点，关于社会主义革命和无产阶级专政的观点，关于无产阶级政党建设的观点，关于社会主义本质特征和建设规律的观点，关于共产主义社会基本特征的观点等。

“列宁主义”一词始见于1903年俄国社会民主工党第二次代表大会后。1924年斯大

林在《论列宁主义基础》一书中系统地论述了列宁主义，并把它定义为，列宁主义是帝国主义和无产阶级革命时代的马克思主义。列宁在新的历史条件下对马克思主义发展所做的贡献是多方面的，他提出的新思想、新观点是很丰富的。构成列宁主义的核心内容主要有以下六个方面：帝国主义理论、无产阶级革命理论、民族殖民地问题理论、无产阶级专政理论、建设社会主义的理论、新型无产阶级政党的理论。

在马克思主义体系中，哲学是世界观和方法论的指导原则，政治经济学是通向实际生活（如对资本主义生产方式的剖析）的中介，科学社会主义则是运用哲学分析经济事实引出的结论。这三者之间互相渗透、互相补充，构成统一的马克思主义学说。

马克思主义具有科学性、革命性和实践性的理论特征。

马克思主义的革命性集中表现为站在工人阶级和广大人民群众立场之上的彻底的批判精神。马克思主义是工人阶级的意识形态，它以科学的理论形式反映了工人阶级和广大人民群众的利益、愿望和要求。它丝毫不隐瞒和回避自己的阶级本质，不以“超阶级”的幌子标榜自己是“全人类”利益的代表，而是公然申明自己的阶级性，申明自己是为工人阶级服务的。它坚决批判一切剥削阶级的理论观点，自觉捍卫无产阶级和广大人民群众的利益，以彻底推翻一切剥削制度，消灭社会不平等的现象，争取工人解放和全人类的彻底解放为己任。不仅马克思主义哲学是工人阶级的精神武器，马克思主义的各个组成部分都是工人阶级批判旧世界、建设新世界的精神武器。

马克思主义的科学性，首先，在于它不带任何偏见，清除一切狭隘性和片面性的弊端，力求按照世界的本来面目去如实地认识世界，揭示自然界和人类社会发展的客观规律，并根据对客观规律的认识去能动地改造世界。其次，马克思主义的科学性还在于它的深刻性，正如恩格斯所说，马克思在他所研究的每一个领域，甚至在数学领域，都有独到的发现，这样的领域是很多的，而且其中任何一个领域他都不是浅尝辄止。再次，马克思主义之所以具有科学性，不仅仅在于它揭示了社会发展的客观规律，而且还在于它经受了实践的检验并随着实践的发展而不断发展。

马克思主义的科学性和革命性都是以实践性为基础的。实践的观点是马克思主义的基本观点，是马克思主义的出发点和归宿。马克思主义来源于实践，是实践经验的概括和总结，又反过来指导工人阶级和广大人民群众改造世界的实践活动，为实践服务，并在实践中得到检验和发展。

任何理论都有历史局限性和时代局限性，马克思、恩格斯的理论也不例外，问题在于能不能通过自我反省、自我批判克服这种局限性。马克思、恩格斯的可贵之处，不仅在于他们敢于对黑暗的现实和各种错误理论进行无情的批判，而且还在于他们勇于自我反省、自我批判，不断克服局限性，与时俱进，开辟新境界，达到新的高度和水平。

三、马克思列宁主义的历史地位

在现代西方社会科学的几乎所有领域中，马克思主义都占有特殊而重要的地位。

在哲学领域，马克思主义结束了以德国古典哲学为代表的西方传统形而上学，吸收与继承了费尔巴哈哲学的唯物主义与黑格尔哲学的辩证法等“合理内核”，开创了以人类实践为基础的辩证唯物论和历史唯物论。在马克思主义整个哲学体系中，实践的全方位性，体现在它的自然观、历史观和认识论之中，彻底实现了“自然的历史”和“历史的自然”的统一，从根本上解决了传统哲学的困境。

马克思主义在经济学方面的贡献，是其他任何西方经济学大家都无法媲美的。马克思主义从世界历史和社会发展的视角，用微观经济分析与宏观经济分析相结合的方法来阐明资本主义自身固有的经济社会问题，表现出远大目光和超人的真知灼见，绝非像一些西方经济学家那样就事论事和仅有狭隘的分析思路。马克思主义创立的剩余价值理论、经济危机理论等，把辩证唯物主义和历史唯物主义运用到政治经济学的研究之中，既实现了政治经济学研究对象和方法的变革，又再次实现了人类经济思想史上的伟大革命。

在历史学的世界中，马克思主义的世界历史理论、历史阶段论等为人们揭开历史之谜指点迷津。马克思主义的世界历史理论把作为整体的世界历史发展，视为由各个民族和国家的社会历史发展间的各种方式和程度的相互联系、相互作用的总和构成。这就要求从世界历史的整体上去把握各个民族和国家的社会历史发展路径，从各个民族和国家社会历史发展间的相互作用、相互影响去掌握世界历史发展的规律。马克思主义依据生产力水平所划分的社会演进形态和人类发展的历史阶段，为其理论保持持久生命力提供了最终依据。

在社会学领域，马克思主义开创了一种与孔德为代表的实证主义传统相对立的马克思主义社会学传统。它以探求人类社会及其发展规律的唯物史观为核心，包括一般社会学理论和方法论，它的社会批判理论、社会有机体理论以及唯物史观成为人们认识和改造社会的有力工具。它的历史唯物主义学说中所包含的革命理论、政治秩序和政治统治理论、政治发展理论等政治社会学理论，对后世专门研究革命问题的政治社会学有深远的影响。

在伦理学方面，马克思主义是德国古典伦理学说优秀遗产的真正继承者。马克思主义伦理学否定道义论离开物质利益空谈道德，也批判了功利论把道德立足于个人利益的狭隘性。马克思、恩格斯在《神圣家族》一书中指出，既然正确理解的利益是整个道德的基础，那就必须使个别人的私人利益符合于全人类的利益。马克思在伦理学方面的杰出贡献是他将道德建构的基础定位为物质利益，从而实现了伦理学由唯心史观向唯物史观的彻底转变。

在人权思想方面，马克思主义认为人权是社会的、历史的、具体的而不是天赋的、抽象的，而且马克思、恩格斯还强调，无产阶级和工人政党在斗争中要善于运用人权武器。马克思主义人权观与资产阶级人权观的本质区别在于：前者要求普遍的人权、真正的平等。

在其他方面，马克思主义展示了百科全书式的特点，涉猎领域之广泛是其他大家都无法相比的。生活在19世纪的马克思已经敏锐洞察到在当今世界才成为真正现实的一些问题，如金融市场问题、全球化问题、信息作用问题等。马克思还创造了一整套“话语体系”如“生产力”“生产关系”“经济基础”“上层建筑”“政治”“经济”“文化”等所构成的概念体系，日渐成为西方社会乃至整个世界最庞大的“话语体系”。马克思及其学说对当代西方社会科学产生的深远影响还体现在，造就了一批声誉卓著的国际著名学者，引领了一些新的学术流派和新的社会科学分支学科的诞生。

列宁主义是对马克思主义的继承和发展，至少在四个方面做出了巨大贡献。

一是根据时代的变化，提出了科学对待马克思主义的态度问题，而且在继承马克思主义的基础上发展了马克思主义。二是把马克思主义的基本原理同俄国的革命实践相结合，取得了举世震惊的十月革命的胜利，从而把社会主义理论变成了现实。三是把马克思主义成功地运用到分析东方落后国家的解放问题上，推动了落后国家以及民族殖民地人民的解放。四是从实际出发，对如何建设社会主义国家进行了艰辛的探索。

纵观马克思主义产生以来所经历的三个世纪160多年对世界的影响，马克思主义拥有永不褪色的历史地位，其应有价值在人类贡献坐标上呈现着螺旋式上升的发展轨迹。在20世纪，马克思主义对西方资本主义世界、东方社会主义运动及当代世界政治格局等产生了巨大影响并深深地改变着世界。这种巨大的影响和深深的改变并没有因它的敌人制造多么多的“过时论”“危机论”“消失论”而终止，恰好相反，这种影响和改变还将继续并将与日俱增。

第二节 哲 学 理 论

马克思主义哲学是唯物主义和辩证法的统一。马克思主义的唯物主义认为，世界在本质上是物质的，人与世界关系的基础是实践，人生活于其中的世界是与人的实践相联系的统一的物质世界。马克思主义的唯物辩证法认为，物质世界是普遍联系和永恒发展的。联系的观点和发展的观点是唯物辩证法的总特征。唯物辩证法是关于自然、社会和思维联系与发展一般规律的科学。马克思主义哲学揭示了世界的本质和发展的基本规律，为我们正确地发挥主观能动性，即正确地认识世界和有效地改造世界提供了科学的世界观和方法论指导。马克思主义哲学还包括以实践为基础的认识论，以生产实践为根本动力的社会历史发展观。

一、实践唯物主义

哲学说到底都是关于“人”的思考，人与世界、人与人、人与自身的关系是哲学探索的三大范围，经过系统化、逻辑性的思考，形成世界观、人生观和价值观。旧唯物主义只看到人是自然界的一部分，没有看到人与动物的根本区别是人能够从事实践活动。

（一）实践是人的存在方式

马克思主义认为，人是从自然界分化出来的，并且必须依赖自然界才能生活。但是，人的这种自然存在与一般动物的自然存在又有根本的不同。一般动物是在消极适应自然的过程中维持自己的生存的，而人对自己的自然的存在是绝不满足的，他要改造外部环境以满足自己的需要。因为人既是一种肉体的、有自然力的、有生命力的自然存在物，又是一种精神的、能动的、自主的存在物。这就注定了：一方面，人要立足于现实，在由必然性所支配的自然界中生活；另一方面，人又不甘愿受自然界的种种限制，总是要在精神世界中创造理想生活，并通过实践活动把这些理想变为现实。实践是人的存在方式。人只有不断从事各种形式的实践活动，才能生存和发展。实践的观点是马克思主义关于“人”的理论基石。

马克思主义对世界本质的解释，与旧唯物主义、唯心主义的不同，不仅在于提出了正确的哲学－物质观，而且在于引入了实践的观点。从古代朴素唯物主义到近代形而上学唯物主义，包括费尔巴哈的唯物主义，其主要缺陷是直观性，离开人的实践活动去理解世界，忽视了人的主体性、能动性。而唯心主义又走上另一个极端，片面夸大人的主体性、能动性，把意识看成是世界的本原，它当然也不可能坚持实践的观点。马克思主义哲学则是从人的实践活动出发来理解人及其生活的世界。

（二）实践的含义和特点

马克思主义从主体与客体、主观与客观的关系中把握实践。马克思认为，环境的改变和人的活动的一致，只能被看做并合理地理解为革命的实践。列宁认为：主体与客体、主观与客观的交错点是人类历史的实践。毛泽东把实践规定为“是主观见之于客观的东西”。这些论述都对实践作出了科学的规定。

实践是主体能动地改造和探索客体的社会性的客观物质活动，构成实践活动的要素包括主体、客体和中介。主体和客体通过中介连接起来。中介是指各种形式的工具手段以及运用、操作这些工具的程序和方法。中介分为人的肢体延长、体能放大的工具系统和人的感官和大脑延伸、智力放大的工具系统两大类。

实践主体是指处于一定社会关系中具有实践能力的人，是实践活动中具有自主性和能动性的因素，担负着提出实践目的、操纵实践工具、改造实践客体的多种任务。实践主体可以划分为个人主体、集团主体和社会主体三种形式。个人有其相对独立的实践范围和形式，在这个意义上，个人成为独立的主体，即个人主体。集团主体是指以一定的集体、团体、群体形式进行实践活动时所形成的主体，阶级就是集团主体的一个重要形式。社会主体指一定地域的人们所组成的社会整体。

实践客体是主体实践活动所指向的对象。实践客体具有客观性、对象性和社会历史性。实践客体具有三种基本类型：自然客体、社会客体和精神客体。实践客体是客观存在的，坚持这一点就同唯心主义划清了界限。但是，并不是所有客观存在的事物都是实践客体，只有那些成为实践活动所指向的对象的客观存在才是实践客体。外部世界的哪些部分成为实践客体，是同一定的社会历史条件相联系的。随着社会实践的发展，被纳入实践活动范畴的客体也会不断扩大。

实践具有以下三个基本特点：

第一，客观性。实践是客观的感性物质活动。实践的主体是有血有肉的客观的人；主体所使用的工具是客观的物质的工具；实践作用的对象是可感知的客观物质世界；实践的发展过程，虽然有人的意识参与，但却是意识指导下的现实的客观过程；实践的结果是外在于人的意识的客观效果。实践的客观性表明它与纯粹的思维活动、精神活动是不同的。只有坚持实践的客观性，才能从根本上与唯心主义实践观划清界限。

第二，自觉能动性。实践是主体有意识、有目的的活动，人的实践活动不同于动物的活动。动物没有自己的主观世界，它们的活动是本能的活动。作为实践主体的人是有自己的主观世界的，人的实践都是在一定意识、目的指导下的活动。只有坚持实践的能动性，才能从根本上与旧唯物主义实践观划清界限。

第三，社会历史性。实践是社会性的、历史性的活动。作为实践主体的人，是处于一定社会关系中的人，总是在一定的社会关系中进行实践活动。尽管实践可以表现为单个人的个体活动，但这种个体活动却总是与社会中的其他人的活动联系在一起的。比如，人借助于工具同自然界相接触，而工具是他人过去劳动的成果，人们在一定社会条件下进行的实践活动，都是受社会条件限制的，并且是随着社会条件的发展而发展的，绝不会永远处于同一水平上，因此实践又具有历史性。

实践的三个特点是密切联系在一起的。人们客观性的活动受着人的自觉能动性的支配，还受着一定社会历史条件的制约；反过来，人的自觉能动性的发挥和实现，依赖于人们客观性的活动和一定的社会历史条件。

（三）实践的作用和意义

马克思主义认为，实践是人类社会产生、存在和发展的基础，是社会生活的本质。

第一，劳动实践是人类和人类社会产生的决定性环节。

现代科学研究证明，人类是由数万年前的森林古猿——类人猿进化而来的。类人猿原来生活在茂密的原始森林中。后来由于气候的变化，使林地减少，迫使类人猿到地面上活动和觅食。为了适应地面生活的需要，类人猿便把天然的树枝和现成的石块作为工具，用来获取食物、构筑巢穴、防御兽类侵袭。这种动物式的本能的劳动形式促使类人猿前后肢分工，逐渐由使用天然工具到学会自己制造劳动工具，形成真正意义上的劳动，猿的手也就变成了人的手。打造简单的石器用于采集果实或打猎，就标志着人手的产生。人手产生以后，逐渐摸索出用石器钻木取火，大大推动了人类的进步。

劳动还促使了人脑的形成，推动了语言和意识的产生和发展。随着劳动的产生和发展以及人类的逐渐形成，人类的活动也由原来的动物性的自发的群体活动，逐渐变为自觉的生产劳动。在生产劳动中，人与人之间结成了一定的社会生产关系。在生产劳动和生产关系的基础上，人们还从事其他社会实践活动，形成其他社会关系，如政治关系、思想关系等，从而形成了人类社会。由于劳动改变了古猿的身体结构，创造了人的手和脑，产生了语言和意识，形成了社会关系，这样就形成了人类和人类社会。

第二，物质生产实践是人类社会得以存在的基础。

马克思主义认为，生产物质生活资料的实践是一切社会历史的第一个前提。人类要生存，社会要存在，就必须解决人们吃、穿、住、用的问题，为此就必须进行物质生活资料的生产活动。如果停止生产，人类就不能生存，人类社会就会灭亡。生产活动是人们从事其他各种社会活动的基础。只有通过生产活动，解决了吃、穿、住、用问题，人们才能从事政治的、法律的、科学的、艺术的、宗教的等各种活动，形成各种复杂的社会关系。

第三，实践活动是推动社会发展的动力。

物质生产实践的持续进行，使生产力不断发展，从而推动人类社会不断发展。广大劳动群众持续进行的生产实践不仅创造了人类生存所必需的物质生活资料，而且在生产实践中不断积累经验，改进生产工具和生产技术，推动生产力的发展、生产方式的改变以及整个社会历史的进步。

处理社会关系的实践使生产力与生产关系的矛盾、经济基础与上层建筑的矛盾得到解决，推动社会不断发展。人们在从事生产实践的同时，就创造了各种社会关系（生产关系、政治关系、思想关系等），各种社会关系又反过来推动或阻碍生产力的发展。这就需要通过处理社会关系的实践活动，如阶级斗争、社会革命、社会改革等，维持和巩固那些适合于生产力发展的社会关系，调整和改革那些不适合于生产力发展的社会关系，使生产力与生产关系的矛盾、经济基础与上层建筑的矛盾得到解决，解放和发展生产力，推动社会由低级向高级发展。

科学实验的进行推进了科技进步和生产力的发展，大大加快了社会发展的进程。科学实验是近代出现的一种实践形式。这种实践形式的出现，使科学活动成为一种相对独立的社会活动、一种专门的社会职业。19 世纪中期以后，科学活动日益集中于高等学校、工业实验室和专门研究机构，出现了一大批专家学者、科技人员和各种专业工作者。科学实验越来越成为十分重要的实践活动，在社会生活中占有越来越重要的地位。在现代，科学实验的发展已经使科学技术成为第一生产力，使生产力和人类社会呈现出加速度发展的趋势。

医疗实践、教育实践、艺术实践等对社会发展也起着重要作用。医疗实践医治人们的疾病，维护人们的身体健康，提高人们的身体素质，使人们更好地从事各种实践活动。教育实践向人们，特别是向青少年传授自然科学和社会科学知识，提高他们的科学文化水平和思想道德水平，为社会输送各方面的高素质人才，使各项社会事业后继有人、加速发展。艺术实践为人们创造优秀的艺术作品和提供优美的艺术表演，给人们以美的享受、艺术熏陶和思想道德感染，提高人们的文化道德素质，促进社会的发展和进步。

社会生活在本质上是实践的。这一思想的确立，使马克思主义哲学克服了形而上学唯物主义不彻底性的缺陷，把唯物主义贯彻到社会历史领域，科学地说明了社会的物质性。

二、世界的本质和存在样态

（一）世界的本质

1. 物质

马克思主义哲学认为万事万物的共同本质是：不以人的意志为转移的客观实在。我们依据感官认识的各种具体的存在者叫做物体，从客观存在着的事物和现象中抽象出来的哲学范畴叫做物质，这个范畴体现了个别和一般、特殊和普遍、多样性和统一性的辩证统一。“物质是标志客观实在的哲学范畴，这种客观实在是人通过感觉感知的，它不依赖于我们的感觉而存在，为我们的感觉所复写、摄影、反映。”① 简言之，物质的唯一特性是

①《列宁专题文集　论辩证唯物主义和历史唯物主义》，人民出版社 2009 年版，第 35 页。

客观实在性，既不依赖我们的感觉而存在，也不以我们的喜好而存在或消失。马克思主义的物质范畴是从实践观念中剥离出来的，为了说明人类的实践活动不能随心所欲，必须遵循客观存在的规律。同时，人类的意识和实践能够反映进而改造客观世界。

列宁的物质定义具有十分重要的意义。

第一，它指出物质是不依赖于意识的客观实在，同唯心主义划清了界限。列宁从物质和意识关系的角度，肯定了物质对意识的先在性，同把物质说成是意识的产物的唯心主义根本区别开来。

第二，它指出物质是可以被人们认识的，同不可知论划清了界限。列宁指出，物质是“人通过感觉感知的”，能“为我们的感觉所复写、摄影、反映”，这就肯定了物质的可知性。

第三，它指出客观实在性是一切物质的共性，克服了旧唯物主义物质观的局限性。旧唯物主义不懂得辩证法，用个别代替一般，将特殊等同于普遍，不能合理地说明物质世界的多样性。列宁的物质定义指出物质的唯一特性是客观实在性，从个性中找到了共性，把握了物质的本质特征，克服了形而上学唯物主义把自然科学的物质概念与哲学的物质概念混为一谈的错误，能很好地说明物质世界的多样性。

2. 绝对运动和相对静止

辩证唯物主义认为客观存在的世界是绝对运动和相对静止的统一。运动是物质的固有属性，物质和运动不可分。人们从长期生活实践经验中和科学研究中认识到，自然界的事物、社会现象、人的思维都处于不停的运动中。物质世界的运动是无条件的、永恒的、绝对的。

辩证唯物主义在承认物质绝对运动的同时，也承认事物的相对静止状态。所谓相对静止，是标志物质运动在一定条件下、一定范围内处于暂时稳定和平衡状态的哲学范畴，承认事物相对静止的存在具有重要意义。第一，只有承认相对静止，才能理解事物的多样性，区分开不同的事物。因为事物只有处于相对静止的状态，才能保持自己质的稳定性，世界上才可能存在一个个有差别的事物。第二，只有承认相对静止，才能认识事物分化的条件和生命现象的产生。第三，只有承认相对静止，才能理解绝对运动。人们要描述或测量物体的运动，就必须选择一个相对静止的物体作参照系，没有这个参照系，便无法描述和测量物体的运动。

总之，世界上的事物都是绝对运动和相对静止的统一，是动中有静，静中有动。形而上学把静止绝对化，否认运动；相对主义诡辩论则只承认运动，否认相对静止。二者的共同错误在于把绝对运动和相对静止相割裂。

3. 时间和空间

时间和空间是物质运动的存在方式。

时间是物质运动的持续性、顺序性，特点是一维性，即时间总是朝着一个方向向前发展，具有不可逆性。人们通常说的“光阴好比河中水，只能流去不流回”“失落黄金有分量，错过光阴无处寻”“盛年不重来，一日难再晨”等谚语，都说的是时间的一维性特点。

空间是物质运动的广延性和伸张性，特点是三维性，即每一个物体都具有一定的长度、宽度和高度，人们用一个物体的长、宽、高三个数据测量它的体积，确定它在空间的位置。

时间和空间是运动着的物质的存在方式，时间和空间与运动着的物质不可分离，世界上既没有脱离时间和空间运动的物质，也没有脱离物质运动的时间和空间。既然物质及其运动是客观的，所以作为物质运动存在方式的时间和空间也是客观的。任何把时间和空间与运动着的物质割裂开来，从而否定时间和空间的客观性的观点都是错误的。

（二）世界的存在样态

1. 联系和发展

唯物辩证法认为，物质世界是普遍联系和永恒发展的，并且遵循三大基本规律，即对立统一规律、质量互变规律和否定之否定规律。

联系是指事物之间以及事物内部诸要素之间的相互影响、相互作用和相互制约。

联系具有普遍性，是指世界上任何事物都不能孤立地存在，都与周围的其他事物处于相互联系之中；每一事物内部各个要素也不能孤立地存在，都是与其他要素相互联系的；整个世界不是各种孤立的事物的机械堆积，而是由无数相互联系的事物构成的统一整体。

联系具有客观性，是指事物之间的相互联系是事物本身固有的，是不以人的主观意志为转移的。不仅自然界事物之间的联系是客观的，就是人类实践活动创造出来的社会生活的各个领域之间、各种事物之间的联系也是客观的。事物联系的客观性要求人们如实地从事物本身固有的联系中把握事物，反对用主观臆想的联系代替客观的真实的联系。

事物内部或事物之间的具体联系是复杂多样的，有直接联系与间接联系、内部联系与外部联系、本质联系与非本质联系、必然联系与偶然联系等。认识事物联系的多样性，对于我们观察和处理问题具有重要意义。首先，必须坚持全面的观点，尽可能地从各个方面来把握事物的各种联系，不要只看到某一部分、某一方面的联系，而忽视其他部分、其他方面的联系。其次，必须抓住事物中的必然的、本质的联系。对事物的联系要具体分析，要从纷繁复杂的多种联系中找出决定事物的基本性质及其发展的基本趋向的本质的和必然的联系，避免出现对不同的联系不分主次甚至本末倒置的倾向。

世界上纷繁复杂的万事万物，不仅是普遍联系的，而且是运动发展的。唯物辩证法认为，运动、变化、发展属于同一序列的范畴，分别使用这三个范畴时，它们各有侧重。运动是物质的存在方式和根本属性，包括宇宙中发生的一切变化和过程，它是就其最一般的意义来说的；变化则侧重于强调运动中所发生的具体内容的改变，包括事物性质、数量、位置、结构、形态等方面的改变；发展是指事物一种特殊的运动变化——上升性、前进性的运动变化，即事物由低级到高级、由简单到复杂的不断更替的运动变化过程。

发展的实质是新事物的产生和旧事物的灭亡。新事物是指符合事物发展规律、具有强大生命力和远大前途的事物，旧事物是指丧失了其存在的必然性、日趋灭亡的事物。新事物战胜旧事物不是一帆风顺的，必然经历一个艰难曲折的过程。这是因为，新事物的成长壮大需要经历一个由弱小到强大、由不完善到比较完善的曲折发展过程；旧事物在一定时期内还有相当大的力量，总是对新事物加以压制和扼杀；社会历史领域内的新事物，被广大人民群众认识和理解，得到广大人民群众的拥护和支持，也需要经过一个或长或短的历史过程。但是，不管经历怎样的艰难和曲折，新事物必然会战胜并取代旧事物。

唯物辩证法的焦点在于是否承认矛盾是事物发展的动力。因为只有承认矛盾是事物发展的动力，才能科学地说明事物的运动变化发展，坚持发展的观点；而且只有坚持发展变化的观点，才能坚持普遍联系的观点，联系实际上是一事物的发展变化引起其他事物的发展变化，某个要素的发展变化引起其他要素的发展变化；并且，矛盾是世界最普遍最重要的联系。

2. 对立统一规律

对立统一规律是唯物辩证法的实质与核心，是宇宙的根本规律。对立统一规律是贯穿于唯物辩证法其他规律和范畴的中心线索，是理解它们的钥匙。事物为什么会发生量变和质变？事物的发展为什么会是否定之否定的过程？最根本的原因就在于事物内在的矛盾运动。而且量和质、量变和质变、肯定和否定的关系，以及必然性和偶然性、本质和现象等一系列对偶性的范畴之间的关系，都是既对立又统一的关系。

对立统一规律亦称矛盾规律，矛盾是指事物内部两方面之间既对立又统一的关系，也就是事物内部两方面之间既相互排斥又相互联系的关系。简言之，矛盾就是对立统一。其基本内容是：任何事物都包含着矛盾，矛盾双方既统一又斗争，由此推动事物运动变化发展。矛盾双方的对立和统一这两重关系决定了矛盾具有两种基本属性，即同一性和斗争性。矛盾的同一性是指矛盾双方相互联系、相互吸引的性质，包括矛盾双方相互依存和相互转化。矛盾的斗争性是指矛盾双方相互排斥、相互对立的性质。

矛盾的同一性和斗争性既相互区别，又相互联结。首先，矛盾的同一性和斗争性是矛盾的两种相反的基本属性，它们在矛盾运动中所处的地位是不同的。矛盾的同一性是相对的，只有在一定条件下，矛盾双方才能相互依存，共处于一个统一体中，保持事物质的稳定性；也只有在一定条件下，矛盾双方才能相互转化。矛盾的斗争性是绝对的，具有无条件性。其次，矛盾的同一性和斗争性又是相互联结、不可分离的。一方面，同一性不能脱离斗争性而存在，没有斗争性就没有同一性。同一是以差别和对立为前提的，是包含着差别和对立的具体的同一。脱离对立的同一，是绝对的同一或抽象的同一，这种同一事实上是不存在的。另一方面，斗争性寓于同一性之中，没有同一性也没有斗争性。假若对立面之间没有任何联系，它们就不能结成一个矛盾统一体，因而矛盾斗争也就无从发生。

矛盾的同一性和斗争性相互联结的关系，要求我们在分析和处理矛盾时，必须在对立中把握同一，在同一中把握对立。要反对只见同一不见对立或只见对立不见同一的形而上学观点。比如，社会主义同资本主义将在一个相当长的历史时期内共存，社会主义在其发展过程中，一方面要学习西方的先进成果，否则不利于社会主义的发展；另一方面要警惕资本主义的干扰和挑战，否则社会主义制度就无法坚持。在新的形势下如何正确认识和处理社会主义同资本主义的对立统一关系问题，已成为中国改革开放实践中必须解决的一个新课题。

矛盾的另一对特性是普遍性和特殊性。矛盾的普遍性是指矛盾存在于一切事物的发展过程中，存在于一切事物的发展过程的始终。简言之，矛盾无处不在，无时不有。矛盾的普遍性原理，要求我们必须树立矛盾观点。无论任何时候，对任何事物，都要敢于承认矛盾，正确分析矛盾，并采取恰当的方法去解决矛盾，从而推动事物的发展。要坚持矛盾分析的方法，从矛盾的两个方面看问题，即坚持“两点论”，全面地看问题，反对形而上学“一点论”，防止片面地看问题。

矛盾是普遍存在的，但不同事物的矛盾又各不相同，都有其特殊性。矛盾的特殊性表现为：不同事物的矛盾各有其特点；同一事物的矛盾在不同发展过程和发展阶段各有不同的特点；构成事物的诸多矛盾以及每一矛盾的不同方面各有不同的性质、地位和作用。

分析矛盾的特殊性就是坚持具体问题具体分析。一方面，分析矛盾的特殊性是正确认识事物的基础。只有分析矛盾的特殊性，才能把不同的事物区别开来，正确地认识事物。另一方面，分析矛盾的特殊性是正确解决矛盾的关键。不同的矛盾只能用不同的方法解决，只有具体地分析矛盾的特殊性，才能找到正确解决某一特殊矛盾的特殊方法，即“一把钥匙开一把锁”，从而取得成功。如果千篇一律地用一种方法解决各种不同的矛盾，那就必然失败。因此，具体问题具体分析是马克思主义的活的灵魂。

矛盾的普遍性和特殊性的关系，也就是共性与个性、一般与个别的关系，它们是辩证统一的。一方面，普遍性存在于特殊性之中，一般只能在个别中存在，只能通过个别而存在。另一方面，特殊性中包含着普遍性，特殊性与普遍性相联系而存在。矛盾的普遍性与特殊性辩证关系的原理，是矛盾问题的精髓。这一原理要求我们在普遍原理的指导下，对具体问题进行具体分析，通过对具体问题的分析和解决，补充和丰富普遍原理。

矛盾的普遍性和特殊性辩证关系的原理，是我们坚持马克思主义普遍真理同中国具体实际相结合，建设中国特色社会主义的理论基础。在中国这样一个人口众多、经济文化落后的大国建设社会主义，是前无古人的崭新事业。我们面对的情况，既不是马克思主义创始人设想的在资本主义高度发展的基础上建设社会主义，也不完全相同于其他社会主义国家。照抄书本不行，照搬外国经验也不行，必须从中国的国情出发，把科学社会主义的一般原理同中国具体实际结合起来，在实践中开辟建设中国特色的社会主义道路。邓小平指出：“把马克思主义的普遍真理同我国的具体实际结合起来，走自己的路，建设有中国特色的社会主义，这就是我们总结长期历史经验得出的基本结论。”①

矛盾的特殊性还表现在矛盾发展的不平衡性，一种是主要矛盾和次要矛盾的不平衡，另一种是矛盾的主要方面和次要方面的不平衡。在复杂事物的发展过程中，有许多矛盾存在。这些矛盾的发展是不平衡的，其中有一种居于支配地位、起决定作用的矛盾，这就是主要矛盾，其他处于服从地位的矛盾是次要矛盾。主要矛盾和次要矛盾的关系是：首先，

---

①《邓小平文选》第三卷，人民出版社 1993 年版，第 2 页。

二者相互影响、相互作用。一方面，主要矛盾规定和影响着次要矛盾的存在和发展，对事物的发展起决定作用，主要矛盾解决得好，次要矛盾就可以比较顺利地得到解决。另一方面，次要矛盾对主要矛盾有制约作用，次要矛盾解决得如何，反过来影响主要矛盾的解决。其次，主要矛盾和次要矛盾的地位不是一成不变的，它们在一定条件下可以相互转化，即主要矛盾转化为次要矛盾，次要矛盾上升为主要矛盾。基于主要矛盾和次要矛盾这种关系，我们在观察和处理复杂问题的时候，要首先抓住和解决主要矛盾，同时又不忽略次要矛盾，还要注意主要矛盾和次要矛盾的转化，不失时机地转移工作重点。

主要矛盾和次要矛盾关系的原理，对于社会主义现代化建设具有重要意义。我国现在正处于并将长期处于社会主义初级阶段，社会的主要矛盾是人民日益增长的物质文化需要同落后的社会生产之间的矛盾。阶级斗争虽将在一定范围内长期存在，但已经不是我国社会的主要矛盾。为了解决我国现阶段的主要矛盾，我们必须始终不渝地坚持以经济建设为中心，集中力量发展生产力。只有大力发展生产力，才能不断提高人民的生活水平，才能为社会主义制度的巩固和国家的长治久安打下坚实的物质基础，才能为其他各种社会矛盾的解决创造有利的条件。我们在集中力量抓经济建设的同时，还必须注意解决好其他社会矛盾，坚持以经济建设为中心，以科学发展为主题，全面推进经济建设、政治建设、文化建设、社会建设、生态文明建设，实现全面协调可持续的科学发展。只有这样，才能实现经济、政治、文化、社会、生态文明全面协调可持续发展。

矛盾双方的力量也是不平衡的，其中居于支配地位、起着主导作用的方面是矛盾的主要方面，处于被支配地位的方面是矛盾的次要方面。矛盾的主要方面和次要方面的关系是：首先，矛盾的主要方面和次要方面是相互制约、相互作用的。一方面，矛盾的主要方面支配次要方面，事物的性质主要是由取得支配地位的矛盾的主要方面决定的；另一方面，矛盾的次要方面也制约和影响矛盾的主要方面。其次，矛盾的主要方面和次要方面的地位不是固定不变的，在一定条件下可以相互转化，随着矛盾双方主次地位的转化，事物的性质也就发生了变化。基于矛盾的主要方面和次要方面的这种关系，我们在分析问题时，特别是分析形势时，要分清主流和支流，抓住主流，正确认识事物的性质，同时也不能忽视支流，并且注意主流和支流的互相转化。

主要矛盾和次要矛盾、矛盾的主要方面和次要方面关系的原理，要求我们在实际工作中坚持两点论和重点论的统一。坚持两点论，就是在认识复杂事物的发展过程时，既要看到主要矛盾，又不忽略次要矛盾；在认识某一矛盾时，既要看到矛盾的主要方面，又不忽略矛盾的次要方面。如果只看到主要矛盾和矛盾的主要方面，忽略了次要矛盾和矛盾的次要方面，就会陷入片面性而犯“一点论”的错误。坚持重点论，就是在认识复杂事物的发展过程时，要着重地抓住主要矛盾；在研究某一矛盾时，要着重地把握矛盾的主要方面。如果主次不分，不抓重点，在实践中平均使用力量，就会导致形而上学的“均衡论”。两点论和重点论是互相包含、内在统一的。两点论中内在地包含着重点论，重点论中内在地包含着两点论。坚持两点论和重点论的统一，就是看问题、办事情既要全面又要善于抓重点，既要抓住主流又不忽略支流。

3. 质量互变规律

世界上的事物都有一定的质，质是指一事物区别于他事物的内在规定性，世界上的事物之所以千差万别，正是因为各种事物都具有自身特定的质。量是指事物存在和发展的规模、程度、速度等可以用数量表示的规定性，以及事物构成成分在空间上的排列组合。质和量是互相依赖、互相制约的，这种质和量的相互依赖、相互制约充分体现在“度”中。度是指事物保持自己质的数量限度（或范围、幅度），它体现着质和量的统一。度的两端都存在着极限或界限，叫做关节点或临界点。关节点就是一定的质所能容纳的量的活动范围的最高和最低界限。事物的量在度的范围内发生变化，事物的质保持不变；量变突破关节点，超出这个范围，事物的质就发生变化。坚持适度原则，防止“过”或“不及”。当需要保持事物的相对稳定性时，人们要设法使其量变不超出度的范围。所谓“注意分寸”“掌握火候”“适可而止”“过犹不及”等，都是要求在实践中坚持适度原则。

量变和质变是事物发展变化的两种状态。量变是事物数量的增减和场所的变更。量的变化表现为微小的、不显著的变化，是在度的范围内的延续和渐进。质变是事物根本性质的变化，是事物由一种质态向另一种质态的飞跃。质变表现为根本性的、显著的突变，是对原有度的突破，是事物渐进过程的中断。事物的变化是否超出度的范围，是区分量变和质变的根本标志。

量变和质变是辩证统一的。量变是质变的必要准备，质变是量变的必然结果，量变和质变相互渗透。质量互变规律揭示了事物的运动发展都是量变和质变的统一，都是量变和质变相互转化的过程。事物的运动发展是在一定质的基础上进行的，是从量变开始的。量变的积累达到一定程度引起质变，质变又引起新的量变。质量互变规律要求我们在社会主义建设和改革过程中，把远大的理想和目标同有步骤、分阶段地踏实苦干、稳步前进的精神结合起来，反对急躁冒进、急于求成；否则，会欲速则不达，得到事与愿违的结果。

4. 否定之否定规律

任何事物内部都包含着肯定和否定两个方面。肯定方面是指事物中维持其存在的方面，即肯定这一事物是它自身而不是他物的方面。否定方面是指事物中促使其灭亡的方面，即破坏现存事物使它转化为他物的方面。任何事物都是肯定方面和否定方面的统一体。如果没有肯定方面，事物就不能存在；如果没有否定方面，事物就失去了变动性而成为僵死的东西。当肯定方面处于支配地位时，事物保持其原有的性质和自身的存在；一旦否定方面取得了支配地位，事物就会丧失其原有的性质而发生质的变化。

肯定和否定是事物内部两个相反的方面，它们又是辩证统一的。一方面，肯定和否定相互依存，离开了肯定没有否定，离开了否定也没有肯定；另一方面，肯定和否定相互渗透。肯定中包含着否定。例如，在生物学上，假设生命是肯定，死亡就是对生命的否定，生命正是在不断产生又不断排除死亡因素的过程中发展的，生命中就包含着死亡。否定中包含着肯定，例如，在化学上，分解是对化合的否定，水分子分解为氢原子和氧原子的过程，也就是氢原子化合为氢分子、氧原子化合为氧分子的过程，分解中就包含着化合。唯物辩证法的否定观就是建立在对肯定和否定辩证统一的理解的基础之上的。

唯物辩证法的否定观集中体现了马克思主义哲学批判的、革命的本质。坚持辩证的否定观，就要对一切事物采取分析的态度，否定什么和肯定什么，批判什么和继承什么，都要从实际出发，进行具体分析，反对不加分析地肯定一切或否定一切。对于中国传统文化，要采取批判地继承的态度。中华民族有悠久的历史，创造了灿烂的文化，我们必须继承这份宝贵的文化遗产，只有在这个基础上，才能创造出中国特色的社会主义新文化。当然这种继承只能是有批判的继承，批判和剔除其糟粕，吸取其精华，做到“推陈出新”“古为今用”。既要反对全盘肯定传统文化的复古主义，又要反对全盘否定传统文化的历史虚无主义。对于外国文化，要采取有分析、有选择、有批判地借鉴和吸收的态度。要以博大的胸襟和开放的视野，大胆吸收外国文明中的一切优秀成果。与此同时，又要批判和抵制外国资产阶级腐朽的、没落的东西。对于外国文化，既不应全盘照搬，也不应一概排斥，而应立足于中国文化发展的内在要求，吸纳外国文化的有益成果，建立既能体现现代世界文明水准又有自己民族特点的社会主义先进文化体系。

事物的辩证否定不是一次完成的。事物最初是肯定因素占据主导地位，事物处于肯定阶段。矛盾进一步展开，否定因素战胜肯定因素取得主导地位，于是事物发生质变，这时事物的发展由肯定阶段进到否定阶段。新事物内部的否定方面经过斗争，对否定阶段再一次否定，使事物进入否定之否定阶段。否定之否定规律的基本内容是：事物的发展经过两次辩证的否定，由肯定阶段到否定阶段，再到否定之否定阶段，从而使事物的发展表现为螺旋式上升和波浪式前进的过程。否定之否定规律揭示了事物的发展是前进性和曲折性的统一。否定之否定阶段既是前一个周期的终点，同时又是下一个周期的起点。事物的发展，就是一个周期接着一个周期，循环往复，以至无穷。

把握否定之否定规律，坚持事物的发展是前进性和曲折性统一的原理，对我们正确认识社会主义现代化建设事业具有重要意义。首先，要坚信社会主义的前途是光明的，对我国社会主义现代化建设事业充满必胜的信心，高举中国特色社会主义的伟大旗帜，坚定不移地走建设中国特色社会主义道路，不要被一时的表面现象所迷惑，不要因暂时的挫折而动摇。其次，要准备走曲折的路，有克服各种困难的精神准备。要充分认识我国社会主义现代化建设事业的艰巨性和复杂性，保持清醒的头脑，准备克服各种困难，在曲折斗争中开辟前进的道路。

唯物辩证法的理论体系还包括一系列其他范畴，主要有原因和结果、必然性和偶然性、可能性和现实性、内容和形式、本质和现象等。它们是事物联系和发展的基本环节，对于指导人们的认识和实践活动具有重要的方法论意义。

三、认识的本质及其规律

（一）认识的产生

认识是指人所特有的一种能力和活动。同人是怎样产生的是一个非常复杂的问题一样，作为人所特有的认识能力的产生也是一个非常复杂的问题。马克思主义认为，认识是在劳动实践中产生的，认为实践对认识具有决定性的作用，具体表现如下：

第一，实践是认识的来源。外部的客观世界是人认识的对象，但是没有人的实践，客观存在的自然现象和社会现象是不会自动反映到人的头脑中来的，只有通过实践，客观事物才会成为认识的对象，才会有对它的反映。如果没有实践这个桥梁，主体就无法达到客体，认识也就不会发生。

第二，实践是认识发展的动力。社会生生不息，不停地发展变化着。社会实践不断开拓新领域，涌现出新的问题、新的需要，正是这些新的问题和新的需要，推动人们去进行新的探索。天文学最初是适应古代畜牧业和农业发展的需要而产生出来的。近代的物理学、化学、生物学、地质学等，都是适应近代工业社会的需要而产生的。信息论、控制论和系统论是在现代科技实践发展的推动下而产生的。安全管理学、安全监察理论是在识别、控制、消除事故隐患的实践中产生的。

第三，实践是认识的目的。人们认识世界的目的在于改造世界，此外再无别的目的。人们通过实践，达到对客观世界的正确认识，然后用这种认识指导人们去实践，实现对客观世界的改造，以满足人们的需要。

第四，实践是检验认识真理性的唯一标准。实践是连接主体和客体的桥梁，认识是主体对客体的反映。人们从实践中获得的对客观世界的认识，是否与客观对象相符合、相一致，是否正确地反映了客观事物的本质及其规律，必须通过实践的检验，才能得到证明，唯有实践才是检验认识真理性的标准。

总之，实践是认识的源泉、动力、最终目的和检验标准，这些都是实践对认识具有决定作用的具体表现。正是由于这种决定作用，所以，马克思主义哲学认为，人的认识一点也不能脱离实践。

（二）认识的结构

研究认识现象，首先碰到的是谁在认识和认识什么的问题，只有先解决这个问题，才能研究认识的其他问题。研究谁在认识就是研究认识的主体，研究认识什么就是研究认识的客体。

认识主体是指认识和实践活动的承担者，是处于一定社会关系中从事实践活动和认识活动的现实的、具体的人。人的自然的物质存在和作为认识器官——高度发展、高度完善的物质——人脑的存在，都是认识主体的自然物质基础，没有这个基础，人就不能存在，也就无所谓认识。认识主体是具体的人，是生活于一定社会关系中从事物质生产活动的人。劳动把人从自然界中提升出来，人通过劳动结成一定的关系，形成人类社会，使人不仅是自然存在物，而且是社会存在物。由于人作为认识主体的社会性，使得人的认识必然受到所处社会条件的制约，主体的认识活动不能超越特定的历史时代。认识主体具有能动性，这是认识主体的突出特点。所谓认识主体的能动性，是说认识主体不是消极被动地反映客体。在劳动和创造的过程中体现了主体的目的性和计划性，这是主体的能动性的突出表现。从对认识客体的选择和设定，到主体通过认识工具对客体施加作用和影响，再到主体对客体信息在思维中的加工制作，都体现着主体的能动性。

认识客体是指人的实践活动和认识活动所指向的对象。构成认识客体的内容主要有自然客体、社会客体和精神客体。自然客体是指成为人们认识对象的那部分自然界。社会客体是指作为认识对象的人类社会。精神客体是指成为人们认识对象的精神活动和精神产品。认识客体具有客观实在性，并不是所有具有客观实在性的事物都自然而然地成为认识客体，只有那些与主体活动发生关系、成为主体活动对象的外部事物，才构成认识的客体。认识客体的对象性是与主体活动的指向性分不开的，任何主体的活动总要指向某个特定的对象，无指向、无对象的认识活动是不存在的。

（三）认识的本质

认识的本质是主体对客体的能动反映，这是马克思主义哲学对认识本质的科学揭示。在认识论上，唯物论都是反映论，但在马克思主义哲学以前的唯物论的反映论是机械的。这种反映论不懂得实践在认识中的作用，把主体看做单纯的有生命的存在物，离开主体的社会性、实践性和能动性去考察主客体之间的关系。对于客体，旧唯物主义把它仅仅看做消极的认识对象，完全不懂得它还是实践的对象，不能从认识主体方面去看待客体。这样，认识就被理解为主体对客体的直观的照镜子式的反映。辩证唯物论的认识论认为，实践是认识的基础，在实践基础上产生的认识，不仅能反映外部事物的现象，而且经过人的思维对感性材料的加工，形成概念和理论，能够达到对事物本质和发展规律的认识。这个过程同时也是主体的创造的过程。概念本身就是思维加工的产物，运用概念进行推理，去探索和发现新事物，在观念中创造出自然界原来不存在的新物质形态。所以，认识的过程是反映与创造的统一，这是辩证唯物论的反映论的能动性的突出表现，也是区别于机械唯物论的反映论的根本标志。

（四）认识的基本形式

认识是主体对客体的反映，这种反映有两种基本形式，即感性形式和理性形式。

感性认识是认识的初级阶段，它是对事物的各个片面、现象和外部联系的反映，是具体的、丰富的、生动的，然而，它是表面的、个别的、不深刻的。感性认识分为感觉、知觉和表象三种形式。感觉是在实践中反映客观事物的开始，是对认识对象最直接的反映。感觉是人脑通过人的感觉器官眼、耳、鼻、舌、身直接反映事物个别特性的认识。知觉是比感觉高一级的反映形式，它是感觉的综合，是把各种感觉集中在一起并把它们组合起来，形成对对象各方面外部特性的整体认识。表象是事物感性形象在大脑中的再现，是指曾经作用于人的感觉器官而引起感觉的事物在离开人的感官以后，它的感性形象在人的大脑中重新浮现。

理性认识是认识的高级阶段，它是对事物的全体、本质和内部联系的反映，是抽象的、间接的、相对稳定的。理性认识是深刻的，它反映的是事物的全体和本质。理性认识包括概念、判断和推理三种形式。概念是对事物本质、全体的反映，它包含同类事物共同的、一般的特征。概念是理性认识的细胞，有了概念就可以进行判断和推理。判断是概念的展开，是一种利用概念对事物作出某种判定的认识形式，这种判定反映了事物之间的内部联系和关系，事物的性质是在联系和关系中表现出来的，所以，判断也是对事物具有或不具有某种性质的认识。推理是从事物的联系和关系中由已知合乎规律地推出未知的认识形式，它由判断所构成，是人们获得新知识的重要手段。

感性认识和理性认识是认识的两个阶段，它们既相互区别又相互联系，是对立统一的关系。

第一，感性认识与理性认识的区别。感性认识是对事物表面的、直接的、具体的、个别特性的反映，因而是不深刻的、片面的认识。理性认识是对事物本质的、全体的、间接的、概括的反映，因而是深刻的、全面的、相对稳定的认识。

第二，感性认识与理性认识的联系。其一，理性认识依赖于感性认识。感性认识是认识的开始，是理性认识的基础。本质是通过现象表现出来的，只有透过现象才能揭示事物的本质，只有通过对感性材料加工制作，才能形成理性认识。离开了感性认识就没有理性认识。坚持了这一点，就是在认识论上坚持了唯物论。其二，感性认识有待于发展到理性认识。坚持了这一点，就是在认识论上坚持了辩证法。其三，感性认识和理性认识相互渗透。感性认识和理性认识之所以能相互转化，就是因为二者是相互渗透的。

感性认识和理性认识虽然有区别，可是在实际的认识过程中它们总是交织在一起的，并没有绝对分明的界限。一方面，感性认识中有理性认识，任何感性认识都是在理性认识的指导下进行的，而且是用概念、判断等理性形式表达的。另一方面，理性认识中包含感性的成分，理性认识必须以感性材料为基础，如果没有大量的感性材料，理性认识就无法进行抽象和概括。在人的实际认识过程中既没有纯粹的感性认识，也没有纯粹的理性认识。由此可见，在认识过程中，感性认识和理性认识是不可分割的，如果将二者割裂开，就会犯经验论或唯理论的错误。

在哲学史上，经验论者片面强调感性经验的重要性，认为只有感性经验才是可靠的，而抽象的理性认识是不可靠的。唯理论者则走向另一个极端，认为感性经验是靠不住的，只有理性认识才是真实可靠的。两者各执一端，各有片面的理由，而在认识的整体上，都犯了片面性的毛病，都是错误的。

在实际工作中，经验论和唯理论是经验主义和教条主义的认识论根源。经验主义夸大个别的、局部的经验的作用，把它当做普遍真理，到处搬用，否认科学理论的指导意义。教条主义夸大理论和书本知识的作用，轻视实际经验，不是从实际出发，而是从书本出发，把理论当做万古不变的程式，生搬硬套。

感性认识向理性认识的飞跃要具备两个条件：第一，必须有正确的思维方法，从感性认识到理性认识的飞跃必须借助于思维才能实现；第二，感性材料应是丰富的、全面的，而不是零散不全的。这两个条件缺一不可。在实践中，认识由感性上升到理性的辩证运动，也就是人们的认识从现象到本质、从不深刻的本质到更深刻的本质的过程。

（五）认识的过程

认识的过程是反映与创造的统一，这个过程是一个辩证的发展过程。认识在实践中产生，先是感性认识，然后上升为理性认识，再由理性认识回到实践，这是一个由实践到认识、再由认识到实践的完整的认识过程。一方面，一个正确的认识常常不是通过实践—认识—再实践一次反复就能完成的，而是要经过多次反复才能完成。另一方面，客观世界及其发展是有限和无限的统一，人类对客观世界的认识也是有限与无限的统一。简言之，一个正确的认识需要经过多次反复才能完成，整个人类的认识是有限与无限的统一。

认识与实践的具体的统一的原理，要求我们在实际工作中必须坚持一切从实际出发，实事求是，把马克思主义普遍原理同我国的实际情况相结合，走中国特色的社会主义道路。“实事求是”这四个大字是党的思想路线的核心，也是马克思主义哲学的精髓，它充分地体现了马克思主义认识论的根本原则。从实际出发、理论联系实际，必须做到实事求是。只有实事求是，才能保证从实际出发、理论联系实际的正确性和科学性。

四、社会的本质及其发展规律

围绕人类社会是怎么发展，对这个问题的不同回答，存在着两种不同的对立的历史观，一种是唯物史观即历史唯物主义，另一种是唯心史观即历史唯心主义。在马克思主义产生以前，在相当长一段时间，唯心史观占统治地位。原因在于：生产规模的狭小和社会发展水平的低下限制了人们的眼界（社会历史根源）；剥削阶级的偏见使得其思想家歪曲历史的真相（阶级根源）；不懂得辩证法，不理解实践及其在社会历史发展中的地位和作用，不懂得以实践为基础认识社会存在和社会意识的关系问题（认识根源）。

历史唯心主义最大的缺点和弊端是，没有看到人民群众是历史活动的动力，没有研究思想动机背后的物质根源是什么。历史唯心主义认为社会意识决定社会存在，把社会意识看为第一性的，这样就把历史的发展看成是精神发展的历史，所以就不可能真正地回答人类社会发展的规律是什么，就会否认人民群众在历史上发展的作用。

马克思主义发现了人类社会发展的客观规律，真正地解决了社会发展的规律问题。马克思说：“人们在自己生活的社会生产中发生一定的、必然的、不以他们的意志为转移的关系，即同他们的物质生产力的一定发展阶段相适应的生产关系。这些生产关系的总和构成社会的经济结构，即有法律的社会和政治的上层建筑竖立其上并有一定的社会意识形态与之相适应的现实基础。”① 马克思主义正确地回答了社会存在和社会意识的关系问题，创立了唯物史观。

（一）社会存在和社会意识

1. 社会存在

社会存在是指社会物质生活条件的总和，包括地理环境、人口因素和物质生活资料的生产方式。

地理环境是指人类生存和发展所依赖的诸种自然条件的总和，地理环境是人们的物质生活的必要条件之一，人类生存依赖着地理环境，地理环境影响社会的发展。地理环境虽然对社会发展起制约和影响作用，但对社会发展不起主要的决定作用。这是因为地理环境不能决定社会制度的性质和社会形态的更替，地理环境在社会发展中的作用受社会因素主要受生产力和生产关系的制约。

---

①《马克思恩格斯文集》第2卷，人民出版社2009年版，第591页。

人口因素是一个包括人口数量、质量、密度、构成、人口的发展、人口分布和迁移、人口的自然变动和社会变动等各种因素的综合范畴。人口因素也是社会物质生活的必要条件之一，对社会发展起着制约和影响作用。人口因素虽然对社会发展具有制约和影响作用，有时甚至起非常重要的作用，但它不是社会发展中起决定作用的因素，因为它不能决定社会制度的性质和社会制度的更替，而且它受到物质生产的制约，物质生产从根本上决定了人口生产的发展方向和基本趋势，每一种生产方式下都有与其相适应的人口规律。

人口问题是我国现代化建设中一个十分严重的问题，突出表现为人口数量多，在一段时间内增长速度过快，人口生产与物质生产比例严重失调，从而导致了人口生产与物质生产的尖锐矛盾，并且带来了一系列的社会问题。除此之外，我国人口的老龄化趋势和出生婴儿男女比例失调，也十分引人关注。我们要充分认识我国人口问题的严重性，坚持正确的人口政策，采取切实可行的措施加以解决。

生产方式是人类借以向自然界谋取必需的生活资料的方式，包括生产力和生产关系两个方面，是特定的生产力和生产关系的统一。

生产方式在社会发展中起决定作用，主要表现在以下几个方面：

第一，生产方式或生产活动是人类从动物界分离出来的根本动力和人类区别于动物的根本标志。劳动创造人本身。人类与动物界的根本区别，如制造和使用工具的本领、社会关系、自觉能动性、抽象的思维和语言，都是在生产劳动中形成的。

第二，生产方式或生产活动是人类和人类社会得以存在和发展的基础。人类要生存，就要解决吃喝住穿的问题，为此就必须进行物质资料的生产活动。若停止生产，人类就不能生存，人类社会就要灭亡。人类要从事政治、司法、科学、艺术、宗教等活动，也必须首先解决吃喝住穿问题，所以生产活动又是从事其他各种社会活动的基础。

第三，生产活动是形成人类一切社会关系的基础。生产活动不仅创造了人类生存所必需的物质资料，而且创造了人与人之间的生产关系。在生产关系的基础上，又形成了人与人之间的政治关系和思想关系等其他社会关系，从而形成了整个人类社会。

第四，生产方式决定社会制度的性质和社会制度的更替。有什么性质的生产方式，就有什么性质的社会制度。一种生产方式被另一种生产方式所代替，就意味着新的社会制度代替了旧的社会制度。

2. 社会意识

社会意识指社会的精神生活过程，它具有复杂而精微的结构，由诸多因素和层次构成。从反映社会存在的程度和特点来看，社会意识包括社会心理和思想体系；各种思想体系由于对经济基础的关系不同和反映社会存在的方式不同，可以分为意识形态和非意识形态两类；从社会意识主体的范围来看，可以分为个体意识和群体意识。属于意识形态范围的思想体系，包括政治思想、法律思想、道德、宗教、艺术、哲学和绝大部分社会科学，它们是上层建筑的重要组成部分，反映特定的经济基础并为之服务，在阶级社会里具有一定的阶级性。属于非意识形态范围的思想体系，包括自然科学、语言学、逻辑学等，它们不是特定经济基础的反映，自身没有阶级性，可以一视同仁地为各个阶级和各种经济基础服务。

3. 社会存在和社会意识的关系

社会存在决定社会意识。所谓社会存在决定社会意识，是指社会意识是社会存在的反映，社会意识依赖于社会存在，主要表现在以下三个方面：

第一，社会意识的内容来源于社会存在。人们的社会意识既不是从天上掉下来的，也不是头脑里主观自生的，而是在实践的基础上对社会存在的反映。有什么样的社会存在，就会产生什么样的社会意识。正确的意识其内容来源于客观实际，这是显而易见的。即使是错误的意识，甚至荒诞的观念，也不是纯粹主观臆造的，仍然可以从社会存在中找到根源，它是对社会存在歪曲的、虚幻的反映。

第二，社会意识随着社会存在的发展变化而发展变化。随着社会存在的发展社会意识也相应地或迟或早地发生变化，社会意识是具体的、历史的，每一时代的社会意识都有它独特的内容和特点。

第三，社会意识受反映者（意识主体）的立场、观点、方法的影响和制约，而反映者的立场、观点、方法是由人们在社会存在中的地位决定的。

社会意识反作用于社会存在。社会意识对社会存在的反作用，是指社会意识这种精神力量在一定条件下可以反作用于社会存在，转化为物质力量，影响社会发展的进程。社会意识对社会存在的反作用表现为两种情况：先进的或正确的社会意识对社会存在的发展起积极的推动作用，促进社会向前发展；落后的或错误的社会意识对社会存在的发展起消极的阻碍作用，延缓社会的发展进程。

社会意识对社会存在的反作用，必须通过人民群众的实践活动。先进的社会意识一旦被群众所掌握，变成群众的自觉行动，就会变成改造世界、推动社会前进的巨大物质力量。落后的社会意识对社会发展的阻碍作用，也要通过它在群众中的影响得以实现。所以，在我国用先进的社会意识，用马克思列宁主义、毛泽东思想、邓小平理论和“三个代表”重要思想以及科学发展观等重大战略思想教育群众，对推动社会进步具有十分重要的意义。

社会意识对社会存在的反作用或称能动性，是社会意识相对独立性的重要表现。社会意识的相对独立性是指社会意识在反映社会存在、被社会存在所决定的同时，还具有自身的能动性和独特的发展规律，它的发展与社会存在的发展并不总是保持着一致和平衡。

社会意识的相对独立性还表现在以下四个方面：

第一，社会意识与社会存在变化发展具有非完全同步性，社会意识往往落后于社会存在，先进的社会意识能在一定程度上预见社会发展的趋势，成为社会变革的先导。

第二，社会意识与社会经济发展水平具有不平衡性，社会经济发展水平较高的国家，某些社会意识形式的发展水平可能较低，与此相反，社会经济发展水平较低的国家，某些社会意识形式的发展水平可能较高。

第三，社会意识的发展具有历史继承性，任何时代的社会意识都和以前时代的社会意识有联系，它的产生和发展要以前人所积累的思想材料为前提，继承前人的思想成果。

第四，社会意识各种形式之间相互作用、相互影响。

社会存在和社会意识的关系问题是历史观的基本问题。社会存在和社会意识的关系问题之所以是历史观的基本问题，主要是因为：

首先，社会存在和社会意识这对范畴，它们包括了人类社会的一切物质现象和精神现象。因此，二者的关系问题，是任何一种历史观都无法回避的首要问题，它们总是要对这个问题作出自己的回答。

其次，社会存在和社会意识的关系问题，是划分历史唯物主义和历史唯心主义的根本标准。凡是认为社会存在决定社会意识的，属于历史唯物主义；凡是认为社会意识决定社会存在的，属于历史唯心主义。两种历史观的斗争，归根结底是围绕着对这个问题的不同回答展开的。

最后，社会存在和社会意识的关系问题，也是人们在实践中的重大问题。人们在改造客观世界的实践活动中，要想达到预想的目的，就要使社会意识符合社会存在，否则就会遭受挫折和失败。

人类社会是一个内容丰富、结构复杂的巨系统。我们可以根据研究问题的不同需要，运用不同标准划分社会形态。最基本的划分法有两种，一种是经济社会形态划分法，另一种是技术社会形态划分法。

经济社会形态是直接或间接以生产关系的性质为标准划分的社会形态。人类历史上有五种不同性质的生产关系依次占统治地位，因而人类历史就相应地划分为依次更替的五种社会形态，即原始社会、奴隶社会、封建社会、资本主义社会、共产主义社会（社会主义社会是它的第一阶段）。我们从五种社会形态划分的角度把经济社会形态定义为：经济社会形态是由历史上一定的生产力、生产关系、上层建筑等全部社会要素组成的完整的社会体系，是按照本身特有的规律运动、发展、变化着的活的社会有机体。

技术社会形态就是以生产力和技术发展水平以及与此相适应的产业结构为标准划分的社会形态。在石器时代，人们靠捕鱼、狩猎和采集为主，主要产业是渔业和狩猎业，因而可以把这个时代称为渔猎社会。在铜器时代和铁器时代，农耕有了很大的发展，农业在产业结构中占了主导地位，因而可以称之为农业社会。在蒸汽时代和电气时代，机器大工业有了很大发展，工业在产业结构中占了主导地位，因而可以称之为工业社会。在电子时代，信息技术和信息产业在技术体系和产业结构中占了主导地位，因而可以称之为信息社会。这样人类历史就有了一个技术社会形态的序列：渔猎社会—农业社会—工业社会—信息社会。

（二）生产力和生产关系的矛盾运动规律

1. 生产力

生产力是人类利用自然、改造自然、从自然界获取物质资料的能力，生产力范畴反映的是人与自然界的关系。

现代生产力系统包括四类要素。

第一，独立的实体性因素，包括劳动者、劳动资料和劳动对象。劳动者包括体力劳动者和脑力劳动者。劳动资料亦称劳动手段，它包括十分复杂的内容。生产工具是劳动资料的主要内容，是生产力发展水平的主要标志。劳动对象是劳动过程中被加工的东西。劳动资料和劳动对象合称生产资料。

第二，运筹性的综合因素，包括分工协作、经济管理、预测决策和安全管理等。这类因素的作用，在于通过对生产力系统的其他因素的选择、调动、处置、匹配等手段，在数量和比例上做到合理结合，从而形成生产力的整体功能。

第三，渗透性因素，主要指自然科学。自然科学在应用于现实的生产过程之前，并不形成现实的生产力，只有把它应用于现实的生产过程之中，渗透到生产力的其他各类因素中去，才能转化为现实的生产力。马克思主义十分重视科学技术在生产中的作用，认为生产力中也包括科学，科学在工艺上的应用赋予生产以科学的性质。邓小平总结了新的科技革命以来生产发展的新趋势和新经验，继承并发展了马克思主义关于科学技术是生产力的观点，提出“科学技术是第一生产力”的著名论断。

第四，准备性因素，主要指教育。教育本质上属于上层建筑，它是为经济基础服务的。但教育可以通过培养人才，为生产力的继承和发展作准备，因此把它称为生产力系统中的准备性因素。

2. 生产关系

生产关系是指人们在物质生产过程中结成的经济关系。它包括生产资料的所有制形式、人们在生产中的地位及其相互关系（包括交换）、产品的分配方式，这三项内容相互联系、相互制约，形成生产关系体系，其中生产资料所有制形式起着决定作用，它是整个生产关系的基础，主要表现在以下几个方面：

第一，生产资料所有制形式是生产劳动得以进行的前提。要进行生产劳动，必须具备劳动者和生产资料两项因素，而且二者在彼此分离的情况下无法进行生产劳动，只有二者以一定的方式结合起来，才能进行生产劳动。而劳动者与生产资料结合的社会形式，就是生产资料所有制形式。原始公有制的、奴隶制的、封建制的、资本主义的和共产主义的生产资料所有制形式，就是劳动者和生产资料相结合的五种主要社会形式。

第二，生产资料所有制形式决定整个生产关系的性质。与历史上依次经历的五种生产资料所有制形式相适应，有五种性质不同的生产关系。它们可以分为两大类型：一类是以生产资料公有制为基础的生产关系，包括原始公有制的生产关系和共产主义公有制的生产关系；另一类是以生产资料私有制为基础的生产关系，包括奴隶制的生产关系、封建制的生产关系和资本主义的生产关系。此外，还有劳动者个人占有生产资料的个体小生产的生产关系，它不能成为独立形态的生产关系，而是依附于当时占统治地位的生产关系。

第三，生产资料所有制形式决定人们在生产中的地位及其相互关系。在生产资料公有制中，由于劳动者平等地共同占有生产资料，因而在生产劳动过程中人与人之间的关系是平等的，没有人剥削人的现象。在生产资料私有制中，由于生产资料掌握在少数剥削者手里，广大被剥削的劳动者没有或者只有很少的生产资料，因而生产的指挥权和管理权掌握在少数剥削者及其代理人手中，广大劳动者无权参加管理，受到各种形式的剥削和压迫。

第四，生产资料所有制形式决定产品的分配方式。生产和生产资料的所有制形式，对产品的分配方式起决定作用。马克思指出：“分配的结构完全决定于生产的结构。分配本身是生产的产物，不仅就对象说是如此，而且就形式说也是如此。就对象说，能分配的只能是生产的成果，就形式说，参与生产的一定方式决定分配的特殊形式，决定参与分配的形式。”① 这说明，生产资料所有制形式不同，产品的分配方式也就不同。

3. 生产力和生产关系之间的矛盾

生产力决定生产关系，生产关系反作用于生产力，生产力和生产关系之间的矛盾运动，这三项内容构成生产关系必须适合生产力性质的规律。

第一，生产力决定生产关系。在二者的关系中，生产力是居支配地位，起决定作用的方面。首先，生产力状况决定生产关系的性质。历史上的各种生产关系都是适应一定的生产力发展需要而产生的。有什么样的生产力，就会产生什么样的生产关系。马克思说：“手推磨产生的是封建主的社会，蒸汽磨产生的是工业资本家的社会。”② 可见，生产力状况是生产关系形成的客观前提和物质基础。其次，生产力的发展决定生产关系的变化。生产关系是生产力发展需要的产物，只有当它为生产力提供足够的发展空间时才能够存在。随着生产力的发展，原本适合生产力状况的生产关系便由新变旧，走向自己的反面。当生产关系不能适应生产力的发展要求时，人们就要变革旧的生产关系，建立新的生产关系，以适应生产力的发展。

第二，生产关系对生产力具有能动的反作用。主要表现为两种情形：当生产关系适合生产力发展的客观要求时，它对生产力的发展起推动作用；当生产关系不适合生产力发展的客观要求时，它就会阻碍生产力的发展。生产关系落后于生产力固然会阻碍其发展；而由于人为的原因使某种生产关系“超越”生产力水平，这种“拔高”了的生产关系也会阻碍生产力的发展。在一定条件下，生产关系对生产力发展的反作用尤为突出。比如，当不变更生产关系生产力就不能发展的时候，生产关系的变更就具有了突出的作用。

第三，生产力与生产关系的相互作用是一个过程，表现为二者的矛盾运动。这种矛盾运动中的内在的、本质的、必然的联系，就是生产关系一定要适合生产力状况的规律，亦称生产力与生产关系的矛盾运动规律。这是人类社会发展最基本、最普遍的规律，也是无产阶级政党制定正确的路线、方针、政策的理论依据。正确理解和运用这个规律，对于我国正在进行的改革开放和社会主义现代化建设具有重大的指导意义。我国社会主义初级阶段实行以公有制为主体、多种所有制经济共同发展的基本经济制度，就是以这一规律为理论依据的。

（三）经济基础与上层建筑的矛盾运动规律

经济基础是指一个社会中占统治地位的生产关系各个方面的总和，即生产资料所有制形式、各种不同的社会集团在生产中的地位及其相互关系、产品分配方式三个方面的总

---

①《马克思恩格斯选集》第二卷，人民出版社 1995 年版，第 14 页。

②《马克思恩格斯文集》第一卷，人民出版社 2009 年版，第 602 页。

和。上层建筑是与经济基础相对应的范畴，指社会的政治、法律、艺术、道德、宗教、哲学等意识形态以及与这些意识形态相适应的政治法律制度和设施的总和，分为政治上层建筑和观念上层建筑两部分。在上层建筑各种因素中，政治居于主导地位，在阶级社会里，国家政权和领导国家政权的政党是上层建筑的主要组成部分。国家是阶级矛盾不可调和的产物和表现，是统治阶级压迫被统治阶级的暴力工具。随着阶级的消灭，国家也将随之消亡。

经济基础决定上层建筑，上层建筑反作用于经济基础，经济基础和上层建筑之间的矛盾运动，这三项内容构成上层建筑必须适合经济基础发展要求的规律。上层建筑必须适合经济基础发展要求的规律，是无产阶级政党制定正确的路线、方针、政策的理论依据。正确理解和运用这个规律，对于我国正在进行的经济体制改革和政治体制改革以及其他方面的改革，具有重大的指导意义。

生产力和生产关系之间的矛盾、经济基础和上层建筑之间的矛盾，存在于一切社会形态之中，贯穿于每一个社会形态的始终。这两对矛盾制约和决定着其他各种社会矛盾，决定着整个社会的面貌，决定着社会发展的必然阶段和客观趋势，决定社会形态由低级到高级的演进。因此，社会基本矛盾是社会发展的基本动力。这一点，可以从社会历史发展的各种动力之间的相互关系中看得十分清楚。

（四）社会历史发展的动力

阶级斗争是阶级社会发展的直接动力，但是，阶级矛盾和阶级斗争是社会基本矛盾的表现，社会基本矛盾决定着阶级矛盾和阶级斗争的发展阶段和发展状况，制约着阶级矛盾和阶级斗争的特点及其解决方式。

革命和改革是推动社会发展的重要动力，但社会基本矛盾的尖锐化是革命和改革的最深刻的根源，社会基本矛盾的性质决定着革命和改革的性质，社会基本矛盾的发展状况决定着革命和改革的具体状况。

科学在社会发展中具有重要作用，但物质生产是科学发展的基础，一旦有物质生产上的技术需要，就会比十所大学更能推动科学的发展。

人民群众是推动历史发展的伟大动力，但人民群众推动历史发展的作用，是在解决生产力和生产关系、经济基础和上层建筑的矛盾中实现的。

社会主义社会的根本任务是以经济建设为中心，大力发展生产力。我国的社会主义改革就是立足本国国情，总结实践经验，根据生产力的现实水平和进一步发展的客观要求，自觉调整生产关系与生产力、上层建筑与经济基础不相适应的部分，从而使社会主义制度自我完善，推动生产力的发展和社会各方面的进步。改革并不是改变社会主义的根本经济制度和政治制度，不是改变社会制度的根本性质，不是否认社会主义制度的强大生命力和巨大优越性，而是革除社会主义生产关系中不适合生产力发展、社会主义上层建筑中不适合经济基础发展要求的部分和环节。改革的目的是兴利除弊，使社会主义制度的优越性更加充分地发挥出来。

（五）群众史观

群众史观是在马克思和恩格斯创立唯物史观的过程中所形成，后来经过列宁等其他马克思主义经典作家发展起来的，是唯物史观关于社会历史观基本问题的原理在人的作用问题上的运用和体现。具体说来有以下几点：

第一，人民群众是社会财富的创造者。首先，人民群众是社会物质财富的创造者。人类社会赖以生存的物质生活资料是人民群众的主体——劳动群众创造的，离开劳动群众，人类社会就无法存在。恩格斯说过，无论不从事生产的社会上层发生什么变化，没有一个生产者阶级，社会就不能生存。人民群众还是社会发展的决定力量。列宁说过，全人类首要的生产力是劳动者。正是广大劳动群众在社会物质财富的生产过程中不断地改进生产工具，积累生产经验，提高生产技术，使社会生产力不断发展，引起生产关系的变革，导致生产方式的演进，从而推动社会的发展和进步。其次，人民群众还是社会精神财富的创造者。人民群众不仅为社会精神财富的创造提供了物质前提，而且他们的实践活动还是一切社会精神财富的源泉。人类社会的一切科学文化成果，归根到底都是人民群众的生产斗争、阶级斗争和科学实验的经验总结，文学艺术也是来源于群众的生产和生活。没有广大群众所提供的丰富的实践经验，社会精神财富就成了无源之水、无本之木。广大群众的社会实践还是一切科学文化和文学艺术发展的根本动力。离开了广大群众的实践活动和生活的需要，人类精神文化生活的创造性活动就会失去前进的力量。

第二，人民群众是社会变革的决定力量。人民群众作为历史的创造者，在社会变革时期表现得特别明显。人类社会的发展，归根到底是社会基本矛盾运动的必然结果。但是，社会基本矛盾运动以及由此而形成的社会发展规律，从来都不是自发地实现的，而是通过人民群众的斗争实现的。当某种生产关系成为生产力发展桎梏的时候，人民群众就会起来推翻维护旧的生产关系的上层建筑，摧毁各种反动腐朽的社会制度和社会势力，实现社会的政治变革，为生产力的发展和社会的前进开辟道路。在世界历史上，从根本上说，是奴隶阶级的起义和斗争，推翻了奴隶制度，实现了奴隶社会向封建社会的过渡；是农民阶级的起义和战争，推翻了封建制度，实现了封建社会向资本主义社会的过渡；是无产阶级和农民阶级的斗争，推翻了资本主义制度和半封建半殖民地制度，实现了向社会主义社会的过渡。总之，在社会大革命时期，人民群众以其历史主动精神推动社会形态由低级到高级的发展。在阶级社会和有阶级存在社会的历史上，不仅生产关系的根本变革、社会制度的新旧更替，都是通过阶级斗争、人民群众的革命来完成的，就是同一社会形态内历史的发展，也是通过阶级斗争、人民群众的革命来实现的。不仅在奴隶社会和封建社会，是广大奴隶和农民的起义和战争给予落后腐朽的生产关系以沉重打击，多少推动了社会的发展；就是在资本主义社会，也是工人群众的斗争推动了资本主义生产关系的改革，多少适应了生产力的发展；甚至在社会主义社会，也是人民群众的斗争和所进行的改革，打击了腐朽势力，推动了社会前进。总之，不论在什么情况下，人民群众都是社会革命的主体。一切真正的革命运动，实质上都是人民群众起来摧毁腐朽的社会制度的斗争。

第三，人民群众是英雄人物历史作用的决定力量。英雄人物和杰出人物是时代的产物，即时势造就英雄。所谓时势，就其实质来说，是人民群众的革命斗争及其发展趋势，是整个民族、整个阶级的正义的或进步的行动及其发展趋势。首先，英雄人物的产生要有一定的物质基础，他们的才能的发挥要有一定的舞台；而这些物质基础是人民群众创造的，这种舞台是由人民群众的斗争和行动提供的。不仅如此，有些英雄人物就是直接在群众的、阶级的、民族的斗争中，从普通个人直接成长起来的。其次，只有英雄人物和杰出人物的思想和愿望正确反映了社会发展的要求，正确反映了人民群众和先进阶级的要求，他们才能成为真正的英雄人物和杰出人物。如果他们的思想和愿望与社会发展背道而驰，与人民群众和先进阶级的要求背道而驰，那么这些英雄人物就会变成无用之物，甚至变成阻碍历史前进的反动人物。

群众观点是无产阶级政党的根本观点，主要包括以下四个内容：人民群众自己解放自己的观点，全心全意为人民服务的观点，向人民群众负责的观点，向人民群众学习的观点。

群众路线是无产阶级政党的根本路线，是群众观点在实际工作中的贯彻和应用。中国共产党的群众路线的内容是："一切为了群众，一切依靠群众，从群众中来，到群众中去。""一切为了群众"，这是群众路线的基本出发点和最终归宿。这是由无产阶级政党的性质决定的。无产阶级政党是人民群众利益的代表者，除了人民群众的利益以外没有自己的私利，它的一切工作都是为了广大人民群众、服务于广大人民群众的，这是党的根本宗旨。"一切依靠群众"，这是群众路线的根本要求。无产阶级政党的一切工作，必须紧紧地依靠广大人民群众，依靠他们的智慧和力量，依靠他们的信任和支持，离开广大人民群众必将一事无成。"从群众中来，到群众中去"，这是无产阶级政党的领导方法，也是群众路线的基本工作方法。

在改革开放和现代化建设的新形势下，坚持党的群众路线，具有十分重大的意义。推进党的作风建设，核心是保持党同人民群众的血肉联系。我们党的最大政治优势是密切联系群众，党执政后的最大危险是脱离群众。在任何时候任何情况下，都必须坚持党的群众路线，坚持全心全意为人民服务的宗旨，把实现人民群众的利益作为一切工作的出发点和归宿。为此，要坚持反对和防止腐败。不坚决惩治腐败，党同人民群众的血肉联系就会受到严重损害，党的执政地位就有丧失的危险，党就有可能走向自我毁灭。最大多数人的利益和全社会全民族的积极性、创造性，对党和国家事业的发展始终是最具有决定性的因素。在我国社会深刻变革、党和国家事业快速发展的进程中，妥善处理好各方面的利益关系，至关重要。

第三节 政治经济学理论

资本主义经济制度是在商品经济的基础上产生和发展起来的，通过对商品经济的分析，掌握劳动价值理论，从而了解资本主义生产关系产生和资本主义经济制度形成的历史过程，并为分析剩余价值理论打下理论基础。资本是带来剩余价值的价值，资本主义生产的实质是剩余价值的生产，资本家通过雇佣劳动制度，实现了价值的增殖。资本主义已经进入国家垄断资本主义阶段，垄断资本主义虽然给资本主义社会带来很多改变，但是并没有改变资本主义剥削的本质。

一、劳动价值理论

（一）商品经济

资本主义经济是在商品经济发展的基础上产生和发展起来的，商品是资本主义的经济细胞。商品是为市场交换而生产的有用产品。以交换为目的而进行的生产活动，就是商品生产。商品的相互让渡或以货币为媒介的买卖就是商品交换。而以商品生产和商品交换为内容，直接以交换为目的而进行生产的经济形式就是商品经济。所以，商品经济是商品生产和商品交换的总称。商品经济的产生和存在需要两个基本经济条件，一个是社会分工的产生和存在，另一个也是决定性的条件，是生产资料和劳动产品属于不同的所有者。

商品具有使用价值和价值两个因素或两种属性。使用价值是一种物品能够满足人们某种需要的属性，即物品的有用性，如粮食可以充饥、衣服能够遮体、房屋可供居住等。具有使用价值的物品并不一定就是商品，有用物品要成为商品，必须是通过市场交换满足他人需要的物品。而具有不同使用价值的各种商品，之所以能够按照一定量的比例相交换，是因为它们之间存在着某种共同的、同质的可以在数量上相互比较的东西，这就是生产商品时凝结在商品中的无差别的一般人类劳动，即人们的脑力和体力的支出。这种无差别的一般人类劳动的凝结，形成商品的价值。价值反映商品生产者之间的关系，是商品的社会属性。

商品的使用价值和价值分别源于生产商品的具体劳动和抽象劳动。具体劳动是指生产目的、劳动对象、所用工具、操作方法、生产结果都各不相同的劳动。具体劳动生产了商品的使用价值。抽象劳动是指无差别的一般人类劳动。抽象劳动生产商品的价值。具体劳动和抽象劳动是同一劳动过程形成的相互联系又对立的两个方面。马克思创立了劳动二重性学说，它使资产阶级古典政治经济学家亚当·斯密和大卫·李嘉图等人提出的劳动价值论成为完全科学的价值理论。

在生产商品过程中所消耗掉的生产资料的原有价值，是以物化劳动形式存在的价值，物化劳动又称过去的劳动，它是指以生产品形式存在的已经凝结在产品中的劳动。在生产商品过程中新创造的价值，是由活劳动所创造的。活劳动就是指在生产商品过程中劳动者所新消耗的抽象劳动。

在商品生产过程中，物化劳动不能创造价值，只能将其已经凝结在生产资料中的原有价值通过生产商品的具体劳动转移到新商品中，其所转移的价值量，只是相当于已消耗掉的生产资料的原有价值量，不会发生价值的增殖。在商品生产过程中，只有活劳动才能创造出新的价值。马克思的科学劳动价值论的核心就在于揭示了在商品生产过程中价值的创造是由活劳动实现的，价值的唯一源泉是活劳动，即活的抽象劳动。

必须明确，随着商品经济的发展，科学技术的进步，以及劳动协作关系的不断扩大，创造价值的生产劳动，以及生产劳动者的范围也相应逐步扩大。作为价值唯一源泉的活劳动，不能仅仅理解为直接进行生产操作的生产工人的体力劳动，而是既包括直接进行生产操作者的活劳动，也包括从事生产管理和工程技术人员的活劳动；既包括体力劳动，也包括脑力劳动；既包括简单劳动，也包括复杂劳动。这些都属于生产性劳动，共同创造了价值。

各种商品的价值在质上是相同的，都是无差别的一般人类劳动即抽象劳动的凝结，它们只存在量上的差别。商品的价值量是由生产商品的社会必要劳动时间所决定的。社会必要劳动时间是在现有的社会正常的生产条件下，在社会平均的劳动熟练程度和劳动强度下制造某种使用价值所需要的劳动时间。商品交换是按照其社会价值进行的。如果某个商品生产者生产单位商品的个别劳动时间少于社会必要劳动时间，从而其商品的个别价值小于社会价值，但该商品仍能按其社会价值进行交换，他就可以获得较多盈利，并在市场竞争中处于有利地位。反之，如果某个商品生产者所生产的单位商品的个别价值大于社会价值，则会亏本甚至破产。

商品价值量同劳动生产率成反比。劳动生产率是指劳动者的生产效率或能力，通常由单位劳动时间内生产的产品数量或生产单位产品所耗费的劳动时间来表示。劳动生产率越高，一定时间内所生产的产品数量就越多，但所形成的价值总量却不变，从而平均到单位商品内的价值量就越少；反之，劳动生产率越低，单位商品的价值量就越大。所以，单位商品的价值量，与包含在商品中的社会必要劳动量成正比，而与生产该商品的劳动生产率成反比。这是商品价值量同劳动生产率之间的基本关系。当个别企业的劳动生产率提高时，由于单位商品的社会价值量不变，则随着该企业在同一时间内所生产的商品数量增多，其创造的社会价值总量也会相应增加，盈利随之上升。这就是个别企业总是力求提高其劳动生产率的原因所在。

（二）货币的本质和职能

人们最初的商品交换，是物与物的直接交换，随着商品交换的进一步发展，为了便于商品交换的进行，逐渐从商品世界中分离出一种商品，其他所有商品都习惯地通过这一种商品来表现自己的价值，这种商品就成为商品价值的一般代表，即成为一般等价物。后来，随着商品交换的更加发展和交换规模的扩大，就要求一般等价物在时间上和地区上具有统一性，固定地由某一种商品来充当。因而当一般等价物的职能最终被固定在某一种商品上时，这种商品就成为货币，如贝壳、毛皮等都曾充当过货币商品。以后，货币的职能才逐渐固定在黄金、白银等贵金属上。

货币的本质是固定充当一般等价物的商品，它体现着商品经济条件下商品生产者之间的社会经济关系。货币的职能是指货币在社会经济生活中的作用。在发达的商品经济中，货币有价值尺度、流通手段、贮藏手段、支付手段、世界货币五种职能。货币最早具有的是价值尺度和流通手段的职能。商品进入流通之前，先由货币表现和衡量其价值，执行价值尺度的职能；在流通过程中，货币作为交换的媒介，执行流通手段的职能。这是货币的两种基本职能。货币作为社会财富的一般代表，退出流通领域作贮藏备用，从而具有贮藏手段的职能。随着商品赊销交易的出现，货币在这里不再执行流通手段职能，而只是到了约定的付款日期才被用于清偿债务，执行支付手段的职能。

货币的前四种职能在国内商品流通中得到了充分发展，才会同时在国际贸易中发挥世界货币的职能。货币的五种职能相互联系，共同表现货币作为一般等价物的本质，马克思研究货币各种职能的排列顺序体现了商品经济发展的历史和逻辑的统一。

（三）价值规律

以私有制为基础的商品经济中，在纷繁、复杂、多变的商品经济活动背后，是价值规律支配着商品经济的发展和运动，价值规律是商品经济的基本经济规律。

价值规律的基本内容和要求是：商品的价值由生产商品的社会必要劳动时间所决定，商品交换以价值为基础。这就意味着价值规律的内容包括两个互相联系的方面：一是价值量的决定，即商品的价值量由生产商品的社会必要劳动时间所决定；二是实行等价交换，即不同的商品是按照其价值量的大小进行等价交换。概括地表述，价值规律就是商品按照由社会必要劳动时间决定的价值进行交换的规律。这个规律体现着商品经济发展运动过程的必然趋势，它在商品经济条件下，必然存在和起作用，是商品经济的基本经济规律。

按照价值规律的要求，在商品交换中价格应该与价值相一致。但在商品经济条件下，经常存在着供求的不平衡。当某种商品供过于求时，商品销售者竞相出售商品，价格就降到价值以下；反之，当某种商品供不应求时，购买者竞相购买商品，价格就涨到价值以上。因此，随着商品供求关系的变化，价格有时高于价值，有时低于价值，价格总是围绕着价值上下波动。在以私有制为基础的商品经济中，价值规律对社会经济的发展有以下几方面作用：

一是价值规律自发地调节生产资料和劳动力在社会生产各部门之间分配的比例，即调节社会资源的配置。当某一部门生产不足时，该部门产品价格就会上升，吸引商品生产者投入生产资料和劳动力；反之，该部门生产过剩时，商品生产者又会从中撤走生产资料和劳动力，转入有利可图的部门。

二是价值规律自发地促进社会生产力的发展。商品生产者纷纷改进技术，提高劳动生产率，力求使自己的个别劳动时间低于社会必要劳动时间，提高利润空间。

三是价值规律会引起和促进商品生产者的分化，导致贫富差距拉大。生产条件好的生产者，生产商品的个别劳动时间低于社会必要劳动时间，因而获利较多，能够不断扩大生产，更新设备，进一步改善生产条件，在竞争中处于更加有利的地位，不断地因优取胜。生产条件差、经营管理水平低的生产者，无力改善生产条件，处境更加不利，在竞争中就会遭到失败，以致被淘汰。

二、剩余价值理论

（一）资本主义生产关系的产生

封建社会末期，在小商品生产者两极分化基础上，产生了资本主义生产关系。小商品经济即简单商品经济，它是建立在生产资料个体私有制基础上，以手工劳动进行商品生产的经济。典型的小商品经济是个体手工业和个体农民经济。在封建社会末期，小商品经济有了很大发展。随着社会生产力和商品经济的发展，在小商品生产者两极分化的基础上，便产生出最初的资本主义生产关系。

商业的发展对资本主义生产关系的产生起了重要促进作用。早期的商业起着小商品生产者之间交换商品的中介作用。一些商人通过向小商品生产者收购商品和提供原材料而成为包买主，进而控制小商品生产者，使之逐渐丧失生产资料而沦为受雇于包买主的雇佣工人，而包买主则逐渐变成产业资本家，从而促进了资本主义生产关系的产生。

资本原始积累加速了资本主义生产关系的形成。资本主义生产关系需要具备两个基本条件：一是大量的有人身自由但失去生产资料的劳动者，二是少数人手中积累起为组织资本主义生产所需要的大量货币财富。新兴资产阶级为了促进资本主义的发展，便采取暴力手段加速这两个条件的形成。这个过程发生在资本主义经济制度确立之前，所以叫做资本的原始积累。

资本原始积累的实质是用暴力手段剥夺小生产者的生产资料，强迫劳动者同生产资料相分离，使生产资料和货币财富在少数资本家手中迅速积累起来，并使劳动者沦为出卖劳动力的雇佣工人。资本原始积累在历史上以英国最为典型。英国从15世纪末到19世纪初的三百多年期间，通过“圈地运动”，进行“羊吃人”的血腥的资本原始积累。新兴资产阶级为了加速货币财富的积累，还用暴力手段在海外推行殖民主义，掠夺殖民地的金银财富，贩卖奴隶，进行殖民贸易；在国内则大肆掠夺本国劳动人民，采取发行国债、增加税收、保护关税等手段，聚敛货币财富，从而积累起大量货币资本。资本原始积累过程，是为资本主义制度的建立而加速准备条件的过程。

（二）资本主义制度的确立

资产阶级革命的胜利初步确立了资本主义制度。资本主义制度的确立，必须排除封建制度对资本主义发展的重重障碍和束缚，在政治上实现资产阶级革命，推翻封建统治，建立起资产阶级政权。封建社会末期，在封建地主阶级和农民阶级之间的斗争中，广大农民是反封建制度的主力军，他们不断进行起义斗争，从根本上动摇了封建统治，为推翻封建制度创造了极为有利的条件。反封建的领导者就自然地由代表资本主义生产方式的新兴资产阶级来担当，17世纪中叶以后，源于欧洲扩展到世界各地的资产阶级革命风起云涌，推翻了封建制度，建立了资产阶级政权，确立了资产阶级的政治统治，为资本主义生产关系的发展扫清了道路，从而使资本主义制度得到初步确立。

产业革命使资本主义制度完全确立。资产阶级革命的胜利，迫切要求通过科学技术革命发展社会化大生产，建立资本主义制度的物质技术基础。这个历史任务是通过产业革命实现的。从18世纪下半叶到19世纪中叶，主要资本主义国家先后进行了产业革命。通过产业革命，一方面，实现了生产技术的根本变革，使资本主义生产方式获得了与其相适应的物质技术基础，促进了生产力的迅速发展；另一方面，它又巩固与发展了资本主义生产关系，使雇佣工人丧失了依靠手工技术而独立劳动的可能性，成为资本家掌握的机器的附属物，巩固了资本主义雇佣剥削制度。因此，产业革命使资本主义制度取得完全胜利和最终确立。

（三）剩余价值的产生过程

资本主义经济制度是以生产资料资本主义私有制为基础，通过雇佣劳动制度剥削工人所创造的剩余价值的经济制度。

从资本主义经济制度的历史和现实来看，资本最初都表现为一定数量的货币。任何一个资本家，首先必须筹集和掌握一定数量的货币，用以购买生产资料和雇佣工人，然后才能开始资本主义的生产经营活动，并由此赚钱盈利，获取收益。但是，货币并非从来就是资本，作为货币的货币和作为资本的货币，二者有本质的区别。作为货币的货币，只是在商品交换过程中起着媒介的作用，不会发生价值的增殖。而作为资本的货币，是由资本家先用货币购买一定数量的商品，然后再将商品卖出，换回更多的货币，实现了价值的增殖。这个增殖额就是剩余价值（m）。正是发生了这种价值增殖，产生了剩余价值，从而使货币转化为资本。所以，资本就是能够带来剩余价值的价值。

资本家手中的货币会带来更多的货币，发生价值增殖，产生出剩余价值，从而使货币转化为资本的原因是资本家在市场上购买到一种特殊的商品，这种商品具有特殊的使用价值，通过对它的使用不仅能创造出价值，而且能创造出比它自身价值更大的价值，即创造出剩余价值。这种特殊商品就是劳动力。劳动力成为商品，是货币转化为资本的前提。

劳动力是指人的劳动能力，是人的体力和脑力的总和，它存在于活的人体中。劳动力成为商品必须具备两个基本条件：一是劳动者有人身自由，他必须有权支配自己的劳动力，才可能把它作为商品出卖；二是劳动者丧失了一切生产资料和生活资料，除了自己的劳动力以外一无所有，必须靠出卖劳动力为生。这两个基本条件是在封建社会解体，小商品生产者日益分化，特别是在资本原始积累过程中形成的。

劳动力作为商品同样具有价值和使用价值。但是，劳动力是特殊商品，它的价值和使用价值也具有不同于普通商品的特点。劳动力商品的价值也和其他商品的价值一样，是由生产和再生产劳动力商品的社会必要劳动时间决定的。而生产和再生产劳动力的社会必要劳动时间，可还原为生产出劳动者所消费的生活资料所需要的社会必要劳动时间。因此，劳动力商品的价值包括以下三部分生活资料的价值：一是维持劳动者自身生存所必需的生活资料的价值，用以再生产它的劳动力；二是劳动者繁育后代所必需的生活资料的价值，用以延续劳动力的供给；三是劳动者接受教育和训练所支出的费用，用以培训适合资本主义再生产所需要的劳动力。

劳动力商品的使用价值也具有重要的特点。普通商品在消费或使用时，随着使用价值的消失，价值也消失或转移到新产品中去。劳动力的使用价值是进行生产劳动的能力，它的消费或使用就是劳动。而劳动凝结在商品中则形成价值。因此，劳动力商品的使用价值的特殊性在于它不仅能创造出价值，而且能够创造出比劳动力自身的价值更大的价值，从而能为它的购买者带来剩余价值，这对于剩余价值的生产具有决定性的意义。因此，劳动力成为商品是货币转化为资本的前提。

资本家在购买了劳动力之后，就离开流通领域，进入生产过程。在生产过程中，资本家消费所购买的劳动力，让它和生产资料结合起来，生产具有一定使用价值的商品，并使预付的资本发生价值增殖。资本主义生产过程是劳动过程和价值增殖过程的统一。在资本主义生产方式下，劳动过程是价值增殖过程的手段。

资本主义的劳动过程具有以下两个重要特点：一是工人在资本家的监督下劳动。工人出卖劳动力给资本家，劳动力在一定时间内的使用权就属于资本家。资本家为使工人的劳动合乎自己的目的，就要对工人的劳动进行监督，迫使工人紧张地劳动，并节省生产资料的耗费。二是劳动产品归资本家所有。资本主义劳动过程是资本家的各种生产要素相结合的过程，因而劳动成果也就归资本家所有。

在资本主义的生产过程中，工人所消耗掉的生产资料的价值，转移到新生产出的产品中，成为产品价值的一部分；同时，工人所支出的活劳动创造出新价值，这个新价值也构成产品价值的一部分。工人的活劳动所创造的新价值如果等于劳动力的价值，那么资本家就不可能获得剩余价值，达不到实现价值增殖的目的，这样的生产过程对资本家毫无意义。实际上，生产过程不会到此结束。

在资本主义生产过程中，资本家购买工人一天的劳动力，支付的是一天劳动力的价值，于是作为买者的资本家就取得劳动力一天的使用权。假定一天劳动力的价值工人只需要 4 小时就能生产出来，但这并不能限制资本家把工人的劳动时间延长到 4 小时以上，假定让工人再继续劳动 4 小时，这继续劳动的 4 小时就是工人为资本家所提供的无偿劳动，它为资本家创造出剩余价值。由此可见，剩余价值的产生是由于资本家把雇佣工人的劳动时间延长到补偿劳动力价值所需要的劳动时间以上，从而劳动力所创造的全部价值超过了劳动力的价值，价值增殖过程就实现了，这就是资本价值增殖的秘密。所以，剩余价值就是由雇佣工人创造的、被资本家无偿占有的超过劳动力价值的价值。

从以上分析可见，随着劳动力成为商品，货币转化为资本，广大劳动者沦为雇佣工人，生产资料和劳动力相结合的形式采取了资本与雇佣劳动相结合的特殊形式，从而形成了资本主义雇佣劳动制度。通过这种雇佣劳动制度，资本家利用雇佣工人的剩余劳动，在生产过程中生产出大量剩余价值，实现了资本价值的增殖。

当代资本家获取剩余价值的方式不再是赤裸裸的，依靠延长剩余劳动时间，提高劳动强度加强对工人的剥削，而是更加多样和隐蔽，这就是在工作日既定的条件下，改变工作日中必要劳动时间和剩余劳动时间的比例，以增加剩余价值的生产。在工作日长度不变的条件下，由于缩短必要劳动时间，相应延长剩余劳动时间而生产的剩余价值，叫做相对剩余价值。例如，工作日为 8 小时，其中必要劳动时间和剩余劳动时间各 4 小时，$m' = 4/4 = 100\%$。如果工作日长度不变，必要劳动时间缩短至 2 小时，剩余劳动时间相应延长到 6 小时，则 $m' = 6/2 = 300\%$，剥削程度提高了两倍。生产相对剩余价值，必须缩短必要劳动时间，提高社会劳动生产率。

资本主义的基本经济规律是剩余价值规律。剩余价值规律的内容，就是通过资本对雇佣劳动的支配，不断提高对雇佣劳动力的剥削程度来达到获取剩余价值的目的，它深刻表明了资本主义经济制度的本质及其发展的趋势。

（四）资本积累

资本主义再生产的特点不是简单再生产，而是扩大再生产。资本主义扩大再生产是指资本家把生产出来的剩余价值并不全部用于自己的个人消费，而是把其中一部分剩余价值转化为资本，用来购买追加的生产资料和劳动力，使生产在扩大的规模上重复进行，把剩余价值再转化为资本，或者说，剩余价值的资本化，就叫做资本积累。剩余价值是资本积累的源泉，而资本积累是资本主义扩大再生产的重要源泉。

剩余价值是资本积累的源泉，如果剩余价值分为积累部分和资本家个人消费部分的比例不变，那么资本家获取的剩余价值越多，资本积累的规模也就越大；而资本积累的规模越大，就可获得更多的剩余价值。因此，资本积累的实质就是，资本家用无偿占有工人创造的剩余价值，进行资本积累来增大资本的规模，以便继续占有更多的剩余价值，从而占有不断增大的资本来扩大对工人的剥削和统治。

在资本积累过程中，由于追求更多剩余价值的内在动力和迫于竞争的外在压力，资本家必然会不断改进企业的生产技术装备，提高劳动生产率，结果在全部资本中，不变资本（以生产资料形态存在的资本）所占比重增大，可变资本（用来购买劳动力的资本）所占比重缩小，从而导致资本有机构成的提高。所以，资本有机构成的不断提高，是资本主义经济发展的必然趋势。

资本有机构成的不断提高，意味着在全部资本中可变资本所占比重日益减少，由于资本对劳动力的需求是由总资本中可变资本的大小所决定的，因而可变资本所占比重的减少，必然导致资本对劳动力的需求日益相对地减少，有时还会绝对地减少。随着资本积累的进行，劳动力的供给却日益绝对地增加。这主要是因为，大量妇女和童工涌进工厂，大批破产的农民和手工业者加入雇佣劳动队伍，同时人口的绝对数量增加，从而劳动者的人数有时也会增加。

这样，在资本积累过程中，出现了两种完全对立的现象，一方面是资本对劳动力的需求日益相对地有时甚至绝对地减少，另一方面则是劳动力对资本的供给却日益绝对地增加。其结果，不可避免地产生大量失业人口，形成相对人口过剩。所谓相对人口过剩，是指劳动力的供给相对于资本对劳动力的需求来说而过剩，并不是人口的绝对过剩。相对过剩人口是由资本主义制度所造成的。

随着资本积累的进行，一方面，资本的规模不断扩大，社会财富越来越集中在少数资本家手中；另一方面，创造社会财富的广大工人阶级却只拥有社会财富的极少部分，遭受着失业和贫困的折磨，生活极不安定。资本主义积累的一般规律，就是随着资本积累的不断进行，必然产生两个对立的方面，即财富在资产阶级一方积累，贫困在无产阶级一方积累，形成严重的贫富两极分化。这个规律深刻地揭示了资本主义生产方式内在的对抗性矛盾，无产阶级所创造的财富虽然越来越多，但他们始终处于被剥削和贫困的境地，这是资本主义制度存在严重社会危机的深刻经济根源。

资本积累的不断发展，促进了社会化生产的发展。生产的社会化，表现为出现了规模巨大的社会化生产企业，企业集中了大量工人共同生产劳动，生产资料由许多人共同使用而形成生产资料使用的社会化，生产过程成为由许多人协同进行的社会化生产过程，劳动产品也是由许多人共同协作生产出来的社会化产品；社会分工和专业化生产的不断发展，形成了日益密切的社会化分工协作关系；由地方市场到国内市场再到世界市场的发展形成了社会化的市场。

生产社会化的发展，客观上必然要求由整个社会占有生产资料，以便对社会化的生产按照社会需要由社会实行有效的宏观调控和计划管理，并按照社会需要配置社会资源和分配劳动产品。这样，生产关系才能适应生产力的社会性质。但是，资本家凭借对生产资料的私人占有，却把社会化的生产力变成资本家高效生产剩余价值的资本生产力，把已经社会化的生产过程由私人资本家按照追求剩余价值的一己私利进行控制和管理，把劳动者共同创造的已经社会化的劳动成果的大部分攫为己有，变成他们的私人财产。因而就产生了资本主义的基本矛盾即生产社会化和生产资料资本主义私人占有的矛盾。这是生产力与生产关系之间的矛盾在资本主义社会中的具体表现。

随着生产社会化程度的不断提高和在资本积累过程中生产资料越来越集中在少数私人资本家手中，使资本主义的基本矛盾日益加剧。这个矛盾的日益尖锐化，表明生产资料资本主义私有制严重束缚了社会化生产的发展，因而，用和生产社会化性质相适应的生产资料社会主义公有制代替资本主义私有制，就成为资本积累发展的必然历史趋势。

（五）资本主义经济危机的实质和根源

资本主义经济危机是在资本主义经济发展过程中，周期性爆发的生产过剩危机。经济危机期间最根本的现象和典型特征是商品生产过剩。其他许多现象，如商品滞销、物价下跌、生产下降、工厂倒闭、工人大量失业等，都是直接或间接地由生产过剩这个根本特征所引起的，都是生产过剩在社会经济生活各方面的具体体现。经济危机的根本特点是商品生产过剩，但并非与劳动者的实际需要相比的生产绝对过剩，而是与劳动者有支付能力的需求即与劳动者的货币购买力相比的相对过剩。因而，资本主义经济危机实质上是生产相对过剩的危机。

经济危机产生的根源在于资本主义生产方式的基本矛盾，即生产的社会化与生产资料私人资本主义占有形式之间的矛盾。

资本主义基本矛盾有两种主要表现形式。

一种表现是个别企业内部生产的有组织性和整个社会生产无政府状态之间的矛盾。在资本主义发展过程中，这个矛盾使社会资本再生产基本比例关系的失调发展到十分严重的程度，引起大量商品过剩时，便会导致经济危机的爆发。当代资本主义国家采取实行经济计划、政府调节等手段，缓和其经济运行中的矛盾，从而对其周期性经济危机的爆发起了一定的减缓作用。

另一种表现是资本主义生产无限扩大的趋势和劳动人民有支付能力的需求相对缩小之间的矛盾。当这个矛盾发展到尖锐程度时，市场上大量商品积压，社会资本再生产的实现条件遭到破坏，便会导致经济危机的爆发。

资本主义社会并不是时刻都处在经济危机之中，经济危机是周期性爆发的，即每隔若干年才爆发一次。经济危机之所以周期性爆发，其原因在于资本主义基本矛盾运动的阶段性。资本主义的基本矛盾并非始终处于尖锐激化程度，而是有时较为缓和，有时尖锐激化，只有在矛盾尖锐激化时才会爆发经济危机。经济危机既是资本主义基本矛盾尖锐激化的结果，同时通过危机使生产被迫进行调整，又能使这个矛盾得到暂时的、强制性的缓解，使社会资本再生产的比例关系暂时达到平衡，从而便会逐渐渡过危机，使经济重新恢复和发展。然而，经济危机并不能消除资本主义基本矛盾，在渡过危机和经济得到恢复及发展后，经过一定时期，资本主义所固有的矛盾又会重新激化，从而导致经济危机再一次爆发。所以经济危机总是周期性地、不断重复地爆发。

三、垄断资本主义理论

（一）资本主义从自由竞争到垄断

迄今为止资本主义社会的发展大体可分为两个大的阶段，即自由竞争资本主义和垄断资本主义两个阶段。这两个阶段资本主义社会经济的基本制度没有变，无产阶级和资产阶级之间基本经济关系没有变，但在生产力发展程度、生产关系各方面的具体特征、市场经济体制的发展与完善、政治和法律制度的变迁以至资本主义国际经济政治关系等方面，还是有很多不同特点的。

垄断是从自由竞争中产生的。在自由竞争资本主义阶段，社会中从事生产和流通活动的经济主体，主要是私人资本家所有的资本主义企业，各个企业在市场上是平等独立的经济实体，它们都要在市场的激烈竞争、优胜劣汰中求生存、求发展。一般说来，总是那些资本雄厚充实、技术设备先进、劳动生产率高的企业，在市场竞争中处于优势地位。因此，资本主义企业在自由竞争中，会不断通过资本积聚和集中来扩大规模，从而引起生产和资本的不断集中。也就是说，自由竞争必然会引起生产和资本的集中。当生产和资本集中发展到一定程度时，就会自然而然地走向垄断。

垄断是指一个或几个大型企业占有一个经济部门的全部或绝大部分的生产或流通份额，并因此达成协议，垄断该部门的生产或流通，控制相关商品的价格，从而获取高额垄断利润的情况，垄断也可称做独占。垄断或独占是排斥自由竞争的，一旦在某个部门形成了垄断局面，其他企业再进入这个部门就非常困难甚至不可能了。生产和资本的集中是在自由竞争中产生、在自由竞争规律的作用下实现的，可是一旦垄断形成，事情就走到了其出发点的反面。因为，当一个部门的大部分生产或流通为一个或几个大企业所控制的情况下，竞争的格局会发生变化，因竞争对手之间势力强大或势均力敌，继续竞争可能会导致两败俱伤，不如放弃竞争，通过协商达成协议，形成垄断，并可坐享因垄断而带来的高额利润。这样，垄断就出现了。当社会经济生活中垄断成为一种较为普遍的现象时，资本主义社会就由自由竞争阶段发展到了垄断阶段。

（二）垄断组织的形成与发展

大资本对社会经济生活的垄断主要是通过一定的垄断组织实现的。垄断组织是指若干资本主义大企业联合起来操纵和控制某一部门或几个部门绝大多数产品生产和销售及原料市场，以保证获得高额垄断利润的组织。

最初的垄断组织形式较为简单，也不很固定，垄断统治的力量还不很强。当时主要是通过一些临时的、短期的垄断协议，例如以价格协定暂时地控制某地某种商品的市场销售或收购价格，以期获得高额垄断利润。随着生产和资本的进一步集中，垄断势力的增强，垄断组织也逐步发展、规范和完善起来。到20世纪上半期，较为重要的垄断组织形式有卡特尔、辛迪加、托拉斯和康采恩。

20世纪后半叶，垄断组织的形式又有较大发展，主要特征是混合联合企业的兴起，这种混合联合公司规模巨大，它们的生产经营项目已不仅限于同类或相关产品的生产和经营活动，而是跨行业跨部门进行混合联合生产与经营，在社会生产和生活中的各个产业都有所涉足。这一方面可以保证一定时期内最大限度地提高公司的利润率，另一方面还可在经济结构不断变化、新产业部门层出不穷、市场行情不断波动的条件下，能够通过混合经营规避风险，并稳定、持久地保持垄断地位和获得高额利润。显然这种大型垄断企业在社会经济生活中的作用，其垄断统治的力量也是极大地增强了。无论何种垄断组织形式，其实质都是垄断资本家通过垄断生产和市场，更多地榨取工人阶级和劳动人民所创造的剩余价值，以获取高额利润的工具。

第二次世界大战后，由于新的科学技术革命的发展，资本主义竞争进一步加剧，生产和资本进一步集中，使垄断统治进一步加强，金融资本和金融寡头起到了推动作用。

金融寡头在经济上的统治主要是通过实行“参与制”实现的，参与制是通过控制一定数量的股票从而层层控制许多企业的经济上的统治方式。金融资本先利用手中的资本控制一些大型的母公司，然后再由母公司向其他公司投资，取得其他公司一定的股份和控制权，把这些公司作为子公司，再由这些子公司继续发展控制更多的公司。由此类推，金融寡头就可运用手中的巨额资本并通过层层控制进而在事实上掌握、操纵和控制更多的资本，从而实现在经济上的统治。

不仅如此，在掌握了经济上的控制权后，金融寡头还必然要在政治上进一步控制国家的上层建筑，利用政权的力量来加强其统治地位。金融寡头在政治上的统治主要是通过“个人联合”的方式实现的。资本主义的政治生活和竞选活动，是以金钱为工具和经济实力为基础的，金融寡头可以直接出马或者把自己的代理人送进政府和议会，通过掌握政权利用政治力量为其垄断统治服务；或者是把政府的高官拉下水，让他们在其政治活动中为金融寡头的利益服务。

此外，金融寡头还可以通过建立政策研究咨询机构等方式来对政府的政策施加影响，通过掌握舆论工具、新闻媒介来对社会生活施加影响，从而实现其对社会经济生活的统治。

进入垄断资本主义阶段后，先出现的是一般垄断或者私人垄断，经过一定时期的发展，又出现了垄断资本同国家政权相结合的国家垄断资本主义。第二次世界大战后，国家垄断资本主义在主要发达资本主义国家有了很大发展，成为社会经济生活中一个非常重要的现象，其特征是主张国家干预。国家垄断资本主义宏观经济管理和调控目标的实现，主要是通过国家调节市场、市场引导企业这样一种经济调节机制实现的，这也是国家对经济的管理调控以经济手段为主的具体体现。发达市场经济中国家调节的主要是四大市场，即商品市场、资本市场、劳动力市场和外汇市场。国家主要通过调控这四大市场的总供求和相关的经济指标，并运用财政政策、货币政策等经济政策手段进行干预，以求实现总供给和总需求的平衡，经济的稳定和适度增长。

垄断资本主义的发展促进了生产社会化和国际化程度的提高，各国间的经济联系也因此逐渐加强和发展起来。在私人垄断资本主义阶段，世界市场形成并逐步发展起来，初步形成了资本主义的世界经济体系。在国家垄断资本主义阶段，世界经济进一步发展，各国之间产生了错综复杂的国际经济关系。特别是 20 世纪 90 年代以来，冷战结束，世界政治经济格局发生新的变化，最主要的一点就是经济全球化的发展，它对世界各国都产生了极其深远的影响，也使当代资本主义发生了一些新变化。

（三）经济全球化和当代资本主义的新变化

经济全球化是指国际经济发展中的这样一种趋势，即在生产不断发展，科技加速进步，社会分工和国际分工不断深化，生产的社会化、国际化程度不断提高的情况下，世界各国各地区的经济活动越来越超出一国和地区的范围并相互紧密地联系在一起，表现为生产全球化、贸易全球化和资本全球化。经济全球化的萌芽可追溯到 19 世纪中叶，当时资本主义国家的商品经济和现代工业、交通运输业的发展，使市场由国家内部的地区性市场、全国性市场发展到世界市场逐渐形成，世界各国间的贸易往来大大超过以往时代。到了 19 世纪末 20 世纪初，即一般垄断资本主义形成时期，资本输出成为帝国主义国家对外经济关系中的重要手段，并带动商品输出从而加强了世界各国间经济的联系，经济全球化也上了一个新台阶。

第二次世界大战以后，特别是冷战结束后的近十几年，资本主义发生了很多新变化，表现在生产力取得了长足的发展，劳动生产率大幅度提高，社会财富迅猛增长，经济保持了较长时期的相对稳定发展；在所有制关系上，出现了所谓资本社会化的趋势，建立和发展一定比重的国有经济，同时私人企业股权分散化，并出现了工人持股的现象；在劳资关系上，采取包括建立所谓劳资共决制度，发挥工会在维护工人就业、工作条件改善和进行工资谈判等方面的作用；上层建筑随之也发生了一些新变化。

当代资本主义虽然发生了许多新变化，但它的经济基础仍然是资本主义的私人占有制。在资本主义社会，控股权还是掌握在少数资本家手中。股权社会化不过是资本主义私人占有制的一种新模式。因此，资本主义生产社会化与生产资料私人占有的基本矛盾依然存在，导致经济危机的根源依然存在。当代资本主义所实行的社会福利是给工人以“香肠”，资本家却得到“火腿”。工人的社会福利和生活水平虽然有了一定的提高，但是他们作为受剥削的雇佣劳动者的地位没有改变。从本质上讲，正是工人阶级自身创造出了更多价值、更多社会财富，才使他们自身的生活水平得以提高，与此同时资产阶级则得到更多的剩余价值。

同时考察资本主义社会中劳动人民的生活水平和总体状况，不但要看在岗人员的情况，还要看失业的水平与状况，不但要看白领阶层的收入和生活水平，还要看蓝领阶层的收入和生活水平，以及贫困人口的状况。几十年来，西方发达国家生活在贫困线以下的人口一直保持在15%～20%。资本主义的自我调节与完善，都是在资本主义制度所允许的范围之内进行的。从另一角度看，在科技革命促进下，当代资本主义借鉴社会主义所进行的某些社会改良，虽然没有改变资本主义生产关系的根本性质，但在客观上却是在资本主义社会的胎胞里孕育和生长着的“新的社会因素”。因此，我们应当对社会历史发展趋势充满信心。

第四节　科学社会主义理论

社会主义经历了从空想到科学、从理论到实践的发展。1917年，俄国爆发了十月社会主义革命，建立起世界上第一个社会主义国家。第二次世界大战以后，有十多个国家走上了社会主义道路，20世纪末又发生了苏联和东欧社会主义国家的经济社会制度的剧变。而中国等社会主义国家则在改革开放的道路上，坚持建设有各自特色的社会主义。

一、社会主义理论从空想到科学

从资本主义制度建立伊始，就有许多仁人志士对其弊端提出批评，并描绘出理想社会的蓝图来代替资本主义。最早的空想社会主义思想在16—17世纪资本主义原始积累和初期发展阶段即已出现。资本主义社会经济制度来到世间就带着许多其自身不可克服的矛盾和弊端，特别是早期的资本原始积累时期，阶级矛盾、贫富分化极其严重，工人阶级的生活和工作状况极其恶劣，资产阶级的剥削极其残酷，这激起了工人阶级的激烈反抗，自发的工人运动此起彼伏。早期空想社会主义的代表作是英国人莫尔的《乌托邦》和意大利人康帕内拉的《太阳城》。他们在自己的著作中无情地批判了资本主义的种种罪恶，但提出和描绘的理想社会却充满着空想性质。空想社会主义思想家提出的社会改造方案，往往是包罗万象的，涉及包括哲学、经济、政治、历史、宗教、道德、家庭、社会生活各个方面乃至一些具体细节的庞大社会改造计划。在资本主义发展的早期阶段，这些设想显然只能是空想。18世纪以后，空想社会主义思想在欧洲主要资本主义国家继续发展，在对未来社会的设想上也是五花八门，有的主张共产主义，有的带有平均主义乃至禁欲主义色彩。

19世纪初期欧洲的三大空想社会主义者——法国的圣西门、傅里叶和英国的欧文——在前人思想的基础上提出了自己的社会主义思想和方案，并进行了一些社会改造的尝试。他们的空想社会主义思想，成为马克思主义科学社会主义的直接理论来源。空想社会主义对资本主义的批判是尖锐的，对资本主义罪恶的揭露也较为深刻。他们认为资本主义制度是一种历史谬误、人间祸害，必须为一种更好的社会制度所取代。他们对新社会的描述尽管带有很大的空想，但也有其合理成分，闪烁着天才的火花。例如，关于消灭旧式分工，消灭城乡、工农、脑力劳动和体力劳动的差别，关于教育与生产劳动早期结合，关于社会权力由对人的统治变为对物的管理和对生产过程的领导，关于国家消亡，关于新社会要消灭私有制建立公有制的思想，以及新社会要实行按劳分配或按需分配等观点，都为科学地认识未来社会主义和共产主义社会提供了宝贵的思想资料。

空想社会主义者看到了资本主义必然灭亡的命运，但因为他们没有正确认识社会历史发展的必然规律，主张理性支配世界，不能揭示出资本主义必然灭亡的经济根源和客观必然性。他们要求埋葬资本主义，却否认阶级斗争、反对暴力革命，认识不到无产阶级的革命力量和历史使命，找不到埋葬资本主义的力量。他们憧憬社会主义的理想社会，却找不到通往理想社会的现实道路。空想社会主义提供了启发工人觉悟的极为宝贵的材料，但不是科学的思想体系，在实践中也不可能指引工人阶级真正走上社会主义道路。

马克思和恩格斯在他们所创立的辩证唯物主义和历史唯物主义世界观的基础上，深刻分析了资本主义社会的基本矛盾的运动趋势，总结了国际工人运动的历史经验，批判地吸取了英法两国的空想共产主义和英国古典政治经济学的合理因素，继承和发展了人类历史上一切进步思想的优秀成果，从而深刻地揭示出人类社会发展的规律性，创立了科学共产主义学说，科学地预见了共产主义社会这一理想社会制度的基本特征，向全世界劳动群众展示了人类社会终将进入共产主义的美好社会前景。同时他们明确指出，无产阶级的历史使命就是彻底解放全人类，为在全世界实现共产主义伟大事业而奋斗。这是根据人类社会发展规律和无产阶级的地位所得出的科学结论。

这一科学结论，终于使人类对美好社会理想的追求由空想变为科学。正如列宁所说，“究竟根据什么材料可以提出未来共产主义的未来发展问题呢？这里所根据的是：共产主义是从资本主义中产生出来的，它是历史地从资本主义中发展出来的，它是资本主义所产生的那种社会力量发生作用的结果。马克思丝毫不想制造乌托邦，不想凭空猜测无法知道的事情。马克思提出共产主义的问题，正像一个自然科学家已经知道某一新的生物变种是怎样产生以及朝着哪个方向演变才提出该生物变种的发展问题一样。”① 总之，共产主义之所以是人类最伟大的事业，就在于它是崇高理想与科学理想的统一，体现了人类对理想社会目标的追求与符合规律的科学社会实践的有机结合。

共产主义社会的基本特征有：社会生产力高度发展和物质财富极大丰富，实行社会公有制和按需分配，经济计划调节管理和商品经济消失，阶级消灭和国家自行消亡，精神境界极大提高，人的自由而全面发展，全人类彻底解放。

马克思主义对共产主义社会的展望，总是把人的自由而全面发展作为共产主义社会的本质因素而加以描述，十分强调与共产主义社会制度相适应的社会成员必将是自由而全面发展的共产主义新人。共产主义社会所实现的人的自由而全面发展，使人自身个性的发展达到了一个极高的境界，人不仅完全摆脱了自然界的奴役，创造出高度发达的社会生产力，成为自然界的主人，而且成为社会的主人和自身的主人，实现了真正的自由发展。

---

①《列宁专题文集　论马克思主义》，人民出版社 2009 年版，第 255 ~ 256 页。

二、科学社会主义从理论到实践

马克思主义的科学社会主义从一开始就不仅仅是一种理论，而是始终同工人运动，同社会主义、共产主义事业的实践紧密联系在一起。社会主义理论是通过无产阶级革命实践实现的。1871 年，法国巴黎工人阶级建立巴黎公社，第一次尝试着建立无产阶级的国家；1917 年，俄国十月革命爆发，建立了世界上第一个社会主义政权。

十月革命的胜利、苏维埃俄国的诞生，是列宁主义的成功实践。十月革命的胜利，开辟了人类历史的新纪元。但是无产阶级革命胜利以后，如何经过过渡时期真正进入社会主义社会，则需进行史无先例的开创性探索。特别是在俄国这样一个社会化大生产水平不高，资本主义经济社会制度也不是很发达的国家里建立起的新生无产阶级政权，必然会出现异常复杂而困难的局面。苏维埃俄国的党和人民在列宁和斯大林的领导下，经历了一个艰难曲折的对社会主义的探索过程。

从 1917 年末的十月革命到 1924 年初，列宁逝世仅有短短的六年多时间，这段时期在列宁领导下苏维埃俄国对社会主义道路的探索大体可分三个阶段，即进一步巩固苏维埃政权时期、战时共产主义时期、新经济政策时期。1924 年初，列宁逝世。他在十月革命胜利后六年多的时期中，对社会主义建设问题进行了多方面的探索，发展了马克思主义关于社会主义的理论。

列宁的主要贡献是：首先，把社会主义建设作为一个长期探索、不断实践的过程；其次，把大力发展生产力、提高劳动生产率放在首位；再次，在社会主义建设中，特别是过渡时期不能人为取消商品经济，而要利用商品货币关系发展经济。最后，列宁还提出利用资本主义建设社会主义。他提出国家资本主义概念，即新生的无产阶级专政的国家政权可以利用并能控制其发展方向的资本主义经济。他指出，可以利用国家资本主义发展城市工商业，繁荣城乡经济，为新生的社会主义国家服务，并把资本主义工商业引向社会主义方向。

列宁这一系列关于社会主义建设的理论，是他领导苏维埃俄国的实践经验的总结，是他对马克思主义的重大贡献。列宁晚年在《论合作社》《论我国革命》《宁可少些，但要好些》等著作中，对社会主义建设提出一些新构想，主要包括：用合作化方式引导农民走向社会主义；发展工业，实现国家的工业化、电气化；学习资本主义一切可以利用的有价值的东西，为发展社会主义服务；进行文化革命，发展社会主义的文化教育事业；建立新型的社会主义政治制度，提高干部的素质和能力；加强社会主义民主法制建设，反对官僚主义；加强党的建设，维护党的团结。这些思想对后来的社会主义国家各方面的建设都有很重要的指导意义。

从列宁逝世的 1924 年到在宪法中宣布建成社会主义的 1936 年，苏联仍然处于从资本主义向社会主义的过渡时期。在斯大林的领导下，经过十多年的革命与建设实践，把一个在资本主义国家中处于落后地位的俄国，逐步变成一个社会主义工业国，一个实行计划经济配置资源的新型国家。其特点包括：社会主义公有制占了绝对优势，基本上在城市和工业中是全民所有制（采取国家所有制形式）为主，在农村和农业中是集体所有制为主，这样两种公有制并存的格局，构成了苏联社会主义计划经济制度的所有制基础；建立集中的计划经济体制，这种资源配置方式中，经济活动的决策权主要在中央计划机构，通过计划任务的层层分解和执行，将各种人力、物力资源用于社会主义建设的各个方面；建立了与计划经济体制相适应的行政管理制度，各种反映社会主义意识形态的思想文化教育事业也取得了很大进步。

从十月革命到卫国战争胜利，苏联在社会主义革命后短短的几十年时间里，把一个经济文化较为落后的资本主义旧俄国变为世界上位居前列的经济政治军事强国，社会主义集中力量办大事的优越性得到充分体现。第二次世界大战以后社会主义事业从一国向多国发展壮大，出现了波兰、捷克斯洛伐克、罗马尼亚、保加利亚、匈牙利、民主德国、南斯拉夫和阿尔巴尼亚等一批社会主义国家。它们的生产力发展水平不一，资本主义生产关系的发展程度也不相同，但都在特定的历史条件下走上了社会主义道路，并都是以苏联为榜样，采取了大体相同的经济政治体制。在这种体制下，集中力量办大事的优越性在战后初期的恢复中起到了决定性的作用，他们一般都在较短时间内治愈了战争创伤，并在战后初期创造了较高的经济发展速度。

但是这种高度集权不仅以自由市场的不发达作为自己存在的理由，而且为了保全自身，通过经济资源的绝对垄断，限制市场因素的发展来巩固自身。斯大林模式要求国家对经济运行的绝对控制，也就要求空前的国家专政机关作为后盾。于是必然出现党政不分、权力高度集中、个人崇拜与家长制作风盛行的现象，因为这些不过是巩固国家统治的方式而已。斯大林模式和民主、现代法制是完全不相容的。集中计划经济体制的弊端也逐渐显露，特别是匈牙利、捷克等原资本主义市场经济已有相当发展的国家，计划经济的弊端很快就显现出来了，也因此导致后来的一系列改革。

中国则是走了一条以农村包围城市，最后夺取城市，获得全国政权的独特的社会主义成功之路。社会主义国家朝鲜、越南和蒙古等与我国的情况有同有异，都是在特定的历史条件下走上了社会主义道路。另外，在地球的另一端，处于中美洲的古巴，也是在战后民族独立风起云涌的时代，在古巴共产党及其领袖卡斯特罗的领导下，独立地走上社会主义道路。

20 世纪社会主义的实践，有辉煌的成绩，也发生过曲折，特别是东欧剧变、苏联解体的严重挫折。东欧剧变，又称苏东剧变、东欧大革命、东欧民主化，指从 20 世纪 80 年代末到 90 年代初，东欧各个社会主义国家的政治经济制度发生根本性的改变，是斯大林模式的社会主义制度最终演变为西方欧美资本主义制度的剧烈动荡。最先在波兰出现，后来扩展到东德、捷克斯洛伐克、匈牙利、保加利亚、罗马尼亚等前华沙条约组织国家。这个事件以苏联解体告终，一般被认为标志着冷战的结束。东欧剧变的实质是东欧各国的政治体制和社会性质发生改变。

东欧剧变、苏联解体最深刻的教训是：放弃了科学社会主义道路，放弃了共产党的有效领导，放弃了马克思列宁主义，结果使得已经相当严重的经济、政治、社会、民族矛盾进一步激化，最终酿成制度巨变、国家解体的历史悲剧。邓小平指出：“不坚持社会主义，不改革开放，不发展经济，不改善人民生活，只能是死路一条。”“一些国家出现严重曲折，社会主义好像被削弱了，但人民经受锻炼，从中吸取教训，将促使社会主义向着更加健康的方向发展。”① 社会主义的发展道路是曲折的，但前途是光明的，社会主义在曲折中前进，在开拓中发展，在与资本主义的竞争中改革和完善自身，最终将战胜资本主义、取代资本主义，这是世界历史发展的必然趋势与归宿。

①《邓小平文选》第三卷，人民出版社 1993 年版，第 370 页。

第二章　毛泽东思想基本理论

第一节　毛泽东思想概述

中国共产党在领导中国人民进行革命和建设的实践中，努力把马克思列宁主义的基本原理同中国的具体实际相结合，产生了马克思主义中国化的第一个重大理论成果——毛泽东思想。

一、毛泽东思想的科学内涵和理论体系

（一）毛泽东思想的科学内涵

在1945年召开的中国共产党第七次全国代表大会上，刘少奇在代表中央所作的关于修改党章的报告中，首次对毛泽东思想的科学内涵作出界定：毛泽东思想，就是马克思列宁主义的理论与中国革命的实践之统一的思想，就是中国的共产主义，中国的马克思主义。这一界定符合当时中国的历史实际，正确地揭示了毛泽东思想的本质特征。

1981年党的十一届六中全会通过的《关于建国以来党的若干历史问题的决议》对毛泽东思想作出了新的概括：毛泽东思想是马克思列宁主义在中国的运用和发展，是被实践证明了的关于中国革命的正确的理论原则和经验总结，是中国共产党集体智慧的结晶。1982年党的十二大在上述概括的第二句中补充了“和建设”三个字，变为“是被实践证明了的关于中国革命和建设的正确的理论原则和经验总结”。这是迄今为止对毛泽东思想所作的最具有权威性的概括。

（二）毛泽东思想的理论体系

毛泽东思想所要回答和解决的中心问题，是在中国的社会历史条件下如何进行新民主主义革命、社会主义革命和社会主义建设。围绕这个中心问题，毛泽东思想包含了一系列相互联系的基本观点和主要内容。

《关于建国以来党的若干历史问题的决议》把毛泽东思想的主要内容概括为六个方面：关于新民主主义革命、关于社会主义革命和社会主义建设、关于革命军队的建设和军事战略、关于政策和策略、关于思想政治工作和文化工作、关于党的建设。《关于建国以来党的若干历史问题的决议》进而把贯穿于上述各个组成部分的立场、观点和方法称为毛泽东思想科学体系的活的灵魂，其三个基本方面是：实事求是、群众路线、独立自主。

二、毛泽东思想的形成和发展

（一）毛泽东思想形成的社会历史条件

毛泽东思想的产生是国际共产主义运动和中国革命发展的必然结果，也是中国社会政治、经济、文化发展的必然结果。正是这种发展为毛泽东思想的产生提供了相应的历史条件和社会条件。

第一，毛泽东思想的形成是近代中国社会矛盾和革命运动发展的客观需要和历史产物。

第二，20 世纪前期和中期的世界和中国政局的变化是毛泽东思想形成的时代背景和国际环境。

第三，新的社会生产力的增长和工人运动的发展，为毛泽东思想的形成提供了物质条件和阶级基础。

第四，新文化运动的兴起和马克思主义的传入与广泛传播为毛泽东思想的形成准备了思想理论条件。

第五，中国共产党领导的波澜壮阔的人民革命运动是毛泽东思想形成的实践基础。

上述几个条件不是孤立的，它们相互作用，形成了一种历史合力，共同推动了毛泽东思想的形成和发展。

（二）毛泽东思想的历史发展进程

毛泽东思想的形成和发展，大致经历了如下几个不同的历史时期：

从 1921 年 7 月中国共产党成立到 1927 年 7 月大革命失败，是毛泽东思想的萌芽时期。

从 1927 年 7 月大革命失败到 1935 年 1 月遵义会议召开前，是毛泽东思想的形成时期。

从 1935 年 1 月遵义会议召开到 1945 年 8 月抗日战争胜利，是毛泽东思想的成熟时期。

从 1945 年 8 月抗日战争胜利到 1956 年 9 月我国生产资料所有制的社会主义改造基本完成，是毛泽东思想的继续发展时期。

从 1956 年 9 月党的八大到 1966 年 5 月“文化大革命”发动前，是毛泽东思想在探索具有中国特色社会主义建设道路中曲折前进时期。

从 1966 年 5 月“文化大革命”发动到 1978 年 12 月十一届三中全会召开前，是毛泽东思想遭受干扰和歪曲时期。

1978 年 12 月党的十一届三中全会之后，是毛泽东思想重新恢复和全面发展时期。

三、毛泽东思想的历史地位

（一）毛泽东思想是马克思列宁主义中国化的第一个理论成果

毛泽东思想既体现了马克思列宁主义的基本原理，又包含了中华民族的优秀思想和中国共产党人的实际经验。它作为马克思主义理论体系的一种发展形态和民族形态，是马克思列宁主义在中国的成功运用和重大发展，是马克思主义民族化的优秀典范。

毛泽东思想是中国共产党和中国革命、建设的指导思想。它既是中国新民主主义革命取得胜利的强大理论武器，也是中国社会主义事业发展的思想政治基础。

毛泽东思想的产生和发展，实现了中国文化民族性和时代性的统一，完成了近现代中国思想史上的一次革命性变革。它代表着中国先进文化发展的方向，已经成为中华民族走向振兴的精神旗帜和思想武器。

党的十五大报告指出：马克思列宁主义同中国实际相结合第一次历史性飞跃的理论成果是被实践证明了的关于中国革命和建设的正确的理论原则和经验总结，它的主要创立者是毛泽东，我们党把它称为毛泽东思想。这是中共中央对毛泽东思想历史地位的科学定位。

党的十八大报告指出：以毛泽东同志为核心的党的第一代中央领导集体带领全党全国各族人民完成了新民主主义革命，进行了社会主义改造，确立了社会主义基本制度，成功实现了中国历史上最深刻最伟大的社会变革，为当代中国一切发展进步奠定了根本政治前提和制度基础。在探索过程中，虽然经历了严重曲折，但党在社会主义建设中取得的独创性理论成果和巨大成就，为新的历史时期开创中国特色社会主义提供了宝贵经验、理论准备、物质基础。这些论断不仅再次明确肯定了毛泽东、毛泽东思想的历史地位，而且阐明了中国特色社会主义的开创和发展同毛泽东、毛泽东思想的关系。

（二）坚持和发展毛泽东思想

坚持和发展毛泽东思想是中国共产党人的历史责任。在今天的历史条件下，坚持和发展毛泽东思想具有极其重要的意义。

毛泽东思想中包含的许多基本原理、原则和科学方法具有普遍意义，对现在和今后仍具有重要的指导作用。坚持和发展毛泽东思想，可以为社会主义现代化建设提供科学的世界观和方法论。

毛泽东思想是建设有中国特色社会主义的理论先导。坚持和发展毛泽东思想，有助于我们深刻理解中国特色社会主义理论。

毛泽东思想既是理论，又是时代精神、价值观念和思维方式以及当代中国人民的心理情感的体现。坚持和发展毛泽东思想，是团结全国各族人民实现中华民族复兴宏伟目标的精神支柱。

我们必须正确地认识和处理坚持和发展毛泽东思想的辩证关系。一方面坚持毛泽东思想的基本原理和方法论，另一方面结合新的实践、新的经验，赋予毛泽东思想基本原理以新的时代内涵。

第二节 新民主主义革命理论

以毛泽东为代表的中国共产党人，以马克思列宁主义为指导，从中国的特殊国情出发，对中国的民主革命进行努力探索，并最终形成了新民主主义革命理论。

一、新民主主义革命理论的形成

(一)近代中国的特殊国情

鸦片战争后，中国逐渐演变为半殖民地半封建社会。西方资本主义的入侵，是中国沦为半殖民地半封建社会的根本原因。近代中国社会的主要矛盾是帝国主义与中华民族的矛盾，封建主义与人民大众的矛盾，而帝国主义与中华民族的矛盾则是最主要的矛盾。反对帝国主义，反对封建主义，推翻它们在中国的统治，是近代中国革命的基本任务。

只有认清中国社会的性质，才能了解中国社会的特点，才能把握中国革命的历史任务和客观规律。中国共产党经历了长期的斗争实践和理论探索，才得以准确地把握和正确认识近代中国的特殊国情。

毛泽东历来十分重视对国情的研究，强调中国国情是决定中国革命的根本问题。他在1939年撰写的《中国革命与中国共产党》一文中对近代中国半殖民地半封建的社会性质作了全面系统的论述。第一，封建剥削制度的根基——地主阶级对农民的剥削，不但依旧存在，而且同买办资本和高利贷资本的剥削结合起来，在中国的社会经济生活中，占着明显的优势。第二，民族资本主义没有成为中国社会经济的主要形式，力量很软弱，它的大部分与外国帝国主义和国内封建势力都有或多或少的联系。第三，封建专制统治结束后，代之而起的是地主阶级的军阀官僚的统治，接着是地主阶级和大资产阶级联盟的专政。第四，帝国主义不但操纵了中国的财政和经济的命脉，并且操纵了中国的政治和军事的力量。第五，由于中国是在许多帝国主义国家的统治或半统治之下，由于中国实际上处于长期的不统一状态，又由于中国的土地广大，中国的经济、政治和文化的发展表现出极端的不平衡性。第六，由于帝国主义和封建主义的双重压迫，中国的广大人民过着饥寒交迫的和毫无政治权利的生活，其贫困化和不自由程度，是世界所少见的。

(二)新式的民主革命

中国国情的特殊性决定了中国革命的特殊性。中国共产党依据中国的特殊国情选择了领导中国人民走新民主主义革命的道路。在中国革命应该是一场什么性质的革命的理论探索中，毛泽东代表了正确的方向。

从大革命时期开始，毛泽东就对中国革命的性质进行了认真的探索，经过土地革命战争时期，到抗日战争时期，不断深化了对中国革命性质的正确认识。1939年，他在《中国革命与中国共产党》一文中，第一次明确提出了“新民主主义革命”的概念。他指出：现阶段中国革命的性质，不是无产阶级社会主义革命，而是资产阶级民主主义革命。但是，现时中国的资产阶级民主主义革命已不是旧式的一般的资产阶级民主主义革命，而是新式的特殊的资产阶级民主主义革命，即“新民主主义革命”。

新旧民主主义革命的区别在于：第一，革命时代归属不同。在第一次世界大战和俄国十月革命之前，中国的资产阶级民主革命属于旧的世界资产阶级民主革命的一部分；在这之后，中国的资产阶级民主革命属于世界无产阶级社会主义革命的一部分。第二，革命领导权不同。旧民主主义革命由资产阶级领导，新民主主义由无产阶级领导。这是区别新旧民主主义革命的主要标志。第三，革命的前途不同。旧民主主义革命的前途是资本主义，新民主主义革命的前途是社会主义和共产主义。

在新民主主义革命与社会主义革命的关系这一问题上，毛泽东提出了中国革命“两步走”的思想：第一步，变中国半殖民地半封建社会为独立的民主主义社会；第二步，促使革命向前发展，建立社会主义社会。民主主义革命是社会主义革命的必要准备，社会主义革命是民主主义革命的必然趋势。这样，毛泽东就把不断革命论和革命阶段论统一起来，阐明了新民主主义革命和社会主义革命的联系和区别，揭示了中国革命的性质、方向和具体步骤。

二、新民主主义革命的总路线和基本纲领

（一）新民主主义革命的总路线

1939 年，毛泽东在《中国革命与中国共产党》一文中，第一次提出了“新民主主义革命”的科学概念。1949 年，他在《晋绥干部会议上的讲话》中完整地表述了总线路的内容，即无产阶级领导的，人民大众的，反对帝国主义、封建主义和官僚资本主义的革命，这就是中国的新民主主义的革命，这就是中国共产党在当前历史阶段的总路线和总政策。这条总路线正确回答了新民主主义革命的性质、领导、对象、动力和前途等一系列基本问题。

第一，新民主主义革命领导权。无产阶级对于革命的领导权问题是新民主主义革命总路线的核心问题。中国的特殊历史条件决定了中国的民族民主革命必须由无产阶级领导。第二，新民主主义革命的对象。在 1922 年中共二大上，第一次明确提出帝国主义和封建主义是中国民主革命的对象和敌人。到解放战争时期，把官僚资本主义也确定为革命的对象。第三，新民主主义革命的动力。即新民主主义革命总路线所说的“人民大众”，具体包括无产阶级、农民阶级、城市小资产阶级和民族资产阶级。其中，农民阶级是无产阶级最可靠的同盟军，是中国革命的主力军。第四，新民主主义革命的前途。新民主主义革命的目标是建立无产阶级领导的中国各革命阶级联合专政的新民主主义社会，其终极前途是社会主义和共产主义。

（二）新民主主义的基本纲领

1. 新民主主义的政治纲领

新民主主义革命的目标是终结中国的半殖民地半封建社会状态，建立一个新民主主义共和国。这个“共和国”，既不同于欧美式的资产阶级专政的资产阶级共和国，也不同于苏联式的无产阶级专政的社会主义共和国。

新民主主义共和国的国体，是无产阶级领导的，以工农联盟为基础的，包括小资产阶级、民族资产阶级在内的几个革命阶级的联合专政。新民主主义共和国的政体，是采取民主集中制的人民代表大会制。它既是民主的，又是集中的，是民主基础上的集中和集中指导下的民主二者的结合。

新民主主义的政治带有过渡性质。它既有社会主义的因素，又有非社会主义的因素，

但无产阶级的领导和马克思主义的指导将保证它的终极前途是社会主义。

总之，国体——各革命阶级联合专政，政体——民主集中制，这就是新民主主义的政治，这就是新民主主义共和国。

2. 新民主主义的经济纲领

新民主主义的经济纲领是新民主主义革命总路线在经济方面的具体化。毛泽东在1947年发表的《目前形势和我们的任务》一文中，明确完整地提出了新民主主义的三大经济纲领，即没收封建地主阶级的土地归农民所有，没收蒋介石、宋子文、孔祥熙、陈立夫为首的垄断资本归新民主主义的国家所有，保护民族工商业。

新民主主义的经济最具特色的是对待资本主义的态度问题。中国资本主义分为官僚资本主义和民族资本主义两个部分，中国资产阶级也分为官僚资产阶级和民族资产阶级两个部分。民族资产阶级是新民主主义革命的动力之一，而官僚资产阶级因依附于帝国主义并为帝国主义所豢养，则是革命的对象之一。因此，在经济上要没收官僚资本，保护民族工商业。

1949年3月，毛泽东在党的七届二中全会上指出，新民主主义经济由国营经济、合作社经济、私人资本主义经济、个体经济、国家资本主义经济五种经济成分构成。它的根本点，就是确认社会主义国营经济领导下的多种经济成分并存。会后，毛泽东还提出了公私兼顾、劳资两利、城乡互助、内外交流的经济政策。这项政策被1949年9月召开的第一届政治协商会议确定为新中国发展经济的根本方针。

3. 新民主主义的文化纲领

在1940年初发表的《新民主主义论》一文中，毛泽东阐述了新民主主义文化的内容和方针。他指出，现阶段中国新的国民文化的内容，既不是资产阶级的文化专制主义，也不是单纯的无产阶级的社会主义，而是新民主主义的文化。所谓新民主主义的文化，一句话，就是无产阶级领导的人民大众的反帝反封建的文化，即民族的科学的大众的文化。

所谓民族的，是指它反对帝国主义的压迫，主张中华民族的尊严和独立，带有我们民族的特性。所谓科学的，是指它以共产主义思想为指导，反对一切封建的、迷信的思想，主张实事求是、客观真理、理论和实践一致。所谓大众的，是指它应为全民族的工农劳苦民众服务，并逐渐成为他们的文化。因为它是大众的，所以也是民主的。

三、新民主主义革命的发展道路

（一）特殊的国情决定了中国革命的特殊道路

中国是一个半殖民地半封建的大国，阶级关系错综复杂，经济政治发展很不平衡。由于中国在外部没有民族独立，而受帝国主义压迫，内部没有民主制度，而受地主、买办阶级和军阀官僚的残暴统治。人民无议会可以利用，工人无集会、结社、罢工的权利，无法采取西方资本主义国家的无产阶级斗争形式。城市是反革命统治的中心，而广大农村是反革命统治的薄弱环节，农民占人口的大多数，农民问题是中国革命的基本问题。上述国情决定中国革命必须走出自己的新路。

在经历了许多痛苦的失败和艰难的探索之后，以毛泽东为代表的中国共产党人从中国的基本国情出发，逐渐摆脱了“城市中心论”的定式思维，认识到中国共产党的任务不是经过长期合法斗争以进入起义和战争，也不是先占城市后取乡村，而是走相反的道路，即“农村包围城市、武装夺取政权”的特殊的革命道路。

（二）中国革命道路理论的历史发展进程

毛泽东历来十分重视农民运动在中国革命中的伟大作用。对农村、农民的深入了解和对历史上农民战争经验的正确总结，是毛泽东中国革命特殊道路思想的重要思想来源。

1927 年秋收起义失利后，创建井冈山革命根据地的实践为探索中国革命新道路积累了丰富的经验。从 1928 年 10 月到 1930 年 1 月，毛泽东在总结井冈山和其他革命根据地实践经验的基础上，先后撰写了《中国的红色政权为什么能够存在?》《井冈山的斗争》《星星之火，可以燎原》和《反对本本主义》等著作，从理论上阐述了红色政权存在的原因和条件，提出了工农割据和以农村为中心的思想。至此，具有中国特色的农村包围城市、武装夺取政权的革命道路理论已初步形成。

遵义会议后，毛泽东进一步总结了中国革命曲折发展的经验，深刻地认识到中国革命的长期性和艰巨性，对民主革命道路的思考又有了新的发展。1936 年底，毛泽东在《中国革命战争的战略问题》中，深刻总结了十年内战正反两方面的经验教训，对农村包围城市道路理论又作出了进一步的补充论证。

1937 年，毛泽东发表了《实践论》《矛盾论》两篇哲学著作，从唯物辩证法和认识论的高度，分析了中国社会的各种矛盾，阐明了教条主义的表现形式和存在的根源，为农村包围城市道路理论奠定了哲学基础。

抗日战争爆发后，毛泽东结合对日作战的新形势，指出中国必须继续走农村包围城市的道路。在《抗日游击战争的战略问题》《论持久战》《战争和战略问题》《中国革命与中国共产党》等一系列文章中，毛泽东进一步丰富和完善了农村包围城市道路理论。

农村包围城市道路理论要点包括：第一，中国特殊的国情决定了中国革命必须走农村包围城市、武装夺取政权的道路。中国共产党必须把工作重心放在农村，在敌人统治薄弱的广大农村积蓄和发展力量，准备最后以武装斗争夺取政权。第二，造成农村先进的巩固的根据地，是走农村包围城市、武装夺取政权道路的必要保证。必须把落后的农村改造成先进的巩固的根据地，造成军事上、政治上、经济上、文化上的伟大的革命阵地，借以反对利用城市进攻农村区域的凶恶敌人，借以在长期战斗中逐步地争取革命的全部胜利。第三，没有城市斗争配合农村斗争，农村包围城市、武装夺取政权的道路同样不可能胜利。农村斗争和城市斗争的关系是以农村为主，城市为辅，城市斗争配合农村斗争，党的城市斗争应以防御为主，尽量利用合法方式去组织群众，开展斗争。党的白区工作的方针是：隐蔽精干，长期埋伏，积蓄力量，以待时机。

此外，毛泽东还归纳出了坚持农村包围城市道路的主要经验，即统一战线、武装斗争和党的建设“三大法宝”。

（三）创立中国革命道路理论的伟大意义

农村包围城市道路理论，是以毛泽东为代表的中国共产党人把马克思列宁主义同中国实际相结合的伟大创造，具有重大的理论意义和实践意义。

第一，农村包围城市道路理论揭示了中国革命的客观规律和正确道路。第二，农村包围城市道路理论是以毛泽东为代表的中国共产党人坚持实事求是原则，一切从实际出发，正确总结中国革命实践经验的结晶。第三，农村包围城市道路理论是在反对“左”的和右的错误的斗争中产生的，体现了中国共产党人勇于探索革命真理的大无畏精神。第四，农村包围城市道路理论是马克思列宁主义同中国革命实际相结合的产物，是毛泽东思想形成的重要标志。第五，农村包围城市道路理论的创建，在世界共产主义运动史上，开辟了共产主义运动多样化的进程。

第三节　社会主义改造理论

中华人民共和国成立后，以毛泽东为首的中国共产党人在领导全国人民进行经济建设的同时，成功地实施了对农业、手工业和资本主义工商业的社会主义改造，社会主义制度在中国得以确立。

一、具有中国特色的社会主义改造道路

（一）从新民主主义向社会主义转变的历史条件

1940 年，毛泽东在《新民主主义论》中深刻阐述了中国革命由新民主主义转变为社会主义革命的必然性。明确指出：中国革命包括新民主主义革命和社会主义革命两个阶段，新民主主义革命是社会主义革命的必要准备，社会主义革命是新民主主义革命的必然趋势，只有完成了前一个革命，才能进行后一个革命，两个革命必须衔接。

新中国成立后，全国各族人民在中国共产党的领导下，一方面完成新民主主义革命的遗留任务，通过土地改革解决了广大农民的土地问题，巩固了新生的人民政权。另一方面以国营经济为主导，注意发挥资本主义工商业有利于国计民生的积极作用的同时，限制其消极作用，大大促进了国民经济的恢复和发展，从而为新民主主义向社会主义转变创造了良好的条件。

向社会主义转变的政治条件主要包括：人民民主专政政权的建立和巩固是从新民主主义向社会主义转变的前提条件，马克思列宁主义、毛泽东思想是从新民主主义向社会主义转变的思想保证，党的自身建设以及执政党地位的巩固是从新民主主义向社会主义转变的政治保证。

向社会主义转变的经济条件主要包括：没收官僚资本，建立起来的社会主义性质的国营经济在国民经济中居于领导地位；合理调整资本主义工商业，使其走上国家资本主义的道路，而国家资本主义正是将资本主义经济改造成社会主义经济的过渡形式；通过开展互助合作运动，逐步把个体经济变为集体经济，把农民引导向社会主义发展的道路。

通过对新民主主义三大经济纲领的实施，以社会主义性质的国营经济、半社会主义的合作社经济、农民和手工业个体经济、私人资本主义经济和国家资本主义经济五种经济成分并存的新民主主义经济已经建立起来。其中，半社会主义性质的合作社经济是个体经济向社会主义集体经济的过渡形式，国家资本主义经济是私人资本主义经济向国营经济的过渡形式。

（二）过渡时期总路线

新中国成立前后，毛泽东和党中央主张先搞一段时间工业化建设，再向社会主义过渡，在建设的时间上一般估计为15～20年的时间，在转变的条件上认为实现了国家工业化，才能实现私营工业国有化和农业集体化，在过渡步骤和方式上认为是一举过渡。到1952年，随着国民经济的恢复、民主革命遗留任务的完成，以及经济、政治、社会面貌的巨大变化，毛泽东和党中央对原来的过渡设想有了新认识，认为逐步实行向社会主义过渡的时机已经到来。1952年9月，毛泽东提出，我们现在就要开始用10～15年时间基本完成向社会主义过渡，而不是10年以后才开始过渡，开始酝酿提出过渡时期总路线。

1953年12月，由中共中央宣传部拟定、经毛泽东修改的《为动员一切力量把我国建设成为一个强大的社会主义国家而斗争——关于党在过渡时期总路线的学习和宣传提纲》，对党在过渡时期总路线作出了完整的正式表述：从中华人民共和国成立，到社会主义改造基本完成，这是一个过渡时期。党在这个过渡时期的总路线和总任务，是要在一个相当长的时期内，逐步实现国家的社会主义工业化，并逐步实现国家对农业、手工业和资本主义工商业的社会主义改造。1954年2月，党的七届四中全会正式批准了这条总路线。1954年9月，第一届全国人民代表大会第一次会议通过的《中华人民共和国宪法》，把党的过渡时期总路线作为国家在过渡时期的总任务写入了总纲。

党在过渡时期的总路线的基本内容通常被概括为“一化三改”或“一体两翼”。“一化”即逐步实现国家的社会主义工业化，这是主体；“三改”即逐步实现对农业、手工业和资本主义工商业的社会主义改造，这是“两翼”。“化”和“改”同时并举，互相促进，体现了发展生产力和变革生产关系的统一。

党在过渡时期的总路线，反映了中国人民要求走社会主义道路，要求以计划经济方式迅速发展国民经济，尽快变农业国为工业国，摆脱贫困，消灭剥削制度的理想、愿望和意志，反映了中国社会发展的历史必然性和中国社会主义道路选择的独创性，是毛泽东思想关于创立中国社会主义制度的划时代纲领和历史性宣言。

（三）农业、手工业的社会主义改造

在社会主义改造的理论中，农业的社会主义改造问题占有极为重要的地位。

农业社会主义改造具有必要性。分散落后的个体经济限制着农业生产力的发展，与社会主义工业的矛盾日益突出，需要改变这种现状。同时，实行农业互助合作是巩固工农联盟、实现对资本主义工商业改造的需要。

当时，实行农业合作化已经具备了有利条件和可能性。农业合作化有广泛的群众基础，贫下中农占农村人口的60%～70%，是党在农村的依靠力量。党具有领导农民的经验

和优势，能够从我国农村实际出发。土地改革的完成为农业合作化奠定了政治基础，农民在土改完成后有走个体经济的积极性，也有走互助合作的积极性，不失时机地引导农民走互助合作的道路，农民是拥护和支持的。强大的国营经济为整个国民经济的社会主义改造奠定了物质基础。

中国共产党根据马克思列宁主义关于合作化的基本原理，结合中国的具体情况，在对我国的政治经济情况和农村的阶级结构进行科学分析的基础上，提出了一套适合中国特点的农业社会主义改造的理论、路线、方针和政策，找到了一条中国农业合作化道路，即经过简单的共同劳动的临时互助组和在共同劳动基础上实行某些分工分业而有少量公共财产的长年互助组，到实行土地入股、统一经营而有较多公共财产的农业生产合作社，到实行完全社会主义集体农民所有制的高级农业生产合作社，这种由具有社会主义萌芽、到具有更多社会主义因素、到完全的社会主义的合作化的发展道路，就是我们党所指出的对农业逐步实行社会主义改造的道路。

在农业合作化的过程中，毛泽东特别强调必须坚持“典型示范、自愿互利”的原则。农业合作化的方针是“积极领导，稳步前进”，既反对采取消极态度不去积极领导的错误倾向，也反对采取急躁态度不顾农民自愿的错误倾向。为此，毛泽东提出如下政策思想：区分不同地区不同情况，实行分类指导；只许办好，不许办坏；依靠党团员和贫下中农，团结中农；坚持勤俭办事；发展互助合作要采取波浪式的方法，在两个浪潮之间要有一个休整阶段等。

对农业进行社会主义改造的进程大体经历了三个阶段：第一阶段，从新中国成立到1953年底，以发展互助组为中心，同时试办初级社；第二阶段，从1954年到1955年下半年，大办初级社；第三阶段，从1955年下半年到1956年底，是合作化运动的高潮阶段，基本上完成了农业的社会主义改造。

由于个体手工业是分散落后、规模狭小的个体经济，不能适应国家经济建设的要求，限制了生产力的发展和新技术的采用。因此，必须对个体手工业进行社会主义改造，引导他们走合作化道路。

手工业虽然也是个体经济，但又有许多与农业不同的特点，要求对手工业合作化采取一些与农业合作化不同的方针政策。为此，党和政府对手工业的社会主义改造采取了“积极领导、稳步前进”的方针，在具体改造过程中从供销合作入手，逐步发展到生产合作的道路。与此相适应，所采取的经济组织形式，是从手工业供销小组到手工业供销合作社，再到手工业生产合作社的逐步前进的步骤和方式。在这个过程中，始终采取耐心的说服教育、典型示范和国家援助的办法，提高手工业劳动者的社会主义觉悟，引导他们在自愿互助的基础上联合起来。到1956年底，全国基本实现了对手工业的社会主义改造。手工业合作化的基本实现，大大促进了手工业生产的发展，并为手工业逐步进行技术改造创造了条件。

（四）对资本主义工商业社会主义改造的方针和政策

毛泽东根据马克思列宁主义关于对资产阶级赎买理论的基本原理，结合我国的具体情况，科学地制定了对民族资产阶级“利用、限制、改造”的政策，通过国家资本主义的途径，采用了和平赎买的方式对资本主义工商业进行了社会主义改造。

采取和平赎买的原因主要包括：国内有一个强大的工人阶级领导的人民民主专政的国家政权；日益强大的社会主义经济在整个国民经济中居领导地位和领导作用；工人阶级的觉悟和高度的组织力量；有巩固的工农联盟；民族资产阶级愿意继续接受党的领导，拥护宪法；解放初，国家对粮食油料实行统购统销政策，逐步切断了城乡资本主义的联系；农业合作化的发展，堵住了资本主义在农村发展的道路。因此，接受无产阶级的“赎买”政策，走和平改造的社会主义道路，是民族资产阶级唯一的光明前途。

我国对资本主义工商业进行社会主义改造的道路是：通过委托加工、计划订货、统购包销、委托经销代销、公私合营、全行业公私合营等一系列从低级到高级的国家资本主义的过渡形式，最终实现了对资产阶级的和平赎买。

资本主义工商业社会主义改造大体经历了三个阶段：

第一阶段，1953 年底以前，主要实行初级形式的国家资本主义。国家在私营工业中实行委托加工、计划订货、统购包销，在私营商业中采取委托经销、代销等形式，既帮助私营企业克服困难，又把私营企业的生产经营纳入国家计划的轨道。在分配上，实行“四马分肥”，即把企业利润按国家所得税、企业公积金、工人福利费、资方红利四个方面进行分配。资方红利大体占 1/4，资本主义剥削受到限制，同时，企业具有了社会主义因素。

第二阶段，从 1954 年到 1955 年下半年，除继续发展初级形式的国家资本主义外，开始实行单个企业的公私合营。国家向私营企业投资入股，企业的生产资料由资本家（私方代表）和国家共同所有，分配方法依然是“四马分肥”，国家派干部（公方代表）进入企业内部，与资本家、工人共同管理和改造企业，公方代表居领导地位，资本家剥削进一步受到限制，企业属于半社会主义性质。

第三阶段，从 1955 年到 1956 年，是实行全行业公私合营阶段，最终完成了资本主义工商业的社会主义改造。全行业公私合营后，国家对合营企业进行清产核资，定股定息，委派人员负责企业的经营管理，统一调配企业人财物，生产资料归国家所有。国家按企业资本股份额，每年拨付给原工商业者 5% 的定息，开始决定付息 7 年，后来又延长 3 年，共计 10 年。企业生产关系由此发生了根本变化，基本上成为社会主义国营性质的企业。

二、社会主义改造的成就、经验及教训

（一）社会主义改造的成就

对于党领导的中国社会从新民民主主义到社会主义的转变，也就是对生产资料私有制的社会主义改造，1981 年 6 月党的十一届六中全会通过的《关于建国以来党的若干历史问题的决议》作出了正式结论。《决议》认为，在一个几亿人口的大国中比较顺利地完成了如此复杂、困难和深刻的社会变革，促进了工农业和整个国民经济的发展，这的确是伟大的历史性胜利。

社会主义改造取得的成就主要有：第一，通过对农业、手工业和资本主义工商业的社会主义改造，建立起的以生产资料公有制和按劳分配为主要形式和特点的社会主义的经济

制度，同中国共产党的领导、人民民主专政的国家机器和马克思主义在意识形态领域的指导地位等社会主义的政治制度一起，使社会主义制度在中国得以确立。第二，作为一场涉及亿万人民的最困难最复杂的社会制度的大变革，特别是持续时间长达几千年的个体农业的变革，没有造成大的社会动荡和对社会生产力的破坏，这是了不起的事情。第三，创造了一系列从低级到高级的改造形式，特别是对资产阶级的成功赎买，走出了一条有中国特色的社会主义改造道路，丰富和发展了马克思主义关于社会主义改造的理论。

（二）社会主义改造的主要经验

党在过渡时期的总路线是一条社会主义工业化与社会主义改造同时并举的路线。党和国家始终把阶级斗争、社会变革同生产建设统一起来，正确地处理了经济与政治的关系。我国的社会主义改造是围绕社会主义工业化建设的任务进行的。在社会主义改造过程中，党和政府所采取的实际步骤，总是力求使之与经济发展的要求相适应，使之直接有利于解放生产力、发展生产力，而不允许对生产力造成破坏。

社会主义改造也积累了一些重要的历史经验。对农业、手工业进行社会主义改造的经验主要有：坚持了“趁热打铁”的方针；坚持了典型示范、自愿互利和国家帮助的原则；坚持了稳步前进的原则；实行了依靠贫下中农，团结中农，逐步限制以至消灭富农剥削的阶级路线。对资本主义工商业社会主义改造的经验主要有：通过和平赎买完成对民族资本主义工商业的社会主义改造；创造了一系列从低级到高级的国家资本主义的过渡形式；把对资本主义企业的改造和对资本家个人的改造结合起来。

（三）社会主义改造的教训

社会主义改造在取得历史性胜利的同时，也有一些失误和不足，给我们留下了深刻的教训。特别是在1955年夏季以后，农业合作化以及对手工业和个体工商业的改造要求过急，工作过粗，改变过快，形式也过于简单划一，以致在长时间遗留了一些问题。在生产关系的变革方面盲目求纯，忽视以至否认了在公有制经济占主体地位的条件下，适度保留一部分私营经济和个体经济对于社会主义经济发展的补充和促进作用。误以为社会主义经济就是计划经济，而计划经济就是由国家下达指令性计划，因此，随着社会主义改造的完成，建立起了高度集中统一的计划体制，限制了商品经济和市场调节积极作用的发挥。在农村集体经济的经营管理方面，盲目追求集中和统一经营，忽视了把所有权和经营权分开、发挥社员个人和家庭经营的积极性，致使过分集中和平均主义的问题突出，妨碍了农业生产的发展。

出现以上失误和不足，从总体上说，是与当时党对社会主义的认识水平不高，仍然受着传统社会主义模式的束缚和限制分不开的。

第四节　对社会主义建设道路初步探索的理论成果

我国的社会主义改造基本完成后，以毛泽东为代表的中国共产党人对社会主义建设道路进行了艰辛的探索，并取得了初步的成果，为十一届三中全会后中国特色社会主义理论的形成，作了思想理论上的准备。

一、《论十大关系》

新中国成立后，在外交上实行了向社会主义阵营“一边倒”的方针，在建设和发展道路上选择了苏联模式，这是由当时的国际形势和国内形势决定的。但是，随着经济发展规模的扩大和经济生活的多样化，苏联体制的弊端逐渐暴露出来。同时，1956 年 2 月苏共二十大后，通过对斯大林所犯错误的深入思考，也促使党重新审视苏联模式的利弊得失。以毛泽东为代表的中国共产党人认识到，建设道路不能照搬外国经验。毛泽东提出了“以苏联为鉴戒”，开始了适合中国国情的社会主义建设道路的探索工作。为此，毛泽东进行了大量的调查研究工作，对我国社会主义建设经验进行了深入的总结，提出了一系列新的方针。

1954 年 4 月，毛泽东在中央政治局扩大会议上作了题为《论十大关系》的报告。以苏联为鉴戒，总结自己的经验，探索适合中国情况的社会主义建设道路，是贯穿《论十大关系》的基本指导思想。在《论十大关系》中，毛泽东总结了新中国成立以来社会主义建设的经验，提出调动一切积极因素，为社会主义事业服务的基本方针，论证了正确处理经济建设和社会主义发展中的一系列重大关系。《论十大关系》集中反映了当时党和毛泽东对中国社会主义建设规律的认识，提出了一系列适合中国情况的社会主义建设方针和具体政策。

在处理重工业和轻工业、农业的关系上，肯定了我们没有犯原则性的错误，但是，还需要适当调整重工业和农业、轻工业的投资比例。在沿海工业和内地工业的关系上，要积极发展和支持内地工业，使工业布局逐步平衡，并且有利于备战。在经济建设和国防建设的关系上，要加强国防，就一定要首先加强经济建设。在国家、生产单位和生产者个人的关系上，必须坚持兼顾国家、集体和个人三个方面。在中央和地方的关系上，应当在巩固中央统一领导的前提下，扩大一点地方的权力，给地方更多的独立性，让地方办更多的事情。在汉族和少数民族的关系上，必须搞好汉族和少数民族的关系，巩固各民族的团结，来共同努力于建设伟大的社会主义中国。在党与非党的关系上，要改善同民主党派的关系，尽可能把他们的积极性调动起来为社会主义服务。在革命与反革命的关系上，要认识到反革命已经大为减少，对一切反革命，都应给予生活出路，使他们有自新的机会。在是非关系上，强调党内党外都要分清是非，对于犯错误的同志，要帮助他们改正错误，允许他们继续革命。在中国和外国的关系上，我们的方针是，一切民族、一切国家的长处都要学习，但是必须有分析、有批判地学，不能盲目地学，不能一切照搬、机械照搬，对外国的科学、技术和文化不加分析地一概排斥，或不加分析地一概照搬，都不是马克思主义的态度。

二、社会主义社会矛盾学说

（一）社会主义社会的基本矛盾

经过反复酝酿和深入研究，毛泽东 1957 年 2 月在最高国务会议上发表了题为《关于正确处理人民内部矛盾的问题》的重要讲话，系统地阐述了关于社会主义社会矛盾问题的理论。其中，关于社会主义社会基本矛盾的论述主要有下列几个方面：

首先，社会主义社会的基本矛盾仍然是生产关系和生产力之间的矛盾，上层建筑和经济基础之间的矛盾。

其次，社会主义社会的基本矛盾是在生产关系和生产力基本相适应、上层建筑和经济基础基本相适应条件下的矛盾，是在人民利益一致基础上的矛盾。因此，它不是对抗性矛盾，而是非对抗性矛盾。社会主义生产关系和生产力的发展基本上是相适应的，但由于我国的社会主义制度还很不完善，这些不完善的方面和生产力的发展又是相矛盾的，上层建筑和经济基础也存在又相适应又相矛盾的情况。“相适应”和“相矛盾”，前者是基本的、主要的，但也不能忽视后者，因为不断改变这种“相矛盾”的状况，是社会主义制度自我完善和发展的内在要求。

再次，社会主义社会的基本矛盾可以经过社会主义制度的自身完善不断得以解决。解决社会主义社会的基本矛盾不是要动摇、背离或推翻社会主义制度，而是要在中国共产党的领导下，依据社会主义生产力发展状况，依靠社会主义制度本身的力量，依靠广大人民群众的实践，有领导、有步骤、有秩序地对生产关系不适应生产力的一面、上层建筑不适应经济基础的一面进行调整和改革，使之更好地适应生产力的发展。

（二）社会主义社会的两类社会矛盾

毛泽东在《关于正确处理人民内部矛盾的问题》中指出，社会主义社会存在两类社会矛盾，即敌我之间的矛盾和人民内部的矛盾。同时提出要把正确处理人民内部矛盾作为国家政治生活的主题。

所谓人民内部的矛盾，包括工人阶级内部的矛盾，农民阶级内部的矛盾，知识分子内部的矛盾，工农两个阶级之间的矛盾，工人、农民同知识分子之间的矛盾，工人阶级和其他劳动人民同民族资产阶级之间的矛盾，民族资产阶级内部的矛盾等。我们的人民政府是真正代表人民利益的政府，是为人民服务的政府，但是它同人民群众之间也有一定的矛盾。这种矛盾也是人民内部矛盾。

敌我之间的矛盾是对抗性的矛盾。人民内部的矛盾，在劳动人民之间来说，是非对抗性的，在被剥削阶级和剥削阶级之间来说，除了对抗性的一面以外，还有非对抗性的一面。这是因为我国的民族资产阶级具有两面性，它有剥削工人阶级取得利润的一面，又有拥护宪法、愿意接受社会主义改造的一面。工人阶级和民族资产阶级的阶级斗争属于人民内部的阶级斗争。

对抗性的矛盾和非对抗性的矛盾在一定条件下是可以相互转化的。工人阶级和民族资产阶级之间存在着剥削和被剥削的矛盾，这个对抗性的矛盾如果处理得当，可以转变为非对抗性的矛盾。相反，劳动人民之间的非对抗性矛盾，如果处理得不得当，或者失去警觉、麻痹大意，也可能发生对抗。不过，这种情况，在社会主义国家通常只是局部的暂时的现象。

敌我之间的矛盾和人民内部的矛盾是两类不同性质的矛盾，其解决方法也不同。前者是分清敌我的问题，后者是分清是非的问题。敌我矛盾用专政的方法去解决，人民内部矛盾用民主的方法去解决。毛泽东把解决人民内部矛盾的方法概括为一个公式：团结—批评—团结，即从团结的愿望出发，经过批评或者斗争，使矛盾得到解决，从而在新的基础上达到新的团结。

（三）社会主义社会的主要矛盾

在1956年9月党的第八次全国代表大会上，我党正确地分析了国内的阶级状况，明确地指出了国内的主要矛盾，规定了党和全国人民的主要任务。

会议指出，三大改造胜利完成之后，社会主义制度在我国基本上建立起来了。我们国内的主要矛盾已经是人民对于建立先进的工业国的要求同落后的农业国的现实之间的矛盾，已经是人民对于经济文化迅速发展的需要同当前经济文化不能满足人民需要的状况之间的矛盾。这一矛盾的实质是先进的社会主义制度同落后的社会生产力之间的矛盾。党和全国人民的主要任务，就是集中精力来解决这个矛盾。

三、其他探索成果

（一）中国工业化道路

在新民主主义革命时期，以毛泽东为代表的中国共产党人就把实现国家工业化作为自己的奋斗目标。新中国成立后，中国共产党制定社会主义过渡时期总路线时，就将实现国家的社会主义工业化作为其主体内容，同社会主义改造并列。但是，要在中国实现工业化，必须从中国实际出发，即从中国是一个农业大国这个基本情况出发，不能照搬苏联或东欧的经验，走出一条适合我国国情的中国工业化道路。

中国工业化道路思想主要包括：第一，中国工业化道路中最重要的问题是如何正确处理重工业、轻工业和农业的发展关系问题。中国社会生产力落后，经济基础薄弱，所以优先发展重工业，以逐步建立独立的比较完整的工业体系，这是维护国家独立、统一和安全，实现国家富强所必需的。第二，发展工业必须和发展农业并举。中国是个农业大国，农业要为工业提供粮食、原料、市场、资金和劳动力，在一定意义上可以说，农业就是工业。但并举并不是否认重工业的优先地位，也不是平均使用力量，而是不要把工业强调到不适当的位置。第三，以农业为基础，工业为主导。要搞好工业，必须要搞好农业这个基础。以工业为主导，就是要求大力发展重工业，生产先进的技术装备，用来武装农业和国民经济其他部门，以迅速提高劳动生产率，扩大生产规模，实现对农业和整个国民经济的技术改造。第四，安排国民经济要以农、轻、重为序。即国家制定计划，必须以发展农业为出发点，在分配资金、物资和劳动力时，先安排农业，再安排轻工业，然后根据农业、轻工业的情况，安排重工业的发展规模和速度。

（二）经济体制改革

随着经济的发展，社会主义改造完成后建立的社会主义经济体制集中过多，统得过死等弊端逐渐显露了出来。党和国家领导人经过思考和探索，提出了一系列关于经济体制改革方面的思想观点。

陈云提出了“三个主体，三个补充”思想，即在工商业经营方面，国家经营和集体经营是工商业的主体，一定数量的个体经营是国家经营和集体经营的补充；在生产计划方面，计划生产是工农业生产的主体，按照市场变化在国家计划许可范围内的自由生产是计划生产的补充；在社会主义统一市场里，国家市场是它的主体，一定范围内的国家领导的自由市场是国家市场的补充。

毛泽东提出了“可以消灭了资本主义，又搞资本主义”的“新经济政策”思想。这一观点已经涉及了社会主义改造基本完成后能否允许非公有制经济存在和发展的问题。

邓子恢提出了农业生产责任制思想。这一思想，实际上成为1978年农村改革的先声。

（三）民主法制建设

以毛泽东为代表的中国共产党人吸取了斯大林破坏社会主义民主和法制的教训，对社会主义政治建设问题也提出了一些有价值的见解。

第一，扩大社会主义民主。党的八大通过的关于政治报告的决议中明确指出，在我们进入社会主义建设时期以后，进一步扩大国家的民主生活，开展反对官僚主义的斗争，有迫切的重要意义。

第二，坚持民主集中制原则。毛泽东在《一九五七年夏天的形势》的讲话中提出：通过正确处理人民内部矛盾，“我们的目标，是想造成一个又有集中又有民主，又有纪律又有自由，又有统一意志，又有个人心情舒畅、生动活泼，那样一种政治局面”。

第三，加强社会主义法制。中共八大政治报告中指出：我们目前在国家工作中的迫切任务之一，是着手系统地制定比较完备的法律，健全我国的法制。

（四）思想文化建设

对于我国社会主义思想文化建设，以毛泽东为代表的中国共产党人提出了一系列重要思想观点。

第一，关于向科学进军问题。在1956年1月中共中央召开的全国知识分子工作会议上，毛泽东、周恩来等号召全国人民“向科学进军”，并提出了分步骤、分阶段缩小与世界发达国家先进科学技术水平的差距，赶超世界先进科学技术水平的思想。我国在20世纪60年代初期，又制定了重点发展、迎头赶上的科技发展战略。

第二，关于教育方针问题。毛泽东提出：我们的教育方针，应该使受教育者在德育、智育、体育几个方面都得到发展，成为有社会主义觉悟的有文化的劳动者。刘少奇提出实行“两种劳动制度、两种教育制度”，一种是全日制的教育制度、全日制的劳动制度；一种是半日制的教育制度、半日制的劳动制度，即半工半读。周恩来、邓小平主张实行“一要普及，二要提高”的办学方针，做到在普及基础上的提高和提高基础上的普及相结合。

第三，关于知识分子问题。1956年，毛泽东针对当时存在的对知识分子“估计不足，信任不够，安排不妥，待遇不公，帮助不够”的问题，要求全党认真对待知识分子问题。周恩来在1956年《关于知识分子问题》的报告和1962年《论知识分子问题》中，比较系统地阐述了知识分子问题，提出要加强和改善党对知识分子和科学文化的领导工作，善于团结广大知识分子，充分信任他们，切实帮助他们解决各种问题，使他们得以发挥他们的聪明才智，以更好地为社会主义事业服务。

第四，关于文化建设的基本方针。新中国成立后，毛泽东在领导社会主义文化建设的实践中，提出了“百花齐放、百家争鸣”和“古为今用，洋为中用”的基本方针。他指出，“百花齐放”是一种发展艺术的方法，“百家争鸣”是一种发展科学的方法；“古为今用，洋为中用”所要解决的是正确处理传统文化和现代文化、外国文化与中国文化的关系问题，对于传统文化，应当吸取其精华，剔除其糟粕，对于外国文化，必须有分析有批判地学，一概排斥，或者全盘吸收，都是错误的。

（五）国家统一和民族团结

新中国成立后，毛泽东就祖国的统一问题提出了一系列重要主张。在台湾问题上，他既坚持原则，又具有高度的灵活性，即在战略上台湾必须收回，在政策和方式上又随着国内外形势的变化不时进行调整。

20 世纪 50 年代中期，由于国际局势和海峡两岸形势有所缓和，毛泽东、周恩来开始考虑和平解放台湾的可能性。1956 年 1 月，毛泽东在最高国务会议上提出“准备进行第三次国共合作”的主张。但是由于美国政府的干预和阻挠而未能实现。1958 年的金门炮战实质上是在“一个中国”原则下的“联蒋抗美”，挫败了美国胁迫蒋介石集团“划峡而治”的阴谋。

毛泽东进一步提出解决台湾问题的一些具体办法，由周恩来概括为“一纲四目”。“一纲”就是台湾必须统一于中国。“四目”是：台湾统一于中国后，除外交必须统一于中央外，台湾之军政大权、人事安排等悉委于蒋介石；台湾所有军政及经济建设经费不足之数悉由中央政府拨付；台湾的社会改革可以从缓，必俟条件成熟并尊重蒋介石之意见，协商决定后进行；互约不派特务，不做破坏对方团结之事。

毛泽东和党中央始终坚持一个中国、台湾是中国领土不可分割的一部分，中华人民共和国是中国的唯一合法代表的原则立场。经过坚持不懈的努力，1971 年联合国恢复了中华人民共和国的合法席位。1972 年，中国同美国的关系取得了突破性进展，美国政府由鼓吹“台湾地位未定论”转变为承认只有一个中国，台湾是中国的一部分。这就为中国自主解决台湾问题创造了比较好的国际环境。

在香港和澳门问题上，为了打破帝国主义的经济封锁，保留与西方交往的国际通道，采取了“暂时不动”“维持现状”“长期打算，充分利用”的政策。

在新中国成立初期成功地建立民族区域自治制度后，毛泽东在民族团结问题上发表了一系列论述，其基本精神是：坚持民族平等，实现民族团结；按民族聚居程度不同，实行不同级别的区域自治；国家帮助少数民族地区发展。

以毛泽东为代表的中国共产党人在探索符合中国实际的社会主义建设道路时，提出了许多正确的和比较正确的思想观点，这些思想或者为邓小平理论所继承，成为邓小平理论的重要组成部分，或者为邓小平理论所吸收，成为邓小平理论的重要思想来源。而在探索中形成的一些错误的观点、方针和政策，由于它们违背了马克思列宁主义、毛泽东思想的基本原理，脱离了中国实际，是不属于毛泽东思想科学体系的。

第五节 统一战线理论

统一战线是指无产阶级及其政党为了实现自己的历史使命和在不同历史时期的战略任务，团结本阶级各个阶层和组织派别，并同其他阶级、阶层、政党及一切可能团结的力量，在一定的共同目标和共同利益基础上结成的联盟。统一战线是中国革命和建设的一个重要法宝。

一、统一战线是中国革命和建设的一个重要法宝

（一）中国革命需要广泛的统一战线

团结一切可以团结的力量，争取一切可能争取的同盟者，以便集中力量反对最主要的敌人，这是马克思主义革命策略的一个重要原则。以毛泽东为代表的中国共产党人创造性地运用和发展了马克思主义统一战线的策略思想，在中国革命中领导建立了广泛的统一战线，科学地解决了半殖民地半封建中国革命的一系列问题。毛泽东把统一战线看做中国共产党在中国革命中战胜敌人的三大法宝之一。

中国革命需要广泛的统一战线，这是由中国的具体国情和革命的任务所决定的。中国无产阶级要战胜强大的大地主大资产阶级及其支持者帝国主义，完成反帝反封建的艰巨任务，就必须从国情出发，照顾农民、小资产阶级和其他中间阶级的利益，必须同这些阶级结成广泛的统一战线。

由于中国革命的敌人是帝国主义和封建主义，最大的压迫是民族压迫，这种历史条件决定了中国共产党可以把一切爱国的、不甘心受帝国主义奴役的人们团结起来，结成包括全民族绝大多数人在内的统一战线。因而，建立统一战线不仅是必要的，而且也是可能的。

无产阶级必须与农民结成巩固的联盟。农民阶级长期受地主阶级的压迫和剥削，鸦片战争后又受外国资本——帝国主义的压迫。地主阶级的地租剥削不仅侵占了农民的全部剩余劳动，而且侵占了他们的很大一部分的必要劳动，广大农民终日勤劳而不得温饱。小资产阶级的处境与农民相似。农民阶级和小资产阶级是革命的基本的和主要的力量。

由于受到帝国主义和封建主义的压迫和束缚，中国的民族资本主义经济在整个国民经济中所占的比重较小，始终没有成为中国社会经济的主要成分，但与此同时，民族资产阶级又与帝国主义和封建势力有着千丝万缕的联系。这就注定了民族资产阶级是一个既有革命要求又有动摇性的带有两重性的阶级。另外，民族资产阶级虽然人数不多，经济实力不强，但在政治上却很重要。他们可以成为革命的一种力量，成为统一战线的对象。

中国革命的敌人虽然是强大的，但同时其内部也存在着激烈的甚至是不可调和的矛盾。中国军阀内部的矛盾和斗争，反映了帝国主义各国之间的矛盾和斗争。只要帝国主义分裂中国的状况存在，各派军阀就难以妥协，即使有妥协也将是暂时的。当革命斗争锋芒

主要是反对某一帝国主义的时候，属于别的帝国主义的买办资产阶级有可能在一定时期内和一定程度上参加统一战线。因此，中国革命的统一战线除了工农、小资产阶级、民族资产阶级外，还有必要利用敌人的矛盾，对敌人进行瓦解、分化，争取那些哪怕是暂时的、动摇的同盟者，以打击主要敌人。

无产阶级这个最广泛统一战线的政治基础是，必须打倒帝国主义、封建主义、官僚资本主义和国民党反动派的统治，建立中华人民共和国，建立共和国的民主联合政府，走独立、自由、和平和强盛的道路。

（二）社会主义革命和建设同样需要广泛的统一战线

在社会主义改造和社会主义建设时期，统一战线非但不可缺少，而且仍然是一个重要法宝。

社会主义时期革命和建设的任务极其繁重，不但要靠全党的努力，而且必须团结一切可以团结的力量，为完成党的任务而奋斗。工农联盟是人民民主专政的基础，随着社会主义事业的发展，工农联盟要日益巩固和提高。在实践中，实行土地改革和积极引导农民走合作化道路都是为了巩固工农联盟。其他统战对象是完成党在社会主义革命和建设时期历史任务的一支重要力量。我国革命和建设的经验教训证明，什么时候我们重视和发展统一战线，我们的事业就胜利，就前进；什么时候我们忽视甚至抛弃统一战线，我们的事业就失败，就会遭受挫折。

二、统一战线的历史发展进程

（一）以国共合作为基础的反帝反封建统一战线

1922 年，中共二大制定了反帝反封建的民主革命纲领，通过了《关于民主的联合战线的决议案》，提出共产党必须联合全国一切革命党派，联合资产阶级民主派，组成民主联合战线。以 1924 年国民党第一次全国代表大会的召开为标志，以国共合作为基础的反帝反封建统一战线正式建立。改组后的国民党成为工人、农民、小资产阶级和民族资产阶级的民主革命统一战线组织。

大革命时期以国共合作为基础的反帝反封建统一战线建立后，发挥了重要的历史作用。促进了国民党在政治上、组织上的改造和力量发展；为共产党的发展创造了条件，进而促进了工农运动的发展；推动了第一次国内革命战争的胜利发展，沉重地打击了帝国主义和封建势力，开创了中国革命的新局面。

由于国民党内的地主买办资产阶级分子和民族资产阶级右翼集团破坏国共合作，叛变革命，第一次国共合作最终破裂，大革命惨遭失败。究其原因，一方面，是由于帝国主义的分化瓦解政策和国民党内反动分子的叛变；另一方面，也是中国共产党不够成熟，对马克思列宁主义和中国国情缺乏深刻的认识，不善于把马克思列宁主义基本原理同中国的具体实际相结合，因而导致党内右倾机会主义向敌人妥协退让的结果。

（二）工农民主统一战线

大革命失败后，以蒋介石为代表的国民党在帝国主义的支持下建立了新军阀的反动统治。民族资产阶级追随蒋介石附和了反革命，上层小资产阶级也离开了革命。八七会议后，以毛泽东为代表的共产党人，在科学分析和研究中国社会的特点后，逐步把党的工作重心从城市转向农村，建立农村革命根据地，深入开展土地革命，巩固和发展了工农民主统一战线。

土地革命战争时期，以毛泽东为代表的共产党人，制定了正确的土地革命路线：依靠贫雇农，联合中农，限制富农，保护中小工商业者，消灭地主阶级，变封建半封建的土地所有制为农民的土地所有制。这条土地革命路线，正确地指出了土地革命的任务和实现途径，团结了农村中一切可以团结的力量，工农民主统一战线得以建立、巩固和发展。但与此同时，中国共产党内又出现了“左”倾错误倾向，在统一战线问题上，他们混淆了民主革命和社会主义革命的界限，否认中间营垒和第三派的存在，把大批本来可以团结的人推到了敌人方面去，孤立了自己，给革命事业造成了严重危害。

（三）抗日民族统一战线

1931 年“九一八”事变后，日本帝国主义的侵略使中日矛盾迅速成为主要矛盾，国内阶级关系发生急剧变化。1935 年 8 月 1 日，共产党发表了《八一宣言》，呼吁国民党停止内战，一致对外。1935 年 12 月，在瓦窑堡会议上通过的《关于目前政治形势与党的任务》和毛泽东所作的《论反对日本帝国主义的策略》报告中，全面论述了建立抗日民族统一战线的可能性、必要性和各项具体政策。其后，共产党积极推动国民党参加抗日，并最终促使以国共合作为基础的抗日民族统一战线于抗战爆发后正式形成。

抗日民族统一战线建立后，发挥了重要的历史作用。在政治上、军事上、外交上集中了中国的主要力量，为坚持全民族抗战并最终取得抗日战争的胜利提供了保障。同时，发展壮大了中国共产党及其领导的人民革命力量，促进了中国革命的胜利发展，为中国的独立和解放奠定了基础。

（四）人民民主统一战线

抗日战争后期，国民党将其政策重点逐步转向对内反共反人民。为了彻底打败日本侵略者，中国共产党提出了废除国民党一党专政，建立民主联合政府的主张。在这种形势下，国统区的民主运动出现高涨，实际上形成了以共产党为核心的人民民主统一战线。

解放战争时期，由于国民党在政治上坚持独裁、内战、卖国的反动政策，在中国人民中处于完全孤立的地位，人民民主统一战线得到了巩固和发展。在解放区，共产党实行土地改革，彻底解决了农民的土地问题，为人民民主统一战线奠定了巩固的基础。中国共产党努力争取国统区的广大劳动人民和各阶层爱国民主人士，国统区爱国民主运动不断高涨，反对美蒋的第二条战线得以形成，使得人民民主统一战线得以发展。蒋介石的内战卖国政策及其失败，使民族资产阶级、各民主党派和其他爱国人士丢掉了走“第三条道路”的幻想，转向人民民主统一战线上来。

新中国成立后，我国进入了社会主义改造时期，人民民主统一战线也具有了一些新的特点：建立了中国共产党领导的人民民主统一战线的国家政权；人民政治协商会议成为人民民主统一战线的组织形式；人民民主统一战线担负起了社会主义改造的新任务。由于中国共产党正确处理了工人阶级与广大农民以及资产阶级的关系，正确处理了中国共产党与各民主党派的关系，正确处理了汉族与各少数民族的关系，人民民主统一战线在新的历史条件下得以巩固和发展。

1956 年的社会主义改造胜利完成，标志着社会主义制度在中国的确立。在此之后，国内的主要矛盾已经是人民对于经济文化迅速发展的需要同经济文化不能满足人民需要的状况之间的矛盾。为了解决这个矛盾，我国必须进一步巩固和发展人民民主统一战线。然而，由于中国共产党在指导思想上的失误，强调“以阶级斗争为纲”，从反右派斗争的严重扩大化到“文化大革命”的错误发动，人民民主统一战线不但没有得到巩固和发展，反而遭到了严重破坏，给我国的社会主义事业造成巨大的损失。这种状况，直到党的十一届三中全会才得以转变。

三、统一战线的主要经验

（一）分清敌、我、友，团结大多数，是建立、巩固和发展统一战线的首要条件

必须分清敌、我、友，即统一战线中的左、中、右三种势力，以工农联盟为基础，并根据统一战线中各种政治力量的不同特性及其在革命发展某一阶段的不同状况，规定和实行发展进步势力，争取中间势力，孤立顽固势力的不同政策，最广泛地团结一切可能团结的同盟者，最大限度地孤立和打击最主要的敌人，以利整个中国革命的最后胜利。

无产阶级政党必须运用马克思列宁主义的基本原理对本国的具体实际进行科学的分析，从而明确革命的性质、任务、动力、前途以及特点，这是分清敌、我、友的前提条件。分析社会各阶级的经济地位和政治态度，这是分清敌、我、友的基本依据。

由于中国共产党在领导中国人民进行革命和建设的过程中，正确地分清了敌、我、友，能够团结一切可以团结的力量，建立起了广泛的革命统一战线，并最终取得新民主主义革命、社会主义革命和社会主义建设的伟大胜利。

（二）坚持中国共产党的领导，是巩固和发展统一战线的根本保证

领导权问题是革命统一战线的根本问题。坚持共产党对统一战线的领导权是马克思列宁主义统一战线理论的一个基本原则，也是我国统一战线的一条根本经验。

统一战线必须由共产党领导。第一，中国革命的性质和特点决定统一战线必须由共产党领导。在半殖民地半封建的旧中国，革命的首要任务是反对帝国主义和封建主义，进行资产阶级民主革命。第一次世界大战和俄国十月革命之后，中国的资产阶级民主革命已经属于世界无产阶级社会主义革命的一部分，是新式的特殊的资产阶级民主革命，即新民主主义革命。而无产阶级对于革命的领导权问题是新民主主义革命总路线的核心问题。中国的特殊历史条件决定了中国的民族民主革命必须由无产阶级通过其政党领导。第二，中国共产党的性质和特点决定的统一战线必须由共产党领导。具体地说，中国共产党是中国工人阶级的政党，是用马克思列宁主义武装起来的工人阶级的先锋队，它不仅集中了中国工人阶级的优秀品质，而且能够代表工人阶级和全民族的根本利益，能够认识中国革命和建设的特点和规律。统一战线只有在共产党的领导下，革命和建设事业才能取得胜利。

所谓共产党对统一战线的领导，主要是指共产党对全国人民和全国各革命阶级的领导。要实现党对统一战线的领导，需要做到：第一，要制定正确的政治路线和政治纲领。在民主革命时期，中国共产党制定了反帝反封建的民主革命纲领和革命总路线。在新中国成立初期，中国共产党制定了《中国人民政治协商会议共同纲领》和党在过渡时期总路线。这些政治纲领和政治路线反映了全国各族人民和统一战线内各阶层人士的愿望和要求，并被他们所接受，从而实现了党对统一战线的领导。第二，党在统一战线中必须坚持独立自主的原则，必须随时随地坚持自己在思想上、政治上和组织上的独立性和自主权，争取党在统一战线中的领导权。第三，率领同盟者与共同敌人进行坚决斗争，并取得胜利。第四，照顾同盟者自身的利益。第五，对同盟者给以政治教育。第六，不断加强共产党自身建设，保证党的领导的正确性，不断增强党的凝聚力和战斗力。

（三）巩固和发展统一战线中的两个联盟

中国共产党领导的统一战线包括两个联盟。一个是工人阶级与农民、城市小资产阶级和其他劳动人民的联盟，主要是工农联盟；另一个是工人阶级与民族资产阶级和其他可以合作的非劳动人民的联盟，主要是与民族资产阶级的联盟。这两个联盟在统一战线中的地位和作用是有区别的。

工农联盟是我国统一战线的基础，没有工农联盟，就没有统一战线的巩固和发展，就没有中国革命和建设事业的胜利和发展。工人阶级深受帝国主义、封建主义和资产阶级三重压迫，具有革命的坚定性和彻底性，是中国社会中最先进的阶级，是中国革命的领导阶级。同时，工人阶级和广大农民有天然联系，便于和他们结成亲密的联盟。工人阶级和最先进的生产方式相联系、富于组织性和纪律性，人数比较集中，便于团结战斗。农民阶级人数众多，是革命和建设的主力军。在旧中国，农民人数最多，约占全国人口的80%，其中，农村人口的90%以上是贫农和中农，他们只有在工人阶级和共产党的领导下才能得到解放，而工人阶级和共产党只有和贫农、中农结成巩固的联盟，才能领导革命取得胜利。

建立和巩固工农联盟，必须解决农民的土地问题，只有废除封建土地所有制，彻底解决农民的土地问题，才能发动农民，调动他们的积极性，从而建立和巩固工农联盟。必须对农民进行思想政治教育，只有对农民进行不断的思想政治教育，才能使广大农民一心一意地跟工人阶级和共产党走，从而建立和巩固工农联盟。必须随着革命和建设事业的发展，在更高基础上建立、巩固和发展工农联盟。

工人阶级同其他可以合作的非劳动者的联盟，主要是同民族资产阶级的联盟。半殖民地半封建中国的民族资产阶级同样受到帝国主义的压迫和封建主义的束缚。他们在一定时期和一定程度上具有反帝反封建的革命性，可以同工农小资产阶级联合起来，去反对共同的敌人。在从新民主主义向社会主义过渡时期，他们也具有拥护宪法、愿意接受社会主义改造的一面。

此外，在统一战线的第二个联盟中，还包括从地主阶级中分化出来的，带有民主色彩的开明绅士，他们的政治态度基本上与民族资产阶级相同。由于敌人内部存在着不可克服的矛盾和斗争，当革命斗争锋芒主要是反对某一帝国主义的时候，某些大地主大资产阶级也有可能在一定时期内和一定程度上参加统一战线。

统一战线中两个联盟的关系是辩证统一的关系。工农联盟是统一战线的基础，是基本的、主要的联盟，参加这个联盟的工人阶级和农民阶级是统一战线的基础。只有首先巩固和发展这个联盟，统一战线才能从根本上坚强有力，使反帝反封建的民主革命有深厚的群众基础，才能推动中间势力向革命靠拢，才可建立、巩固第二个联盟，最终孤立、分化、瓦解直至消灭敌人。工人阶级同其他可以合作的非劳动者的联盟是非基本的、辅助的联盟，但又是一个不可缺少的重要联盟。正确处理两个联盟之间的关系，需要大力发展和巩固工农联盟，使它真正成为统一战线的基础和依靠，尽可能扩大第二个联盟，团结一切可以团结的力量，并充分发挥两个联盟的作用，使它们相互促进、共同发展。

（四）正确运用又联合又斗争的策略

在统一战线中，共产党对民族资产阶级和其他可以合作的非劳动人民要采取又联合又斗争的策略。针对中国资产阶级的两面性，只有对其实行又联合又斗争的策略，才能发挥其积极作用，限制其消极作用。又联合又斗争是共产党政治路线的一部分，对党的发展和革命成败关系极大。党的历史经验证明，只联合不斗争的右倾机会主义是错误的，其结果必然导致统一战线的破裂，因此，在同资产阶级联合时，主要防止右的倾向，警惕类似第一次国共合作期间的右倾错误和抗战初期的右倾错误；只斗争不联合的“左”倾冒险主义也是错误的，它把朋友推出去，使自己陷于孤立，同样会给统一战线带来损害，因此，在同资产阶级分裂时，主要是要防止“左”倾错误的出现。

正确运用又联合又斗争的策略，必须正确认识和处理联合和斗争的辩证关系。具体而言，联合和团结是目的，是第一位的，而斗争是手段，是第二位的；斗争是为了巩固和加强统一战线内部的联合和团结，以便共同对敌；统一战线内部的联合和团结必须用斗争的手段，通过克服其内部的消极因素而实现。要根据不同的情况，采取不同的斗争方式。毛泽东阐述了又联合又斗争的两种不同情况：一种是同资产阶级建立了统一战线的情况下在统一战线内部的又联合又斗争，一种是统一战线被迫分裂的情况下的又联合又斗争。在前一种情况下，主要的斗争方式是“和平”的“不流血”的；在后一种情况下，主要的斗争方式是武装斗争。要根据不同的对象，采取不同的策略。比如在抗日民族统一战线中，共产党的具体策略是发展进步势力，争取中间势力，孤立顽固势力。

第六节　人民军队的建设和军事战略理论

在半殖民地半封建的旧中国，以毛泽东为代表的中国共产党人把农民为主要成分的革命军队建设成为一支无产阶级性质的新型人民军队，建立革命根据地，开展人民战争，制定了正确的军事战略，保证了中国革命的胜利发展。新中国成立之后，毛泽东十分重视我国的军队建设，为我国的军队和国防现代化建设做出了重要贡献。

一、武装斗争是中国革命的主要形式

（一）战争政治本质理论

战争是一种社会现象，与社会的经济、政治、民族、宗教、科学技术等诸多因素有关，而联系最密切、最具影响作用的是政治。但是，战争不是一般的政治，而是政治的特殊手段。毛泽东指出：政治是不流血的战争，战争是流血的政治。既然战争是特殊的政治行为，就需要一套与之相适应的特殊的组织、方法和行动过程。特殊的组织即军队及其附属机构，特殊的方法即军事战略战术，特殊的过程即军事攻防行动。

战争政治本质理论是毛泽东军事思想的重要组成部分，为我们科学地认识战争提供了理论基础。根据这一理论，我们党确立了人民军队的建军原则，党对军队有绝对的领导权，政治工作是军队的生命线，人民军队是全心全意为人民服务的，肩负着对外反侵略、对内反颠覆的双重职责。根据这一理论，我们党创立了人民战争的思想及其战略战术原则，人民战争的政治基础是战争的正义性，广泛地政治动员、发动群众，进行人民战争是取得革命战争胜利的保障。

（二）武装斗争是中国革命的特点和优点

武装的革命反对武装的反革命，这是中国革命的特点之一和优点之一。1939 年，毛泽东在《〈共产党人〉发刊词》一文中指出：在中国离开了武装斗争，就没有无产阶级的地位，就没有人民的地位，就没有共产党的地位，就没有革命的胜利，工人阶级和劳动群众只有用枪杆子的力量，才能战胜武装的资产阶级和地主。在这个意义上，我们可以说，整个世界只有用枪杆子才能改造。我们是战争消灭论者，我们是不要战争的，但是只能经过战争去消灭战争，不要枪杆子必须拿起枪杆子。

中国半殖民地半封建的国情决定了中国革命只能以长期的武装斗争为主要形式。近代中国内部没有民主制度，外部又受帝国主义的压迫，而且无议会可利用，无组织工人举行罢工的合法权利。中国工人阶级无法利用西方国家无产阶级具有的合法方式进行斗争。敌我力量对比决定了中国革命只能以长期的武装斗争为主要形式。中国革命的敌人是异常强大的，十分凶残，这就决定了中国革命的武装斗争将不可避免地要经历一个长期曲折的过程。此外，武装斗争是中国革命的特点和优点，还表现在中国革命战争具有革命的彻底性。中国近代百年以来，帝国主义、封建主义严重阻碍中国社会的进步，只有通过中国共产党领导的革命战争才能彻底将其打倒，从而改变中国的命运，这个目标的实现是任何其他斗争形式所达不到的。

二、新型人民军队建设

（一）人民军队建设的根本原则

坚持党指挥枪的原则，即坚持中国共产党对军队的绝对领导，是人民军队建设的一个最根本的原则。坚持党对军队的绝对领导，是人民军队的阶级性质决定的。无产阶级的军队，就必须服从无产阶级的领导。这是人民军队区别于其他一切剥削阶级军队的最根本的标志，也是革命军队能成为新型人民军队的决定性因素。坚持党对军队的绝对领导，是人民军队的宗旨决定的。全心全意为人民服务既是中国共产党的根本宗旨，也是人民军队的根本宗旨。党在不同时期所制定的路线、方针、政策，都是维护人民最高利益的体现，人民军队只有绝对服从党的领导才能完成党的任务，从而体现为人民服务的建军宗旨。坚持党对军队的绝对领导，是人民军队的历史使命决定的。只有坚持党对军队的绝对领导，才能将广大官兵培养成具有共产主义理想的革命战士，才能克服各种非无产阶级思想，把我军建设成为一支无产阶级的新型军队，完成肩负的历史任务。

党指挥枪的原则是在不断总结革命经验教训的过程中逐步形成的。毛泽东多次指出，我们的原则是党指挥枪，而绝不容许枪指挥党。在长期的革命实践中，人民军队在政治上、思想上、组织上确定了党领导军队的一系列基本制度，确保了党指挥枪原则的实行。政治领导，即用党的纲领、路线、方针、政策统一全军的思想和行动，使军队在政治上同中央保持一致，服从党的领导，完成党的任务；思想领导，即用马克思列宁主义理论教育部队，树立无产阶级世界观和方法论，不断提高政治觉悟，在思想基础上同党保持一致；组织领导，即在中共中央、中央军委的统一领导下，在军队中建立各级党组织，实施党对军队的领导。

（二）人民军队的宗旨和任务

全心全意为人民服务，是人民军队的唯一宗旨，这是由人民军队的阶级属性决定的。毛泽东在中共七大上所作的《论联合政府》报告中，对建军宗旨作了系统的概括："这个军队之所以有力量，是因为所有参加这个军队的人，都具有自觉的纪律；他们不是为着少数人的或狭隘集团的私利，而是为着广大人民群众的利益，为着全民族的利益，而结合，而战斗的。紧紧地和中国人民站在一起，全心全意地为中国人民服务，就是这个军队的唯一宗旨。"具体而言，坚持为人民服务这个宗旨，人民军队就有了明确的行动方向，有利于形成新式的军民关系，有利于建立良好的军民关系。总之，为人民服务是人民军队一切工作的立足点和出发点，也是人民军队能够得到人民拥护的根本原因。

早在新民主主义革命时期，毛泽东就提出工农红军的三大任务，即打仗消灭敌人，打土豪筹款子，做群众工作。毛泽东在《古田会议决议》中指出：红军决不是单纯地打仗的，它除了打仗消灭敌人军事力量之外，还要负责宣传群众、组织群众、武装群众、帮助群众建立革命政权以至于建立党的组织等项重大的任务。

抗日战争时期，根据形势的变化，"筹款"改为"生产"，共产党领导下的八路军新四军在战斗间隙参加生产运动，克服了经济困难，改善了部队生活，减轻了人民负担，得到了人民的拥护，为抗日战争的胜利奠定了基础。

解放战争时期，我党又把人民解放军的三大任务概括为战斗队、生产队和工作队。

（三）人民军队的内外部关系

从根本上说，军队的内外部关系是由其阶级属性决定的。人民军队是无产阶级性质的武装集团，其宗旨是为人民服务，因而建立了新型的内外部关系。

政治工作的三大原则，即官兵一致原则、军民一致原则、瓦解敌军原则。官兵一致原则是处理军队内部关系的准则，为新型官兵关系的建立奠定了基础。军民一致原则是人民军队军政、军民关系的准则，是新型人民军队与一切旧军队的根本区别，是进行人民战争的政治基础。瓦解敌军原则是指在军事打击的同时，依靠政治攻势分化瓦解敌军。

人民军队的三大民主制度，即政治民主、经济民主、军事民主。政治民主是指官兵在政治上一律平等，尊重士兵的民主权利。经济民主即经济公开。军事民主即军事工作中的群众路线，训练时坚持官教兵、兵教兵、兵教官，互教互学，教学相长，作战时发动士兵讨论作战方案，献计献策，解决战术难点。

人民军队的统一纪律，即三大纪律八项注意。三大纪律八项注意形成于土地革命时期，是我军团结战斗的重要保证。1947 年 10 月，毛泽东起草了《中国人民解放军总部关于新颁布三大纪律八项注意的训令》，要求全军深入教育，严格执行。人民军队的统一纪律反映了人民的根本利益，得到了人民的拥护和支持。

三、人民军队的战略战术

（一）人民战争的思想

在长期的革命战争实践中，以毛泽东为代表的中国共产党人，将马克思列宁主义的基本原理运用于军事领域，创造了具有中国特色的人民战争思想。所谓人民战争，就是在中国共产党的领导下，以人民军队为骨干，广泛动员人民直接或间接参加战争，开展以人民武装斗争和其他各种斗争形式结合的全民斗争。

中国的特殊国情和中国革命战争的特点是确立人民战争思想的依据。中国的革命战争是在敌强我弱、敌大我小的条件下进行的。我们要战胜强大的敌人就必须具有比敌人更强大的力量。而要做到这一点，就必须使中国革命战争与最广大的民众相结合，进行人民战争，在人民战争中实现力量的积累与强弱的转化。

人民战争思想主要包括：第一，主力兵团、地方兵团与游击队“三结合”，是进行人民战争的武装力量体制，是人民战争思想的重要内容。主力兵团装备较好，集中性强，便于机动，负担主要任务。地方兵团固定于某地区，执行保卫根据地政权的任务。民兵游击队不脱离生产，人数多，分布广，既配合正规军作战，又单独开展游击战。这种“三结合”的武装力量体制既能最大限度地把不同层次的人民群众组织到人民战争中去，把军民的力量有效地结合起来，发挥人民战争的整体威力，又有利于人民军队的扩大和发展，有利于各种武装力量协调作战，有利于革命根据地的巩固。第二，革命根据地是进行人民战争的战略基地。在半殖民地半封建的旧中国，强大的敌人控制着经济发达的城市，革命军队要坚持下去，就必须把落后的农村改造成先进的巩固的根据地。共产党在根据地里发动群众，进行土地改革，在政治、经济、文化上开展根据地建设，使之具备了进行人民战争的群众基础。第三，武装斗争和非武装斗争相结合。人民战争是群众的战争，武装的群众直接参战的同时，非武装的群众以各种非武装的形式间接参战，既包括解放区人民所进行的各种政治、经济、文化思想的斗争，也包括敌占区人民的各种形式的斗争。武装斗争和非武装斗争相结合，反映了人民战争的正义性和群众性，是人民战争巨大威力的根源之所在。

（二）人民战争的战略战术

人民战争的战略战术思想是在中国革命的长期实践中形成的，它是具有中国特色的无产阶级的战争理论体系，是在认识中国革命战争的基本规律的基础上产生出来的正确的战争指导原则。其特点包括：第一，人民战争的战略战术是以人民战争为基础的。只有在人民战争中，才能发挥我军的战略战术优势，避敌之长，击敌之短，从而在极其困难的条件下发展自己，最终战胜敌人。第二，人民战争的战略战术是以马克思主义哲学思想为指导的。毛泽东创造性地将历史唯物主义和辩证唯物主义哲学方法成功地运用于战争。他提出的一系列战略战术处处都能看到马克思主义哲学方法的运用。第三，人民战争的战略战术是以力争主动、避免被动为根本原则。毛泽东从来不把战略战术原则当做僵死的教条，而主张你打你的，我打我的，打得赢就打，打不赢就走。认为战场的主动权就是军队的自由权，军队失去主动权，就不自由，就有被消灭或失败的危险。

人民战争的战略战术是在承认敌强我弱、敌大我小的条件下，充分利用敌之弱点与我之优点，充分依靠人民群众的力量，以求得生存、发展和胜利的战略战术。其内容主要包括：实行积极防御，反对消极防御；战略上的内线的持久的防御战，战役战斗上的外线的速决的进攻战；战略上以弱击强，战术上以强击弱；游击战、运动战和阵地战三种作战形式的密切配合与转化；首战必胜；不打无把握之仗，不打无准备之仗；集中优势兵力，各个歼灭敌人；执行有利决战，避免不利决战；灵活机动地使用兵力和变换战术等等。

人民战争的战略战术理论体系是在革命战争实践中形成和发展的。

土地革命时期，游击战和带有游击性质的运动战是红军的主要作战形式，红军作战采取“敌进我退，敌驻我扰，敌疲我打，敌退我追”的战术战法。在《中国革命战争的战略问题》中，毛泽东全面论述了这一时期的战略战术原则。

抗日战争时期，毛泽东先后写出了《抗日游击战争的战略问题》《论持久战》《战争和战略问题》等军事著作，提出了一整套符合抗日战争发展规律的战略战术原则。

解放战争时期，毛泽东又根据战争的发展，进一步概括出了十大军事原则。即先打分散和孤立之敌，后打集中和强大之敌；先取小城市、中等城市和广大农村，后取大城市；以歼灭敌人有生力量为主要目标，不以保守或夺取城市和地方为主要目标；每战集中绝对优势兵力（两倍、三倍、四倍，有时甚至是五倍或六倍于敌之兵力），四面包围敌人，力求全歼，不使漏网；不打无准备之仗，不打无把握之仗，每战都应力求有所准备，力求在敌我条件对比下有胜利的把握；发扬勇敢战斗、不怕牺牲、不怕疲劳和连续作战（即在短期内不休息地连续打几仗）的作风；力求在运动中歼灭敌人；在攻城问题上，一切敌人守备薄弱的据点和城市，坚决夺取之，一切敌人有中等程度的守备而环境又许可加以夺取的据点和城市，相机夺取之，一切敌人守备坚固的据点和城市，则等候条件成熟时然后夺取之；以俘获敌人的全部武器和大部人员，补充自己；善于利用两个战役之间的间隙，休息和整训部队。十大军事原则是对我军战争经验的高度概括，使得人民战争的战略战术得到了很大的发展、充实和完善。

四、加强国防建设

（一）建设一支强大的现代化的武装力量

新中国成立后，在新形势和新任务面前，毛泽东充分认识到强大国防力量对于新中国的重要性，提出了“为建设强大的国防军而奋斗”的号召。人民军队进入了现代化建设阶段。

实现科学的体制编制，是军队现代化建设的前提。1949年9月，毛泽东在人民政协会议上提出：我们将不但有一个强大的陆军，而且有一个强大的空军和强大的海军。根据毛泽东的指示，经党、政、军的共同努力，到20世纪50年代中期，人民解放军逐步由单一军队建成包括陆军、海军、空军、坦克部队、防空部队、炮兵部队、工兵部队等诸兵种的体制编制。

武器装备的现代化，是军队现代化建设的物质基础。新中国成立后，我国开始兴建国防工业，到1964年，初步形成了比较完善的现代化工业体系，为我军的现代化提供了物质保障。

部队的正规化，是军队现代化建设的必然要求。毛泽东指出：与现代化装备相适应的，就是要求部队建设的正规化。毛泽东要求各级指挥员实行统一的指挥、统一的制度、统一的编制、统一的纪律、统一的训练，以适应军队现代化建设的需要。此外，为培养具有现代化科技素质军事人才，我军还大办军事院校。

（二）发展现代化的国防科学技术

毛泽东和中共中央对于发展我国的国防科技十分重视，1954年制定了以“自力更生为主，争取外援为辅”的国防科学技术发展的指导方针，很快就形成了一支有相当水平的科技队伍，为独立自主地发展国防科技奠定了基础。

1955年1月15日，毛泽东主持召开中共中央书记处扩大会议，决定发展我国的原子弹工业。1964年我国第一颗原子弹爆炸成功，此举打破了帝国主义的核垄断，提高了中国在国际上的地位。

适合中国的国情，是我国国防科技发展的特点。中共八大前后，毛泽东提出：我国的国防建设要坚持以我为主，从自己的实际出发，走适合我国国情的发展道路。据此，我国制定了尖端武器与常规武器并举和多研制、少生产、少装备的方针。在尖端武器的研制上，进入了世界先进大国行列。常规武器做到了自行设计、自行制造，实现了装备国产化。

第七节 党的建设理论

毛泽东建党学说，是毛泽东思想科学体系的重要组成部分，是马克思列宁主义建党学说在中国的运用和发展，它反映了中国共产党自身建设的基本规律，全面总结了党建的成功经验。党的建设是中国共产党领导中国革命和建设事业取得胜利的三大法宝之一。

一、毛泽东建党学说的形成和历史特点

（一）毛泽东建党学说的形成

在长期的革命实践中，以毛泽东为代表的中国共产党人，密切联系党的政治路线，联系党领导的统一战线和武装斗争的实践，大力加强党的建设，在领导中国革命和建设过程中提出了一系列重要的思想和原则，形成了具有中国特色的党建理论——毛泽东建党学说。

中共中央在1981年通过的《关于建国以来党的若干历史问题的决议》中指出：在无产阶级人数很少而战斗力很强，农民和其他小资产阶级占人口大多数的国家，建设一个具有广大群众性的、马克思主义的无产阶级政党，是极其艰巨的任务。

1929年12月，在《红军第四军党的第九次代表大会决议案》中，毛泽东系统阐述了在经济文化落后的农村，如何把党的组织建设成为无产阶级先锋队的问题。这些论述标志着毛泽东建党思想开始形成。

抗日战争时期，根据形势发展的需要，毛泽东于1939年10月在《〈共产党人〉发刊词》一文中，首次明确提出，为了中国革命的胜利，我们迫切“需要建设一个全国范围内的、广大群众性的、思想上政治上组织上完全巩固的布尔什维克化的中国共产党”，这是一个“伟大的工程”。通过延安整风，毛泽东的建党思想得到了系统化和理论化。

（二）毛泽东建党学说的历史特点

1939年，毛泽东在《〈共产党人〉发刊词》一文中指出：统一战线问题、武装斗争问题、党的建设问题，是我们党在中国革命中的三个基本问题。正确地理解了这三个问题及其相互关系，就等于正确地领导了全部中国的革命。毛泽东建党学说具有鲜明的历史特点。

党的建设是在同资产阶级又联合又斗争的复杂关联中走过的。在党的历史上，中国共产党曾在大革命时期和抗日战争时期，两次和中国资产阶级建立统一战线，又两次由于资产阶级的软弱性、妥协性和对革命的背叛而导致合作的破裂。中国革命的特点决定了党在革命中实行同资产阶级联合又斗争的政治路线。

党的建设是同中国革命斗争的主要形式——武装斗争紧密相关的。在民主革命时期，中国共产党领导中国人民为了反抗帝国主义和封建主义的反动统治的最主要的斗争形式是武装斗争。这是由中国社会的特殊性和中国革命战争的特点所决定的。因此，坚持党对军队的绝对领导，是党的建设的重要内容。离开了武装斗争，我们就不能了解党的政治路线，也就不能了解党的发展和党的建设。

党的建设是同中国共产党自身的某些特点相联系的。特殊的国情和党情使中国共产党在自身的发展中形成了一些特点，主要表现为：中国共产党内的本质矛盾是无产阶级思想和农民、小资产阶级思想的矛盾；中国共产党存在着理论准备不足的特点；毛泽东的建党思想是同把马克思主义教条化、把共产国际决议和苏联经验神圣化的错误倾向的斗争中形成的。

二、毛泽东建党思想的基本内容

（一）着重从思想上建党

把思想建设放在党的建设的首位，是中国共产党自身建设的一个突出特点，也是毛泽东在对中国特殊历史条件和党内基本矛盾的科学分析的基础上提出的重要原则。

着重从思想上建党，是由中国共产党内的本质矛盾所决定的。由于中国共产党内的本质矛盾是无产阶级思想和农民、小资产阶级思想的矛盾，特别是大革命失败后，由于党长期处在农村的环境里，党内农民和其他小资产阶级出身的党员占多数，大批的农民和小资产阶级革命分子入党不可避免地要把各种非无产阶级思想带进党内，这在客观上要求必须把思想建设放在首位。

经常不断地在党内进行普遍的马克思列宁主义教育，是党的思想建设的根本任务。由于党在成立后就立即以全部力量投入革命斗争，没有足够的时间和精力来学习和研究马克思主义理论，因此，党在建立时理论准备有所不足。这就迫切要求把党的思想建设放在首位，加强马克思主义教育。必须普遍深入地学习和研究马克思主义理论，有的放矢地进行理论学习。党员不仅要有深厚的马克思主义理论知识，而且要善于运用这些理论，用马克思主义的立场、观点和方法来分析、解决中国的实际问题，以代替主观主义的分析和估量，以无产阶级思想改造和克服非无产阶级思想。

开展整风是进行马克思列宁主义教育的有效形式。用整风的方法，对党员进行马克思列宁主义思想教育，通过批评与自我批评的方式，纠正错误思想，解决党内矛盾，提高党的马克思主义理论水平，这是党长期建设的成功经验，是毛泽东党建思想的特有内容。1942 年延安整风开整风之先河。通过延安整风，全党的马克思列宁主义的理论水平有了明显提高，毛泽东建党思想也得到了系统化和理论化，为中国革命夺取抗日战争和解放战争的彻底胜利奠定了坚实的基础。此后，党曾多次运用整风运动的形式，在全党开展经常性的马克思列宁主义的思想教育，并取得了明显的效果。

（二）加强党的组织建设

中国共产党是无产阶级的先锋队，党的各级组织是执行党的正确路线的战斗堡垒。着重从思想上建党的同时，必须加强在组织上建设党，要把党建设成为组织上巩固的、有战斗力的统一整体。

第一，实行民主集中制。以毛泽东为代表的中国共产党人创造性地继承和发展了马克思列宁主义关于民主集中制的思想，制定出正确规范党内政治生活、处理党内关系的若干基本准则和具体制度。中国共产党在组织建设上具有鲜明的特征：强调民主集中制是民主基础上的集中和集中指导下的民主；明确正确地实行民主集中制，既要充分发挥党内民主，调动全党的积极性，也要严明党的纪律，保证党的统一；贯彻民主集中制同群众路线相结合的原则；坚持集体领导和分工负责相结合的原则。

第二，实行“任人唯贤”的干部路线。党的组织路线的核心问题是干部问题。毛泽东一向重视干部问题，始终把干部队伍建设作为党的建设的一项主要任务，他认为，政治路线确定之后，干部就是决定因素。在党的六届六中全会上，毛泽东把党的干部路线概括为“任人唯贤”的干部路线。他说，实行“任人唯贤”的路线，就要坚持“德才兼备”的干部选拔和使用标准。所谓德，主要是指干部的政治态度、思想品德和工作作风。所谓才，就是指干部的工作能力、业务水平和文化知识。所谓兼备，就是既要有德又要有才，二者缺一不可。

第三，正确处理党内矛盾，开展党内斗争。正确处理党内矛盾，开展党内斗争是维护党的团结和统一的需要，是把革命事业引向胜利的需要。一般地说，党内矛盾就其实质而言，基本上属于思想认识上的分歧，不具有对抗的性质，因此，正确地开展党内斗争，必须坚持科学的思想方法。在延安整风中，毛泽东提出了“惩前毖后，治病救人”的正确方针和“团结—批评—团结”的公式，在实践中取得了良好的效果。

（三）注重党的作风建设

“党风”这个概念，是毛泽东在抗日战争时期提出来的。党风即党的作风，是指党在思想、政治、组织和工作等各方面表现出来的一贯态度和作风，它反映了党的精神风貌。1945 年，毛泽东在《论联合政府》中概括了中国共产党的三大优良作风：理论和实际相结合的作风，和人民群众紧密地联系在一起的作风，以及批评与自我批评的作风。

理论和实际相结合的作风，体现了党对待马克思主义的科学态度，是无产阶级政党党性的体现。毛泽东在《改造我们的学习》《整顿党的作风》等著作中指出，要实现理论和实际相结合，既要反对教条主义，又要反对经验主义。在两者结合的过程中，必须始终坚持实事求是的思想路线，把调查研究作为理论联系实际的根本途径，应用马克思主义的立场、观点和方法，认真研究和解决中国的实际问题，并进行理论上的创造。

和人民群众紧密地联系在一起的作风，是党全心全意为人民服务的根本宗旨和群众路线在工作作风上的体现。共产党人要为人民群众谋利益，要“从群众中来，到群众中去”，与最广大的人民群众保持最密切的联系，这是中国共产党强大生命力之所在。

批评与自我批评的作风，是党坚持真理、修正错误，解决党内矛盾，保持无产阶级的先进性和内在活力的重要方法。它体现了我们党对自身发展规律的正确认识。历史经验证明，党的批评与自我批评的优良传统，是保持党的肌体健康发展和党的事业不断前进的有力武器。

理论联系实际、密切联系群众和批评与自我批评三大优良作风，是中国共产党区别于其他政党的显著标志，反映了中国共产党人对待马克思主义理论、对待人民群众和对待自己及周围同志的正确态度。三者之间是相互联系、相互促进、不可分割的整体。只有坚持三大优良作风，克服各种歪风邪气，才能把党的自身建设搞好。

三、注重执政条件下党的自身建设

（一）执政党自身建设问题的提出

在民主革命即将取得全国胜利的前夕，毛泽东就开始考虑党在执政后的建设问题。1945 年 3 月，毛泽东在党的七届二中全会上所作的报告中，向全党提出了加强执政党建设的任务。

党的工作重心由乡村转到城市，预示着党的建设所处的大环境发生深刻的变化。在执政条件下，怎样搞好党的建设，是中国共产党在革命胜利后遇到的一个全新的课题。中国共产党在执政后，党的任务由打仗变为建设，新的政治任务对党的执政能力和领导水平提出了挑战。在执政条件下，资产阶级的“糖衣炮弹”有可能成为无产阶级政党保持先进性和纯洁性的主要危险，因此，“务必使同志们继续地保持谦虚、谨慎、不骄、不躁的作风，务必使同志们继续地保持艰苦奋斗的作风”。

（二）加强执政党建设的若干思想

以毛泽东为核心的党的领导集体，在领导社会主义改造和建设的过程中，围绕执政党建设提出了一些正确的思想。

执政党必须不断克服官僚主义、命令主义等不良作风，防止脱离实际、脱离群众的危险，这就要求执政党要时刻贯彻群众路线，密切党与人民群众的联系；共产党要接受监督；健全民主集中制，是执政党建设的一个突出问题；继承和发扬党的优良传统，加强党风建设，抵御资产阶级腐朽思想的侵蚀，拒腐防变。

第八节　思想政治工作理论

思想政治工作是中国共产党的优良传统。卓有成效的思想政治工作是革命和建设取得胜利的重要保证。以毛泽东为代表的中国共产党人关于思想政治工作的一系列精辟论述，是我们党宝贵的理论财富。

一、思想政治工作是完成一切工作的重要保证

（一）高度重视思想政治工作是党的优良传统

思想政治工作是中国共产党的优良传统和政治优势。思想政治工作既包括党内的思想教育，也包括党对群众的思想教育，本质是群众工作，它是经济工作和其他一切工作的生命线，是党与群众联系的重要纽带，是团结全党和全国各族人民实现党和国家各项任务的中心环节。

中国共产党从诞生之日起，就高度重视思想政治工作，并把它作为党的全部工作的基础。中国共产党的发展史，也是一部思想政治工作史。中国革命和建设的历史说明，党的发展壮大，党的事业不断从胜利走向胜利，都是与思想政治工作密切联系的。在党的正确政治路线确立之后，什么时候重视和加强思想政治工作，党的事业就兴旺发达，什么时候忽视和放松思想政治工作，党的事业就遭受严重的损害。

思想政治工作是党的传家宝。党正是依靠思想政治工作，才唤起了千百万群众，使革命和建设获得了广泛的群众基础；才有效地克服了各种非无产阶级思想的影响，不断提高了全党的思想政治素质；才能用共同的理想和坚定的信念把全国人民团结起来。

（二）思想政治工作是一切工作的生命线

思想政治工作的根本任务，是根据党在各个历史时期的政治路线，对广大人民群众进行马克思列宁主义教育，进行党的路线方针政策教育，以保证群众的行动和各项具体工作沿着正确的方向前进。思想政治工作是经济工作和其他一切工作的生命线。

思想政治工作能够保证经济工作和其他工作的正确方向；思想政治工作能够为经济工作和其他工作提供精神动力；思想政治工作有助于正确处理人民内部矛盾，保障经济建设和其他工作顺利进行；思想政治工作能够帮助人们树立正确的世界观和人生观，从而自觉抵制错误思想的侵蚀；思想政治工作能够帮助人们掌握科学的思想方法和工作方法，正确地认识世界和改造世界。

二、思想政治工作的目的和任务

（一）用科学的理论教育干部和人民

用马克思主义武装全党，教育干部和人民，是党的思想政治工作的基本目的和任务。马克思主义是提高全党全国人民思想政治觉悟的指南，是提高全党全国人民认识能力的锐利武器。学习和掌握马克思主义的目的在于运用马克思主义理论去观察问题、分析问题和解决问题。马克思主义理论不仅是我们认识和改造客观世界的强大思想武器，而且也是我们认识和改造主观世界的强大思想武器。

（二）形势教育和党的路线政策教育

加强形势教育和政策教育，也是党的思想政治工作的一项根本任务。

所谓形势教育，就是帮助干部群众正确分析国际国内形势，正确认识党和国家当前所处的国际国内环境和面临的任务，明确我们的奋斗目标，了解面临的各种有利条件和不利因素，增强完成工作任务的信心。

与形势教育紧密相连的就是政策教育。思想政治工作的一个重要任务，就是引导人们坚定不移地贯彻党的正确的路线、方针、政策，真正同党中央保持一致。

（三）爱国主义、集体主义、社会主义教育

进行爱国主义、集体主义、社会主义教育，也是思想政治工作的重要任务。

爱国主义，即是对祖国的忠诚和热爱，是几千年来我国人民的崇高品德和优良传统，也是中国共产党领导中国人民反对外来势力侵略和压迫，争取民族独立和解放，谋求国家统一和富强，建设社会主义的强大精神动力。

集体主义，是指人们的一切言论和行动合乎广大人民群众的集体利益为最高标准的思想体系。进行集体主义教育，关键是教育人们正确认识和处理国家、集体、个人三者之间的利益关系。

进行社会主义教育，是思想政治教育的核心内容，是爱国主义、集体主义教育的根本要求。通过教育，要使人们认识到社会主义道路是中国历史的必然选择，从而进一步坚定社会主义信念。

（四）艰苦创业精神的教育

用艰苦创业的精神教育干部和群众，是思想政治工作的一项主要任务。艰苦奋斗贯穿于中国革命和建设的全过程。在领导我国革命和建设的长期斗争中，我们党一直保持艰苦奋斗、自强不息的精神风貌，历尽艰险，饱受磨难。中国革命和建设的历史，堪称一部艰苦奋斗的创业史。

在革命战争年代，中国共产党人继承艰苦创业的中华民族传统美德，发扬艰苦奋斗的作风，形成了井冈山精神、长征精神、延安精神等宝贵的精神财富。全国胜利前夕，毛泽东在党的七届二中全会上发出了号召：务必使同志们继续地保持谦虚、谨慎、不骄、不躁的作风，务必使同志们继续地保持艰苦奋斗的作风。

社会主义建设时期，毛泽东多次指出，社会主义是艰苦的事业，我们以后对工人、农民、士兵、学生，都应该宣传艰苦奋斗的精神。

（五）马克思主义唯物论、无神论和科学精神的教育

反对唯心论和宗教迷信，用先进的科学文化取代落后的封建主义的旧文化，是新民主主义革命和社会主义文化建设的重要任务，也是马克思主义思想政治教育工作的重要任务。旗帜鲜明地宣传马克思主义的科学世界观与人生观，是共产党人的重要责任。我们应该适应新的形势，不断加强思想政治工作，使马克思主义始终占领思想政治阵地。

（六）道德教育

毛泽东十分重视对全党和全国人民进行道德教育。他要求广大共产党员和领导干部牢固树立全心全意为人民服务的思想，一切从人民的利益出发，而不是从个人或小集团的利益出发。坚持以革命利益为第一生命，一贯地有益于革命，一贯地有益于人民。同时，他主张在全社会进行社会公德教育，提出要以“爱祖国、爱人民、爱劳动、爱护公共财物为全体公民的公德”。

三、思想政治工作的方针原则和途径办法

（一）思想政治工作的方针原则

思想政治工作要围绕党的中心任务，结合各项工作进行，这是党在各个历史时期始终坚持的基本方针。

思想政治工作要紧紧围绕党的中心工作来进行。党的中心工作抓住了当时社会的主要矛盾，集中反映了该时期革命和建设的客观需要，代表了广大人民群众的根本利益和愿望要求，因而在党的全部工作中居于中心地位。思想政治工作必须服从和服务于党的中心工作。一方面，党的中心工作是思想政治工作的基本依据，思想政治工作必须围绕党的中心工作来开展。脱离了党的中心工作，思想政治工作也就失去了它的目的、意义和方向。另一方面，党的思想政治工作是实现党的中心工作的可靠保证。我们在完成任何一项工作任务，实现任何一次战略转变的时候，都要首先做好全党全军和广大群众的思想工作。

思想政治工作要结合经济工作和其他工作一道去做。新中国成立后，毛泽东根据形势的需要，提出了思想政治工作“要结合着经济工作一道去做”的重要思想。这一思想正

确地揭示了思想政治工作与经济工作之间的内在关系和思想政治工作的基本规律，阐明了思想政治工作的性质及其在社会生活中的地位和作用，为正确进行思想政治工作指明了方向。

卓有成效地开展思想政治工作，必须遵循的正确原则是：

第一，以马克思主义为指导。以马克思主义为指导，用马克思主义武装全党，既是思想政治工作的基本目的和任务，也是思想政治工作的基本原则。思想政治工作应该以马克思主义为指导，把共产主义理想信念教育作为核心内容。思想政治工作只有以马克思主义的世界观和方法论为指导，才能坚持正确的方向、原则和方法，充分发挥其在革命和建设中的重要作用。

第二，坚持先进性和广泛性相结合的原则。开展思想政治工作应该注意区分层次，有的放矢，既要树立高标准，同时又不能脱离大多数。领导者必须善于团结少数积极分子作为骨干，并凭借这批骨干去提高中间分子，争取落后分子。对共产党员和领导干部，应当高标准、严要求，规定他们要以身作则，率先垂范，全心全意为人民服务。对于广大群众，则应根据不同情况，由浅入深、循序渐进、逐步深化，使之成为有理想、有道德、有文化、有纪律的社会主义公民。

第三，坚持教育和管理相结合的原则。高尚思想道德的培养，良好社会风尚的形成，人们思想觉悟的提高，既要立足于耐心细致的思想工作，又要靠严格的管理。思想政治工作必须立足于思想教育，耐心说服，疏通引导，以理服人。要广开言路，创造畅所欲言的宽松环境。同时，也要注意制定法律、法规、纪律、制度、公约等具有约束力的条文，并严格保障其得到落实。思想政治教育只有与正确的管理措施相结合，才能取得良好的效果。思想政治教育只有与健全的社会主义法制相结合，才能得到强有力的保证。

第四，坚持解决思想问题同解决实际问题相结合的原则。所谓实际问题，主要是指现实生活、生产、学习和工作中的实际困难和难以处理的实际矛盾。为群众办实事，解决群众实际问题，既是党全心全意为人民服务的宗旨的体现，又是调动群众积极性的基础和出发点，也是增强思想政治工作实效性的基本条件。

第五，坚持言教与身教相结合的原则。思想政治工作只靠“言教”是远远不够的，从一定意义上讲，“身教”比“言教”更重要。思想政治工作的威信既来自思想理论本身的力量，也来自思想政治工作者的模范行为。毛泽东十分重视身教与言教相结合，强调教育者特别是领导者必须对自己严格要求，以身作则。凡要求群众做到的，自己首先要做到；凡要求群众不做的，自己首先不做。

第六，坚持齐抓共管、形成合力的原则。思想政治工作是一项系统工程，它不仅有复杂的工作对象，而且有多样化的工作主体。因此，应该坚持党委统一领导、党政同心协力、专职与兼职相结合、党政工团齐抓共管、职责明确、形成合力的原则。

（二）思想政治工作的途径办法

解放思想，实事求是，深入基层，深入群众，调查研究新情况、新问题，把握思想政治工作的规律，不断探索思想政治工作的新方法，这是进行思想政治工作的基本途径。

要充分发挥新闻媒体的重要作用。新闻媒体历来是党的思想政治工作的重要方法。要充分发挥新闻媒体在思想政治工作中的作用，坚持新闻工作的党性原则，坚持正确的舆论导向；要使新闻媒体的宣传报道贴近群众，贴近实际，贴近生活；要正确开展舆论监督，坚持对党负责和对人民负责的一致性；要提高新闻宣传质量，增强新闻宣传的吸引力、感染力和说服力。

把群众性精神文明创建活动作为重要载体。思想政治工作必须走群众路线，通过群众活动，让群众自己教育自己，这是我们党思想政治工作的宝贵经验，也是党的思想政治工作的基本方式。

重视发挥文化的社会教育功能。社会文化生活对人们思想观念、道德情操的形成和提高，有着深刻而持久的影响，是开展思想政治工作的重要载体。重视发挥文化的社会教育功能，要坚持马克思主义的指导地位，大力弘扬时代主旋律；坚持“为人民服务，为社会主义服务”和“百花齐放，百家争鸣”的方针，促进文化事业的健康发展；继承发扬民族优秀文化和革命传统，积极吸收世界优秀成果，做到“古为今用”“洋为中用”；坚持一手抓繁荣，一手抓管理，防止腐朽的思想文化自由泛滥。

重视发挥先进典型的示范引导作用。典型示范是根据客观事物发展不平衡规律提出来的一个有效的领导方法和工作方法。好典型具有强大的说服力、感染力、吸引力。榜样的力量是无穷的。因此，发挥先进典型的示范作用，是思想政治工作的一个行之有效的方法。

把思想政治工作落实到基层。把思想政治工作的任务落实到基层，是巩固党的执政基础的必然要求，是促进和保证党在现阶段政治任务实现的重要条件，也是基层工作的需要。毛泽东提出的“支部建在连上”的原则和用“进步的政治精神”教育群众的思想，其实质就是要重视发挥党的基层组织的作用，把思想政治工作的任务落实到基层。

第九节　政策和策略理论

政策和策略是无产阶级政党领导广大人民群众进行革命和建设的思想武器和行动指南。以毛泽东为代表的中国共产党人在领导中国革命和建设的过程中，把马克思列宁主义关于政策和策略的思想和中国革命和建设的具体实践相结合，创造性地提出了一整套适合中国情况的政策和策略。

一、政策和策略是党的生命

（一）正确的政策和策略是革命和建设取得胜利的重要保证

毛泽东在指导中国革命斗争中，在总结正反两方面经验教训的基础上，多次精辟地论证了党的政策和策略的极端重要性。他认为，只有党的政策和策略全部走上正轨，中国革命才有胜利的可能。政策和策略是党的生命，各级领导务必充分注意，万万不可粗心大意。

政策和策略是党在一定历史时期内完成战略任务的行动准则和规范。革命政党为了完成全局性的战略任务，不仅要有正确的路线，而且要有正确的政策和策略。没有正确的政策和策略，党的战略任务是不可能完成的。

政策和策略是统一全党思想和行为的准绳。革命政党的任何行动都是实行政策和策略，不是正确的就是错误的，不是自觉的就是盲目的。党要正确贯彻自己的路线，防止发生错误，就必须经常用自己的政策和策略教育党员，保持全党在政治上和思想上的一致性。

政策和策略是党联系群众的纽带。正确的政策和策略代表了群众的利益，能够吸引广大群众为实现革命任务而奋斗。错误的政策和策略损害了群众的利益，使党失去群众的支持。只有把实现人民的利益作为制定自己政策的出发点，无产阶级政党才能获得人民群众的支持和拥护，革命才能取得成功。

政策和策略是实现党的路线和完成党的战略任务的重要保证。革命政党要想使自己的行动卓有成效，就必须制定符合客观规律的正确的政策和策略。正确的政策和策略是党的正确行动的准则和规范，是贯彻党的路线和完成党的战略任务不可缺少的工具和手段。

（二）认真贯彻执行党的政策和策略

必须全面贯彻执行党的政策和策略。毛泽东告诫全党，许多同志往往记住了我党具体的个别的工作路线和政策，忘记了我党的总路线和总政策。而如果真正忘记了我党的总路线和总政策，我们就将是一个盲目的不完全清醒的革命者，在我们执行具体工作路线和具体政策的时候，就会迷失方向，就会左右摇摆，就会贻误我们的工作。

必须坚持原则性和灵活性的辩证统一。只有坚持革命原则，才能保证政治方向的总目标、总任务和全体人民的根本利益相符合，保证政治方向的正确。同时，在坚持革命原则的前提下，根据客观形势的变化，采取灵活的组织形式和斗争方法也是必要的和必需的。

必须使贯彻执行党的政策和策略变成广大群众的自觉行动。要加强对广大党员干部和人民群众关于党的政策和策略的宣传教育工作，努力提高他们的理论水平和工作能力，使他们真正掌握党的政策和策略。同时，要贯彻执行党的群众路线，加强对广大群众的组织工作，根据群众的觉悟程度，逐步引导他们前进。

二、制定和实行政策和策略的原则

（一）必须坚持实事求是的原则

只有坚持党的实事求是思想路线，才能正确认识客观世界，把握事物的发展规律，制定出正确的政策和策略。

1930 年 5 月，毛泽东在《反对资本主义》一文中指出：没有调查，就没有发言权。正确的决策来源于对形势的正确判断，正确的判断来源于对实际情况系统周密的调查。

要制定正确的政策和策略，还必须坚持与时俱进，根据政治形势和阶级关系的变化及时调整自己的政策和策略，这是我们坚持实事求是原则的具体体现。

（二）必须坚持群众路线的原则

毛泽东始终把“一切为了人民，一切依靠群众”作为党的政策和策略的出发点。1945 年 4 月 24 日，他在中共七大所作的报告中明确指出：全心全意地为人民服务，一刻也不脱离群众；一切从人民的利益出发，而不是从个人或小集团的利益出发；向人民负责和向党的领导机关负责的一致性；这些就是我们的出发点。遵照毛泽东的观点，共产党人的一切言论行动，必须以合乎最广大人民群众的最大利益，为最广大人民群众所拥护为最高标准。实践证明，当党的政策和策略代表了群众的利益和愿望时，就会得到群众的衷心拥护，就有强大的生命力。当党的政策和策略违背了群众的利益和愿望时，就会遭到人民群众的反对和各种不同形式的抵制，在实践中必然失败。

（三）必须坚持区别对待的原则

没有区别，就没有政策，我们的政策就是建立在区别的基础上的。

要分清敌、我、友。在革命战争年代，首要的问题是分清敌、友。正是由于党正确地分析中国社会各阶级的经济地位和政治态度，分清了敌、友，才为新民主主义革命斗争中制定正确的政策和策略奠定了坚实的基础。

要区分左、中、右。把所有的人从总体上区分为左、中、右三大类，或曰进步、中间、反动。相应的政策是：发展进步势力，争取中间势力，孤立反动势力。

要分清主次。毛泽东在其《矛盾论》中明确指出：在复杂的事物发展过程中，有许多矛盾存在，其中必有一种是主要矛盾，由于它的存在发展，规定和影响着其他矛盾的存在和发展。解决主要矛盾也就是抓住了工作的重点，没有重点就没有政策，根据不同时期的不同情况，抓住主要矛盾，确定工作重点是毛泽东制定政策和策略思想的重要根据。

三、中国革命和建设的若干政策策略原则

在中国共产党领导新民主主义革命和社会主义建设过程中，积累了丰富的实践经验，毛泽东概括和总结了这些经验，提出和阐明了一系列重要的具有普遍性和长远指导意义的政策策略原则。

（一）战略上藐视敌人，战术上重视敌人

在战略上藐视敌人和在战术上重视敌人是相互联系、互为条件的，在战略上藐视敌人是在战术上重视敌人的前提，只有在战略上藐视敌人，敢于同它斗争，敢于胜利，才能进一步谈得上善于斗争和善于胜利的战术问题。而在战术上重视敌人，并采取切实有效的手段同它进行坚决的斗争，才能最后战胜敌人。

在战略上藐视敌人，在战术上重视敌人的政策策略思想的普遍意义和精神实质，就是要将革命气概和科学精神相结合，既充满革命热情又头脑清醒，既大胆又谨慎。

（二）掌握斗争的主要方向，不要四面出击

抓住主要矛盾，解决当前的最主要问题，正确处理国内各阶级、政党和民族的关系，最大限度地团结一切可以团结的敌人，对诸多任务分清轻重缓急，主动推迟一部分能够推迟的任务。

（三）利用矛盾，争取多数，反对少数，各个击破

这是对敌斗争中一个重要的政策策略。因为革命的敌人是强大的，但敌人内部情况比较复杂，有的矛盾可加以利用。所以，在不同的时期、不同的地方、不同的情况下，对敌人要有所区别，分别对待，分清主次，最大限度地孤立和打击当前最主要的敌人，最大限度地团结一切可以团结的力量。

（四）既要善于斗争，又要善于妥协

既要善于斗争，又要善于妥协，这是马克思列宁主义对敌斗争的又一策略思想。毛泽东把这一理论同中国革命的实际相结合，提出把坚持革命原则和必要的妥协和让步结合起来的思想。毛泽东把这种策略原则称为“革命的辩证法”，并要求每一个决策者都学会这一辩证法。

（五）调动一切积极因素

革命和建设取得胜利的最重要条件就是，必须把一切积极因素充分调动起来，并且尽可能减少和化解消极因素，并将其转化为积极因素。

调动一切积极因素是总的原则，对决定社会性质和推动社会发展的基本力量，首先调动的是他们的积极性和创造性。同时，还要把其他各种积极的因素都调动起来，只要是积极因素，不管直接还是间接，不管时间长短，不论是国内还是国外，都要尽可能去争取。消极因素当然对革命和建设都不利，但需要把其中某些消极因素消解了，使其转化为积极因素，就减少了消极因素的阻力，扩大了积极因素的力量。

第十节　国际战略与外交方针

以毛泽东为代表的中国共产党人关于国际关系和中国外交方针的论述，奠定了中国共产党和新中国国际战略和外交方针的基础，也特别体现了毛泽东作为马克思主义伟大战略家的远见卓识和务实精神。

一、国际战略思想

（一）建立国际统一战线

客观地分析国际形势、看清国际风云的变幻，是制定国际战略与外交方针的基础。

中国共产党在创建之初就主张中华民族应该坚决地站在革命阵营一边，自觉地把中国革命归于世界无产阶级社会主义革命范畴，形成了新民主主义革命理论。

抗日战争时期，在民族危机空前严重的形势下，中国共产党根据毛泽东提出的建立国际统一战线的思想调整了对外战略，即为了挽救中华民族的危亡，为了集中力量打败侵略力量，对那些同情和帮助中国，或持善意中立的民族和国家，应建立亲密的友谊关系。国际统一战线在太平洋战争后得以实现，为中国取得抗日战争的胜利创造了条件。

新中国成立前夕，毛泽东就提出了“另起炉灶”“打扫干净屋子再请客”和“一边倒”的三项基本方针，倒向以苏联、东欧等社会主义国家为代表的进步力量一边，反对帝国主义的战争政策和侵略政策，维护世界和平，支持民族解放运动。这是当时历史条件下的必然选择。

20世纪50年代末至60年代，由于美苏两个超级大国都与中国为敌，为了维护国家安全和民族独立，毛泽东提出“两个中间地带”的战略思想，即亚非拉是第一个中间地带，欧洲、加拿大、大洋洲和日本是第二个中间地带，由此果断地调整中国的国际战略，重新提出国际统战策略，主张在世界范围内建立反帝、反霸统一战线，成功地团结了广大的第三世界国家，并且在不同程度上同西方一些主要资本主义国家改善了关系。

（二）划分“三个世界”

20世纪60年代末70年代初，随着世界各种力量经过“大动荡、大分化、大改组”逐渐形成新的战略格局，美苏争霸的态势也出现了苏攻美守的重要变化，日本、西欧、中国的国际地位日益上升，第三世界兴起，世界呈现出了多极化的苗头。

毛泽东在1974年2月22日会见赞比亚总统卡翁达时，首次全面提出了划分三个世界的观点。毛泽东把苏联和美国并列称为第一世界，不仅因为这两个国家“原子弹多，也比较富”，更重要的是这两个国家都企图称霸世界，对世界和平构成了严重威胁；第二世界是处于美苏超级大国和发展中国家之间的资本主义国家，他们是反霸斗争中可以争取和团结的力量，如英国、法国、西德等；第三世界是包括中国在内的亚（除日本）非拉发展中国家。

毛泽东划分三个世界的战略在当时不仅对维护中国国家安全、保卫世界和平具有重要意义，而且对发展中国对外关系产生了积极的效果。

二、坚持独立自主的和平外交政策

（一）独立自主是我党处理对外关系的准则

毛泽东在领导中国革命和建设的过程中，确立了坚持独立自主的和平外交政策。这是坚持实事求是，从本国的实际出发进行革命和建设，走自己的道路思想在外交路线上的必然表现。他在对外关系的问题上，提出了既要坚持独立自主，也尊重别国人民独立自主的权力。他认为适合本国特点的革命和建设道路，只能由本国人民自己去寻找、创造和决定。独立自主，不但是制定正确对待帝国主义的战略策略原则的立足点，而且也是处理同共产国际和苏联关系的正确准则。

（二）争取民族独立

新中国成立前后，毛泽东把中国共产党在长期革命斗争中形成的独立自主、自力更生原则运用到中国的对外关系中，从而奠定了当代中国外交的基础。

毛泽东于1949年春提出了“另起炉灶”“打扫干净屋子再请客”和“一边倒”的三大外交决策。“另起炉灶”就是不受过去任何屈辱的外交传统的束缚，不承认国民党政府承认的外国在华外交机关和人员的合法地位，而要在互相尊重主权和平等互利的基础上同世界各国建立新的外交关系。“打扫干净屋子再请客”就是要在彻底清除帝国主义在中国的控制权及其影响之后，再让这些国家的客人进来。“一边倒”就是坚定不移地站在以苏联为首的社会主义阵营一边，这是从当时全球格局出发的一种战略考虑，是为了在保障人民革命胜利的成果和反对国内外敌人复辟阴谋的斗争中不至于处于孤立地位。

三大外交决策体现了新中国外交的根本立场和出发点，即独立自主，维护国家主权和领土完整，维护民族尊严，在平等互利的基础上与各国建立和发展外交关系。

（三）捍卫国家主权

以毛泽东为代表的中国共产党人在外交上一直坚持独立自主、自力更生的立场，坚决捍卫国家主权，不允许任何国家以任何借口来干涉中国的内政。

在中苏关系上，中国坚持独立自主的原则，从未在重大问题上做出有损主权的让步。当苏共把两党的分歧扩大到国家关系，并且企图逼迫中国就范的时候，毛泽东采取了坚决顶住、决不让步的原则，对来自苏联的霸权主义和军事威胁进行了针锋相对的斗争。

在中美关系上，中国坚持独立自主的原则，极大地打击了美国的嚣张气焰。面对美国从朝鲜、台湾和印度支那三个方向的军事威胁，中国先后作出了抗美援朝和支持越南抗美斗争的决定，发出了台湾问题是中国的内政，任何国家都无权干涉的严正声明。

（四）维护国家利益

国家利益至高无上，维护国家利益是我国外交政策的神圣职责。国家利益有国内部分，如领土安全、国家统一、主权完整等。新中国成立后，我们所进行的历次自卫反击战都是保卫国家主权、维护国家利益的正义斗争。此外，国际政治中的国家利益还包括稳定国际秩序、维护和平的周边环境等内容，中国在 20 世纪 50 年代出兵朝鲜进行抗美援朝，60 年代支持越南的抗美斗争都关系到保卫中国安全利益的问题。

三、和平共处五项原则

（一）和平共处五项原则的提出

按照平等、互利和相互尊重主权和领土完整的基本原则与各国交往，是新中国外交的基本指针。

1949 年 10 月 1 日，毛泽东向全世界宣告：本政府为代表中华人民共和国全国人民的唯一合法政府。凡愿遵守平等、互利及相互尊重领土主权等原则的任何外国政府，本政府均愿与之建立外交关系。这是和平共处五项原则的先导。

1953 年 12 月，周恩来在会见来北京参加中印两国关于中国西藏地方关系问题谈判的印度代表团时，首次提出了和平共处五项原则：互相尊重主权、互不侵犯、互不干涉内政、平等互惠、和平共处。1954 年在中印、中缅联合声明中，一致倡议把这五项原则作为处理国际关系的准则，并将五项原则中的平等互惠改为平等互利。1955 年，周恩来在亚非会议上，将互相尊重领土主权改为互相尊重主权和领土完整。至此，和平共处五项原则最后定型。

（二）和平共处五项原则的影响

和平共处五项原则是中国共产党和中国政府对世界和平事业的突出贡献，在国际上产生了广泛深远的影响。

中国最初是把和平共处五项原则作为处理不同社会制度国家之间的关系准则提出来的。1956 年波兰和匈牙利事件发生后，中国政府明确提出和平共处五项原则不仅适用于社会制度不同的国家，而且也适用于社会制度相同的社会主义国家。随着时间的推移，和平共处五项原则的运用范围不断扩大，影响日益深远，逐渐成为指导政治、经济等诸领域的国际关系准则。这些原则不仅为 1955 年的万隆会议和其他发展中国家的多边国际会议所接受，也为不结盟运动所接受，联合国大会通过的一些宣言也将这些原则的基本内容作为指导成员国相互关系的准则。

和平共处五项原则是毛泽东实事求是思想原则在外交领域的运用和发展。历史表明，在国际交往中只有接受和平共处五项原则，世界才能保持和平和发展。

第十一节　毛泽东思想活的灵魂

实事求是、群众路线、独立自主，是毛泽东为代表的中国共产党人在中国革命和建设的过程中，把辩证唯物主义和历史唯物主义运用于党的全部工作中形成的，具有中国共产党人特色的立场、观点和方法。这些立场、观点和方法，贯穿于毛泽东思想基本原理的各个组成部分之中，反映在毛泽东的全部科学著作中，表现在中国共产党人的革命活动之中，是毛泽东思想活的灵魂。

一、实事求是

（一）实事求是思想路线的形成和发展

第一次国内革命战争时期，毛泽东所写的《中国社会各阶级的分析》等文章，为实事求是思想路线的形成作了必要的准备。大革命失败后，毛泽东在领导建立井冈山革命根据地、创建红军和发动农民进行土地革命的伟大实践中，逐步提出了实事求是思想路线。1941 年 5 月，毛泽东在《改造我们的学习》一文中第一次对“实事求是”的科学含义作了阐释。经过延安整风和中共七大，实事求是作为党的思想路线最终确立。

实事求是思想路线的确立与贯彻给我们党带来了生机和活力。在实事求是思想路线的指引下，我们取得了抗日战争和解放战争的胜利，建立了中华人民共和国，取得了社会主义改造的胜利，使社会主义制度在中国全面确立。

自从 1957 年开展反右派斗争以后，党逐渐偏离了实事求是思想路线。1978 年，党的十一届三中全会重新确立了解放思想、实事求是的思想路线，为我国的改革开放和社会主义建设指明了方向。

（二）实事求是的含义和基本内容

1941 年，毛泽东在《改造我们的学习》中指出：“实事”就是客观存在的一切事物，“是”就是客观规律的内部联系，即规律性，“求”就是我们去研究。实事求是，就是一切从实际出发，理论联系实际，把马克思主义的基本原理同中国的具体实际相结合。

实事求是包括两个方面的含义：一是党领导革命和建设，必须从中国的实际出发，正确认识和把握我国革命和建设的客观规律并运用这种规律性的认识去能动地改造世界；二是必须坚持理论联系实际的方针，把马克思主义的基本原理同我国的具体实际相结合，解决中国革命和建设的实际问题，同时，根据自己的实践经验去丰富和发展马克思主义。

实事求是的基本内容包括：一是一切从实际出发。就是想问题、办事情必须从实际出发，而不是从"本本"或"原则"出发。一切从实际出发是实事求是思想路线的根本前提，也是实事求是思想路线的主要内容和基本要求。二是理论联系实际。就是要把马克思主义基本原理同中国实际相结合，用以指导中国的革命和建设。理论联系实际是实事求是思想路线的基本内容，也是主观和客观相统一的根本途径。

（三）实事求是是毛泽东思想的精髓

实事求是是毛泽东思想活的灵魂的核心，是毛泽东思想的精髓，也是毛泽东思想的出发点和根本点。

实事求是强调一切从实际出发，理论联系实际，强调马克思主义同中国具体实际的结合；实事求是坚持了辩证唯物主义和历史唯物主义的基本原则，强调对事物客观规律的认识和把握；实事求是是马克思主义中国化的光辉范例，是辩证唯物主义和历史唯物主义的代名词。

实事求是是毛泽东思想的出发点、根本点，坚持一切从实际出发，坚持科学的实践观，坚持并进一步发挥了以对立统一为核心的辩证法。

实事求是是贯穿于毛泽东思想各个组成部分的立场、观点和方法，体现在毛泽东思想的全部理论观点之中，是我们党制定一切方针政策的基本依据。

二、群众路线

（一）群众路线的形成和发展

第二次国内革命战争时期，毛泽东所写的《反对本本主义》《关心群众生活，注意工作方法》等文章，阐明了群众路线的基本思想。他指出，真正的铜墙铁壁是群众；必须关心群众生活，注意工作方法；必须反对官僚主义和命令主义的工作方法。抗日战争时期，以毛泽东为代表的中国共产党人对党的群众路线作了全面系统的论述。1943 年 6 月，毛泽东在其为中央起草的《关于领导方法的若干问题》一文中，科学地阐述了群众路线的基本内容、实行的步骤，总结了"从群众中来，到群众中去"的正确领导方法，这标志着群众路线的成熟。经过延安整风和中共七大，群众路线成为全党的一种普遍的工作作风和领导作风。

由于我们党坚持了群众路线，因而能够制定反映广大人民群众愿望、代表他们根本利益的路线方针政策，从而动员和组织广大人民群众为实现自己的利益而奋斗。可以说，没有群众路线，就没有中国革命和建设的胜利。

新中国成立后，党的群众路线也在不断发展。但是，1958 年后的一个相当长的时期内，我党群众路线的落实偏离了正确的方向，曾经一度错误地把群众运动当做群众路线的唯一方式，给党和人民的事业造成了巨大的损失。党的十一届三中全会后，群众路线的良好作风逐步得到恢复、继承和发扬。

（二）群众路线的含义和基本内容

党的群众路线包括两个方面的含义：一是人民群众是历史的创造者，必须坚持一切为了群众和全心全意为人民服务的宗旨，相信群众、依靠群众，发动群众自己解放自己；二是党的路线方针政策和领导方法是否正确，决定于党是否采取“从群众中来，到群众中去”的工作方法。这两个方面不可分割，前者是后者的理论基础，后者是前者的行动体现。

群众路线的基本内容包括：一是一切为了群众。一切为了群众，全心全意为人民服务，是党的群众路线的核心内容，是党的一切工作的出发点和归宿。我们只有坚持一切向人民负责，正确处理好为人民谋取长远利益和现实利益的关系，才能做到一切为了群众。二是一切依靠群众。一切依靠群众，是历史唯物主义的基本观点。正是因为中国共产党在领导中国人民进行革命和建设的过程中相信群众、依靠群众，才最终取得一系列胜利。同时，我们必须正确处理好一切依靠群众和党的领导的关系，反对命令主义和尾巴主义。三是从群众中来，到群众中去。只有从群众中来，才能获得正确的认识，只有到群众中去，才能指导群众的实践活动，才能检验和发展真理。

（三）群众路线是党的根本工作路线

群众路线是共产党人区别于其他任何政党的一个显著标志。中国共产党是中国无产阶级的先锋队，它不仅代表本阶级的利益，而且代表全国广大人民群众的根本利益，因而它能够相信群众、依靠群众，放手发动群众，和广大人民群众紧密地团结在一起。

群众路线是党的一切工作的生命线。毛泽东反复强调，在一切工作中都要采取群众路线的工作方法。如果离开了群众路线，我们就会一事无成。

群众路线是实现党的思想路线、政治路线和组织路线的根本工作方法。群众路线是实现党的思想路线、政治路线和组织路线的基础和保证，离开了群众路线，这些路线就会落空。

三、独立自主

（一）独立自主原则的形成和发展

第二次国内革命战争时期，毛泽东在其所写的《反对本本主义》一文中指出：中国革命的胜利要靠中国同志了解中国情况。这是毛泽东和我们党关于独立自主思想的最初表述。1935 年，遵义会议独立自主地解决了党的军事问题和组织问题。1936 年 12 月，毛泽东在《中国革命战争的战略问题》一文中明确使用了“独立自主”的概念。

在独立自主原则的指导下，我们党找到了农村包围城市的革命道路，取得了新民主主义革命的胜利。新中国成立后，独立自主和自力更生进一步成为国策得到了贯彻和落实。我们取得了社会主义改造的胜利，并不断地把社会主义建设事业推向前进。“大跃进”以后，特别是在“文化大革命”期间，我们党内出现了闭关锁国、盲目排外的错误倾向。党的十一届三中全会后，党的独立自主、自力更生原则得到全面恢复和发展。

（二）独立自主的含义和基本内容

独立自主、自力更生，是指主要依靠本国的力量进行革命和建设。其包括两个方面的含义：一是无产阶级革命事业的完成，首先需要各国无产阶级立足于本国情况，依靠本国力量和人民群众的努力；二是在国内统一战线问题上必须坚持党在思想上、政治上和组织上的独立性，即坚持无产阶级在统一战线中的领导权。

独立自主的基本内容包括：一是独立自主地领导本国革命和建设。其中，最主要的就是把马克思主义的基本原理同本国的具体实际相结合，探索适合本国国情的革命和建设道路，制定正确的路线方针政策。二是自力更生为主，争取外援为辅。革命和建设任务的完成，主要要依靠自己的力量，我们要把立足点放在自力更生的基础上。三是在统一战线中坚持独立自主的原则。独立自主，是处理统一战线内部共产党同其他党派关系的一个重要原则。

（三）独立自主是唯物辩证法的宇宙观

独立自主、自力更生的原则，准确地反映了唯物辩证法的宇宙观关于宇宙发展的法则。唯物辩证法的宇宙观主张从事物的内部、从一事物对他事物的关系去研究事物的发展，即把事物内部的矛盾性看成是事物发展的根本原因。毛泽东精辟地阐述了唯物辩证法内因论的基本原理。他指出：外因是变化的条件，内因是变化的根据，外因通过内因而起作用，而事物发展的根本原因，不是在事物的外部而是在事物的内部，在于事物内部的矛盾性。独立自主正体现了这种观点。

第三章 中国特色社会主义理论体系基本理论

第一节 中国特色社会主义理论体系概述

中国特色社会主义理论体系是对马克思列宁主义、毛泽东思想的继承和发展，是被实践证明了的关于中国建设、巩固和发展社会主义的正确的理论原则和经验总结，是中国共产党人集体智慧的结晶。中国特色社会主义理论体系以建设中国特色社会主义为主题，坚持解放思想、实事求是、与时俱进，坚持以人为本的核心价值追求，紧紧围绕什么是社会主义、怎样建设社会主义，建设什么样的党、怎样建设党，实现什么样的发展、怎样发展等重大理论实际问题，创造性地提出了一系列新的重大理论观点、重大战略思想。中国特色社会主义理论体系是新时期我们党推进马克思主义中国化所取得的理论创新成果。在当代中国，坚持中国特色社会主义理论体系就是真正坚持马克思主义。

一、中国特色社会主义理论体系的形成和发展

中国特色社会主义理论体系是在马克思主义与当代中国实际和时代特点相结合的过程中形成和发展的。改革开放伟大实践的推进过程，就是中国特色社会主义理论体系的形成和发展过程。

1978 年召开的党的十一届三中全会，重新确立了党的思想路线、政治路线和组织路线，实现了指导思想上的拨乱反正，开始了建设社会主义的新探索。这次会议标志着我国进入了社会主义现代化建设的新时期。1982 年，邓小平在党的十二大开幕词中明确提出了“走自己的路，建设有中国特色社会主义”这一重大论断，指明了新时期我们党理论和实践探索的方向。1987 年召开的党的十三大提出了党在社会主义初级阶段的基本路线，制定了到 21 世纪中叶分三步走、实现现代化的发展战略。1992 年，在南方谈话中邓小平对关系中国特色社会主义发展的一系列重大问题作了总结性概括。1992 年，党的十四大对邓小平时期我们党理论创新的新论断、新观点、新思想进行了概括，把它称为“邓小平同志建设有中国特色社会主义理论”。1997 年，党的十五大又作了进一步的概括和论述，将其命名为“邓小平理论”，并作为指导思想载入党章。

20 世纪 80 年代末 90 年代初，东欧剧变、苏联解体，我国发生了严重的政治风波。面对严峻复杂的国内外形势，以江泽民为主要代表的中国共产党人，顶住了空前的压力，

继续推进中国特色社会主义伟大事业，提出了一系列新思想、新观点、新论断，丰富和发展了中国特色社会主义理论体系。

面对20世纪80年代末90年代初国际国内严峻的政治形势和改革发展的繁重任务，以江泽民为主要代表的中国共产党人旗帜鲜明地强调，党的十一届三中全会以来的路线和基本政策，一是要坚定不移，毫不动摇；二是要全面执行，一以贯之。以江泽民为核心的党的第三代中央领导集体，坚持改革开放、与时俱进，带领全党全国各族人民经受住国内外政治风波和经济风险等种种严峻考验，在深刻认识和准确把握世情、国情、党情发展变化的基础上，创立了"三个代表"重要思想。"三个代表"重要思想是中国特色社会主义理论体系的重要组成部分。2002年，党的十六大总结了改革开放以来特别是党的十三届四中全会以来党带领人民建设中国特色社会主义的基本经验，阐明了贯彻"三个代表"重要思想的根本要求，并且把"三个代表"重要思想同马克思列宁主义、毛泽东思想、邓小平理论一道确立为我们党必须长期坚持的指导思想，实现了我们党指导思想的又一次与时俱进。

进入新世纪新阶段，以胡锦涛同志为总书记的党中央，顺应国内外形势发展变化，发扬求真务实、开拓进取精神，继续推进理论创新和实践创新。围绕发展这个中心问题，我们党对什么是发展、为什么发展、怎样发展，发展为了谁、发展依靠谁、发展成果由谁享有等重大问题进行了富有创造性的探索，强调要正确认识和妥善处理中国特色社会主义事业中的重大关系，努力实现科学发展、和谐发展、和平发展。党的十七大深刻阐述了科学发展观的历史地位、时代背景、科学内涵、精神实质和根本要求，把它作为我国经济社会发展的重要指导方针和发展中国特色社会主义必须坚持和贯彻的重大战略思想。党的十八大将科学发展观确立为党必须长期坚持的指导思想并写入党章。

党的十八大以来，习近平总书记集中全党智慧，围绕改革、发展、稳定、内政外交国防、治党治国治军等方面，作出了一系列新的阐述，以巨大的理论勇气和政治智慧，提出了许多富有创见的新思想、新观点、新论断、新要求。深刻回答了新的历史条件下党和国家发展的重大理论和现实问题，丰富和发展了党的科学理论，进一步深化了我们党对中国特色社会主义规律和马克思主义执政党建设规律的认识，为我们在新的历史起点上实现新的奋斗目标提供了基本遵循。

二、中国特色社会主义理论体系的主要内容

中国特色社会主义理论体系，在新的时代条件下系统回答了什么是社会主义、怎样建设社会主义，建设什么样的党、怎样建设党，实现什么样的发展、怎样发展等重大理论实际问题。科学地阐明了中国特色社会主义的思想路线、发展道路、发展阶段、根本任务、发展动力、发展战略、依靠力量、国际战略、领导力量和根本目的等重大问题，是贯通马克思主义哲学、政治经济学、科学社会主义等领域，覆盖经济、政治、文化、社会、国防、外交、统一战线、祖国统一、党的建设等方面的系统的科学理论体系。其主要内容包括：

中国特色社会主义的思想路线。党的思想路线基本内容是：一切从实际出发，理论联系实际，实事求是，在实践中检验真理和发展真理。实事求是是马克思主义思想路线的本质要求，是党的思想路线的核心，也是中国特色社会主义理论体系的精髓。解放思想是发展中国特色社会主义的一大法宝，与时俱进是马克思主义的理论品质，求真务实是党的思想路线的核心。要坚持把马克思主义普遍真理和中国具体实际结合起来，走自己的路，发展中国特色社会主义。

社会主义初级阶段理论，即建设中国特色社会主义总依据理论。正确认识我国当今社会所处的历史阶段，是建设中国特色社会主义的首要问题，是我们制定和执行正确的路线方针政策的总依据。我国正处于并将长期处于社会主义初级阶段，这是当代中国最大国情。我们想问题、办事情、定政策，推进任何领域任何方面的改革发展，都要牢牢把握社会主义初级阶段这个最大国情，牢牢立足于社会主义初级阶段这个最大实际，做到既不超越阶段又不落后现实，既尽力而为又量力而行。

社会主义本质和根本任务理论。社会主义本质是解放生产力，发展生产力，消灭剥削，消除两极分化，最终达到共同富裕。解放和发展生产力是社会主义的根本任务。实现社会主义现代化和中国民族的伟大复兴，是建设中国特色社会主义的总任务。中国梦生动形象表达了全体中国人民的共同理想追求，昭示着国家富强、民族振兴、人民幸福的美好前景，为坚持和发展中国特色社会主义注入新的内涵和时代精神。

社会主义改革开放理论。改革开放是决定当代中国命运的关键抉择，是发展中国特色社会主义，实现中华民族伟大复兴的必经之路；只有改革开放才能救中国，只有改革开放才能发展中国，改革开放是我国的强国之路，我们要毫不动摇地坚持改革开放。改革是有方向、有立场、有原则的，是不断推动社会主义制度的自我完善和发展。要正确处理改革、发展、稳定的关系。

建设中国特色社会主义总布局理论。必须在坚持以经济建设为中心不动摇的前提下，坚持全面协调可持续的发展思路，全面落实经济建设、政治建设、文化建设、社会建设、生态文明建设“五位一体”总布局。把生态文明建设融入经济建设、政治建设、文化建设、社会建设各方面和全过程，使中国特色社会主义事业总体布局更加完善。这反映了我们党对社会主义建设规律在实践和认识上的深化，反映了我们党对实现什么样的发展、怎样发展这一科学发展重大战略问题认识的深化，对于实现中华民族永续发展具有重大现实意义和长远指导意义。

实现祖国完全统一的理论。按照“一个国家，两种制度”的构想，实现祖国和平统一，符合中华民族的根本利益。坚定不移地贯彻“一国两制”“港人治港”“澳人治澳”高度自治的方针，严格按照特别行政区基本法办事；促进香港、澳门长期繁荣稳定。遵循“和平统一、一国两制”的方针和现阶段发展两岸关系、推进祖国统一进程的八项主张，坚持新形势下发展两岸关系的四点意见，真诚为两岸同胞谋福祉，维护国家主权和领土完整，尽早实现祖国完全统一。

中国特色社会主义外交和国际战略理论。和平与发展是当今时代主题，求和平、谋发展、促合作已经成为不可阻挡的时代潮流，中国的前途命运日益紧密地同世界的前途命运联系在一起。要适应世界多极化和经济全球化的发展趋势，始终坚持独立自主的和平外交政策，维护国家主权、安全、发展利益，在和平共处五项原则的基础上同其他国家发展友好合作，走和平发展道路，推动建设持久和平、共同繁荣的和谐世界。

中国特色社会主义建设的根本目的和依靠力量理论。人民群众是党的力量源泉和胜利之本，群众观点是党的根本观点，群众路线是党的根本工作路线，党的执政地位是人民赋予的，必须高度关注人心向背问题，始终保持党同人民群众的血肉联系。全心全意为人民服务是我们党的宗旨，必须实现好维护好发展好最广大人民的根本利益。发展中国特色社会主义必须坚持以人为本，始终做到发展为了人民，发展依靠人民，发展成果由人民共享。人民群众是历史的创造者，是中国特色社会主义事业的主体力量。包括知识分子在内的工人阶级、农民阶级，始终是推动我国先进生产力、先进文化发展和社会全面进步的根本力量。在社会变革中出现的新的社会阶层是中国特色社会主义事业的建设者。必须尊重劳动、尊重知识、尊重人才、尊重创造，发展和壮大爱国统一战线。团结一切可以团结的力量，为中华民族的伟大复兴增添力量。

国防和军队现代化建设理论。国防和军队建设，在中国特色社会主义事业总体布局中占有重要地位。建设与我国国际地位相称、与国家安全和发展利益相适应的巩固国防和强大军队，是我国现代化建设的战略任务。我国面临的生存安全问题和发展安全问题、传统安全威胁和非传统安全威胁相互交织，要求国防和军队现代化建设有一个大的发展。坚持党对军队的绝对领导，是我军永远不变的军魂。大力发展以军事信息系统为支撑的现代化武器装备体系。大力开展国防教育，进一步巩固和发展军爱民、民拥军的生动局面。

中国特色社会主义建设的领导核心理论。历史已经并将继续证明，中国共产党是中国人民的主心骨，是中华民族的中流砥柱，是战胜一切艰难险阻的坚强领导核心。要把中国特色社会主义伟大事业同党的建设新的伟大工程贯通起来，以改革创新的精神全面推进党的建设。把党的执政能力建设和先进性建设作为主线，坚持党要管党、从严治党，贯彻为民、务实、清廉的要求，以坚定理想信念为重点加强思想建设，以造就高素质党员、干部队伍为重点加强组织建设，以保持党同人民群众的血肉联系为重点加强作风建设，以健全民主集中制为重点加强制度建设，以完善惩治和预防腐败体系为重点加强反腐倡廉建设，使党始终成为立党为公、执政为民，求真务实、改革创新，艰苦奋斗、清正廉洁，富有活力、团结和谐的马克思主义执政党，始终成为领导中国特色社会主义事业的坚强领导核心。

中国特色社会主义理论体系，从整体上进一步深化和丰富发了对共产党执政规律、社会主义建设规律、人类社会发展规律的认识，开拓了马克思主义中国化的新境界。

三、中国特色社会主义理论体系的历史地位

改革开放以来我们取得一切成绩和进步的根本原因，归结起来就是，开辟了中国特色社会主义道路，形成了中国特色社会主义理论体系。在当代中国，坚持中国特色社会主义

理论体系就是真正坚持马克思主义。

（一）中国特色社会主义理论体系是马克思主义中国化的最新成果

马克思主义作为我们立党立国的根本指导思想，具有与时俱进的理论品质。把马克思主义基本原理同中国实际和时代特征相结合，实现马克思主义的中国化，是中国共产党人在深刻把握马克思主义理论品质、清醒认识中国国情和时代特征的基础上得出的科学结论。中国特色社会主义理论体系紧密地结合我国社会主义现代化的实际，生动而具体地坚持和发展了马克思列宁主义、毛泽东思想，是与马克思列宁主义、毛泽东思想既一脉相承又与时俱进的科学理论体系。在当代中国，坚持中国特色社会主义理论体系，就是真正坚持马克思主义。只有坚持和丰富中国特色社会主义理论体系，才能更好地坚持和拓展中国特色社会主义道路、坚持和完善中国特色社会主义制度，才是真正高举中国特色社会主义伟大旗帜。

（二）中国特色社会主义理论体系是胜利推进社会主义现代化建设的正确理论

1978 年 12 月召开的中共十一届三中全会，开启了我国改革开放的伟大进程。在中国特色社会主义理论体系的指导下，我国社会主义经济建设取得了举世瞩目的伟大成就，经济实力、综合国力不断增强，基础设施和城乡面貌发生巨大变化，人民生活总体上达到小康水平。与此同时，政治建设、文化建设、社会建设以及生态文明建设和党的建设也取得显著成就。中国的发展，不仅使中国人民稳定地走上了富裕安康的广阔道路，而且为世界经济发展和人类文明进步做出了重大贡献。事实雄辩地证明，中国特色社会主义理论体系是指引中国人民在改革开放中胜利推进社会主义现代化的正确理论。在当代中国，只有这一理论而没有别的理论能够指引我们实现国家富强和人民幸福，完成实现中华民族伟大复兴的历史任务。

（三）中国特色社会主义理论体系是全党全国各族人民团结奋斗的共同思想基础

共同思想基础，是一个政党、一个国家、一个民族赖以存在和发展的根本前提。没有共同思想基础，党就要瓦解，国家就要解体，民族就要分裂。社会主义既是一种崭新的社会制度和社会运动，也是一种理想和价值追求，必然要用共同的思想和意志来凝聚和统一人民的思想。新世纪新阶段，面对深刻变化的国际国内环境，面对人们思想观念多元多样多变的新情况，只有坚持用马克思主义中国化的最新成果武装全党、教育人民，用中国特色社会主义的共同理想来凝聚力量，才能真正统一全党全国各族人民的思想，才能最大限度地团结和凝聚不同社会阶层、不同利益群体的人们，为实现我们的伟大目标而共同奋斗。中国特色社会主义理论体系把社会主义发展与民族复兴的历史任务紧密联系在一起，把实现社会主义现代化与人民共同富裕紧密地联系在一起，把国家的兴盛和个人的幸福紧密地联系在一起，它使我们获得了引领、激励全党全国各族人民的强大精神力量。改革开放以来，我们之所以能够经受住来自政治、经济、社会领域和自然界的各种困难和挑战，取得一个又一个重大胜利，从根本上说，就是因为我们有了中国特色社会主义理论体系的引领和指导。

（四）中国特色社会主义理论体系是实现中华民族伟大复兴中国梦的根本指针

实现中华民族伟大复兴，这是中国近代以来最伟大的梦想。这一梦想，既饱含着对近代以来中国历史的深刻洞悉，又彰显了全国各族人民的共同愿望和宏伟愿景，为党带领人民开创未来指明了前进方向。中国梦深刻道出了中国近代以来历史发展的主题主线，深情地描绘了近代以来中华民族生生不息、不断求索、不懈奋斗的历史。实现中国梦必须以科学理论为指导。中国特色社会主义理论体系是我们党继往开来、与时俱进，团结带领全国各族人民沿着中国特色社会主义道路实现中华民族伟大复兴唯一正确的理论。在这个理论体系指引下，当代中国共产党人和中国人民以一往无前的进取精神和波澜壮阔的创新实践，谱写了中华民族自强不息、顽强奋进新的壮丽史诗。

改革开放 30 多年来，我国以世界上少有的速度持续快速发展起来，社会主义和马克思主义在中国大地上焕发出勃勃生机，给人民带来更多福祉，使中华民族大踏步赶上时代前进潮流，迎来伟大复兴的光明前景。中国特色社会主义理论体系及其指导下的创新实践，既体现了中国建设和发展社会主义的特殊性，又必然会对世界社会主义和人类进步事业产生广泛而深远的影响。

第二节　社会主义初级阶段理论

社会主义初级阶段不是泛指任何国家进入社会主义都会经历的起始阶段，而是特指我国生产力落后、商品经济不发达条件下建设社会主义必然要经历的特定阶段。即从 1956 年社会主义改造基本完成到 21 世纪中叶社会主义现代化基本实现的整个历史阶段。

一、社会主义初级阶段理论的形成和发展

认识国情，最重要的是搞清楚现实社会的性质和发展阶段，认识社会主要矛盾和它的变化。正是由于以毛泽东为核心的党的第一代中央领导集体全面、准确地把握了我国处于半殖民地半封建社会这一基本国情，才正确地解决了新民主主义革命的对象、任务、性质、动力和前途等一系列基本问题，引导中国革命取得了胜利。社会主义制度建立以后，也有一个如何认清国情、正确判断我国社会所处历史方位的问题。像中国这样一个脱胎于半殖民地半封建社会、经过新民主主义革命和时间不长的社会主义改造建立起来的社会主义社会，对它的基本国情应该怎样认识，党一直进行着极其艰苦和有益的探索，但直到党的十一届三中全会以前，总的来说处于不完全清醒的状态。我国处在社会主义初级阶段，是中国共产党和邓小平对当代中国基本国情的科学判断。我们讲从实际出发建设社会主义，最大的“实际”就是这一基本国情。

党的十一届三中全会以后，在总结新中国成立以来历史经验和改革开放以来新的实践经验的基础上，党对我国社会主义所处的历史阶段进行了新的探索，逐步作出了我国还处于并将长时期处于社会主义初级阶段的科学论断，准确地把握了我国的基本国情。1978 年党的十一届三中全会以后不久，邓小平在 1979 年 3 月 30 日党的理论工作务虚会上就提

出，底子薄、人口多、生产力落后，这是中国的现实国情，强调中国的现代化建设必然是长期的。叶剑英在庆祝新中国成立30周年大会的讲话中也指出：我国社会主义制度还处在幼年时期，还不成熟、不完善，在我国实现现代化，必然要有一个初级到高级的过程。1981年党的十一届六中全会通过的《关于建国以来党的若干历史问题的决议》，第一次提出我国社会主义制度还处于初级阶段。1986年十二届六中全体会议通过的《关于社会主义精神文明建设指导方针的决议》，对这一阶段的内容作了一定的分析。

1987年党的十三大召开前夕，邓小平强调指出："党的十三大要阐述中国社会主义是处在一个什么阶段，就是处在初级阶段，是初级阶段的社会主义。社会主义本身是共产主义的初级阶段，而我们中国又处在社会主义的初级阶段，就是不发达的阶段。一切都要从这个实际出发，根据这个实际来制定规划。"① 这个论述，第一次把社会主义初级阶段作为事关全局的基本国情加以把握，明确了这一问题是党制定路线、方针、政策的出发点和根本依据。党的十三大对社会主义初级阶段和党的基本路线的系统阐述，表明了党对社会主义和中国国情认识上的一次飞跃。

1997年，党的十五大进一步强调社会主义初级阶段问题，指出面对世纪之交改革攻坚和开创新局面的艰巨任务，我们解决种种矛盾，澄清种种疑惑，认识为什么必须实现现在这样的路线和政策，关键还在于对所处社会主义初级阶段的基本国情要有统一认识和准确把握。正是基于我国现在处于并将长期处于社会主义初级阶段这一基本认识，党的十五大制定了党在社会主义初级阶段的基本纲领，精辟地回答了什么是社会主义初级阶段中国特色社会主义的经济、政治和文化，以及怎样建设这样的经济、政治和文化，进一步统一了全党全国人民的思想。

当我国人民生活总体上达到小康水平后，2002年党的十六大指出，我国正处于并长期处于社会主义初级阶段，现在达到的小康还是低水平的、不全面的、发展很不平衡的小康，巩固和提高目前达到的小康水平，还需要进行长时期的艰苦奋斗。党的十七大、十八大都肯定了经过新中国成立以来特别是改革开放以来的不懈努力，我国取得了举世瞩目的发展成就，同时也强调我国仍处于并将长期处于社会主义初级阶段的基本国情没有变，人民日益增长的物质文化需要同落后的社会生产之间的矛盾这一社会主要矛盾没有变。

正是由于对社会主义初级阶段的基本国情有了一个科学认识和正确把握，我们才得以成功地走出了一条建设中国特色社会主义的新道路，使社会主义在中国显示出蓬勃生机和活力，使社会主义现代化建设取得了举世瞩目的巨大成就。

二、社会主义初级阶段的科学含义和主要特征

（一）社会主义初级阶段的科学含义

党的十三大明确指出社会主义初级阶段包括两层含义：第一，我国社会已经是社会主义社会，我们必须坚持而不能离开社会主义；第二，我国的社会主义还在初级阶段，我们

①《邓小平文选》第三卷，人民出版社1993年版，第252页。

必须从这个实际出发，而不能超越这个阶段。前一层含义阐明的是初级阶段的社会性质，后一层含义则阐明了我国现实中社会主义社会的发展程度。就社会性质而言，我国是社会主义国家，人民是国家的主人，国家的一切权力属于人民；就发展程度而言，我国的社会主义还处于初级阶段。

（二）社会主义初级阶段的基本特征

党的十三大曾从我国人口结构、工业发展水平、地区发展状况、科学教育文化发展等几个方面概括了我国社会主义初级阶段的基本特征。党的十五大强调指出：社会主义初级阶段，一是逐步摆脱不发达状态，基本实现社会主义现代化的历史阶段；二是由农业人口占很大比重、主要依靠手工劳动的农业国，逐步转变为非农业人口占多数、包含现代农业和现代服务业的工业化国家的历史阶段；三是由自然经济半自然经济占很大比重，逐步转变为经济市场化程度较高的历史阶段；四是由文盲半文盲人口占很大比重、科技教育文化落后，逐步转变为科技教育文化比较发达的历史阶段；五是由贫困人口占很大比重、人民生活水平比较低，逐步转变为全体人民比较富裕的历史阶段；六是由地区经济文化很不平衡，通过有先有后的发展，逐步缩小差距的历史阶段；七是通过改革和探索，建立和完善比较成熟的充满活力的社会主义市场体制、社会主义民主政治体制和其他方面体制的历史阶段；八是广大人民牢固树立建设有中国特色社会主义共同理想，自强不息，锐意进取，艰苦奋斗，勤俭建国，在建设物质文明的同时努力建设精神文明的历史阶段；九是逐步缩小同世界先进水平的差距，在社会主义基础上实现中华民族伟大复兴的历史阶段。

上述九个方面的概括，第一条和第九条是对社会主义初级阶段基本特点和历史任务的总概括，其他七条是对社会主义初级阶段基本特点和历史任务在经济、政治、文化等各方面的展开。这九条充分体现了社会主义初级阶段历史发展的过程性特征。社会主义制度的发展和完善是一个长期的历史过程。社会主义初级阶段是一个相当长的历史发展阶段，在发展进程中必然还要经历若干具体的发展阶段，不同时期会显现出不同的阶段性特征。这种动态的发展过程，是由量变积累引起部分的质变，在新的基础上再由新的量变积累引起新的部分质变的过程。

（三）社会主义初级阶段理论的重要意义

社会主义初级阶段理论的提出具有重大的理论和实践意义。

理论上，社会主义初级阶段理论是马克思主义关于社会主义发展的新论断，是对科学社会主义理论的丰富和发展，是中国特色社会主义理论体系的立论基础。实践上，社会主义初级阶段理论是党制定和执行正确路线、方针、政策的基本依据。在坚持社会主义的问题上，只讲性质和方向不讲程度和水平，或者只讲程度不讲水平、不讲性质和方向，都会使人们陷入盲目、不清醒的状态，发生“左”的或右的错误，使社会主义事业遭受挫折和损失。而对社会主义初级阶段基本内涵和过程特征的统一认识和把握，则可以使我们更深刻地理解和掌握党在现阶段的基本理论、路线、纲领、方针和政策的科学性和正确性，保持清醒头脑，坚定、自觉地把中国特色社会主义事业不断推向前进。

三、社会主义初级阶段的基本路线和基本纲领

（一）社会主义初级阶段的主要矛盾

提出社会主义初级阶段的主要矛盾，反映基本矛盾运动规律的要求，是制定社会主义初级阶段基本路线的客观依据。在社会主义初级阶段，我国经济、政治、文化和社会生活多方面存在着种种矛盾，但主要的矛盾是人民日益增长的物质文化需要同落后的社会生产之间的矛盾。

我国社会主义社会的主要矛盾是由我国社会主义初级阶段的基本国情所决定的。社会主义初级阶段的主要矛盾，贯穿于这个阶段的整个过程和社会生活的各个方面。

（二）社会主义初级阶段的基本路线

1987 年，党的十三大正式提出社会主义初级阶段的基本路线，即领导和团结全国各族人民，以经济建设为中心，坚持四项基本原则，坚持改革开放，自力更生，艰苦创业，为把我国建设成为富强、民主、文明的社会主义现代化国家而奋斗。这条基本路线的核心内容是“以经济建设为中心，坚持四项基本原则，坚持改革开放”，即“一个中心、两个基本点”。2007 年党的十七大通过的党章把“和谐”与“富强、民主、文明”一起写入了基本路线。党的十八大进一步强调，党的基本路线是党和国家的生命线，必须坚持把以经济建设为中心同四项基本原则、改革开放这两个基本点统一于中国特色社会主义伟大实践。

第一，“富强、民主、文明、和谐的社会主义现代化国家”，是社会主义初级阶段的奋斗目标，体现了社会主义社会的经济、政治、文化和社会全面发展的要求。

第二，“一个中心、两个基本点”是基本路线最主要的内容，是实现社会主义现代化奋斗目标的基本途径。“以经济建设为中心”，回答了社会主义的根本任务，体现了发展生产力的本质要求。“坚持四项基本原则”，回答了解放和发展生产力的政治保证，体现了消灭剥削、消除两极分化的本质要求。“坚持改革开放”，回答了社会主义的发展动力和外部条件，体现了解放生产力的本质要求。

第三，“领导和团结全国各族人民”，指明了实现现代化目标的领导力量和依靠力量，即领导力量是中国共产党，依靠力量是全国各族人民。

第四，“自力更生，艰苦创业”是我们党的优良传统，也是实现社会主义初级阶段奋斗目标的根本立足，规定了实现社会主义现代化的基本方针。

在整个社会主义初级阶段，我们必须毫不动摇地坚持党的基本路线。它体现了社会主义本质的要求，反映了中国社会主义建设的根本规律，指明了中国特色社会主义的发展道路。

（三）社会主义初级阶段的基本纲领

党的十五大在进一步强调了社会主义初级阶段理论的一系列基本观点之后，明确提出了党在社会主义初级阶段的基本纲领，党的十七大、十八大又对基本纲领的内容作了进一步的丰富和发展。社会主义初级阶段的基本纲领是党的基本路线的具体化，是党领导全国

人民把建设中国特色社会主义事业不断推向前进的行动纲领。

建设有中国特色社会主义的经济，就是在社会主义条件下发展市场经济，不断解放和发展生产力。这就要坚持和完善社会主义公有制为主体、多种所有制经济共同发展的基本经济制度；坚持和完善社会主义市场经济体制，使市场在国家宏观调控下对资源配置起基础性作用；坚持和完善按劳分配为主体的多种分配方式，允许一部分地区一部分人先富起来，带动和帮助后富，逐步走向共同富裕；坚持和完善对外开放，积极参与国际经济合作和竞争。保证国民经济持续快速健康发展，人民共享经济繁荣成果。

建设有中国特色社会主义的政治，就是在中国共产党领导下，在人民当家做主的基础上，依法治国，发展社会主义民主政治。这就要坚持和完善工人阶级领导的、以工农联盟为基础的人民民主专政；坚持和完善人民代表大会制度和共产党领导的多党合作、政治协商制度以及民族区域自治制度；发展民主，健全法制，建设社会主义法治国家。实现社会安定，政府廉洁高效，全国各族人民团结和睦，生动活泼的政治局面。

建设有中国特色社会主义的文化，就是以马克思主义为指导，以培育有理想、有道德、有文化、有纪律的公民为目标，发展面向现代化、面向世界、面向未来的，民族的科学的大众的社会主义文化。这就要坚持用邓小平理论武装全党，教育人民；努力提高全民族的思想道德素质和教育科学文化水平；坚持为人民服务、为社会主义服务的方向和百花齐放、百家争鸣的方针，重在建设，繁荣学术和文艺。建设立足中国现实，继承历史文化优秀传统，吸取外国文化有益成果的社会主义精神文明。

构建社会主义和谐社会，就是要按照民主法治、公平正义、诚信友爱、充满活力、安定有序、人与自然和谐相处的总要求和共同建设、共同享有的原则，以改善民生为重点，解决好人民最关心、最直接、最现实的利益问题，努力形成全体人民各尽其能、各得其所而又和谐相处的局面。

建设中国特色社会主义生态文明，就是坚持节约资源和保护环境的基本国策，着力推进绿色发展、循环发展、低碳发展，形成节约资源和保护环境的空间格局、产业结构、生产方式、生活方式，从源头上扭转生态环境恶化趋势，努力建设美丽中国，实现中华民族永续发展。

第三节　社会主义本质和根本任务理论

社会主义本质理论把我们对社会主义的认识提高到了一个新的水平。实现社会主义现代化和中华民族伟大复兴是建设中国特色社会主义的总任务。

一、社会主义本质理论的提出和科学内涵

邓小平在领导改革开放和社会主义现代化建设的过程中，不断提出和反复思考“什么是社会主义、怎样建设社会主义”这一重大问题，并认为这是建设中国特色社会主义的首要的基本理论问题。他指出：“我们的经验教训有许多条，最重要的一条，就是要搞

清楚这个问题。"① 我国社会主义在改革开放前所经历的曲折和失误，归根到底就是对这个问题没有完全搞清楚；改革开放以来在前进中遇到的一些困惑和问题，归根到底也在于对这个问题没有完全搞清楚。搞清楚什么是社会主义、怎样建设社会主义，关键是要在坚持社会主义基本制度的基础上，进一步认清社会主义的本质。

（一）社会主义本质理论的提出

1980 年 5 月，针对一些人因为党的政策调整而产生的对社会主义的种种困惑和疑虑，邓小平在论述怎样才能发挥社会主义制度优越性时，第一次提出了"社会主义本质"这个概念。他指出："社会主义是一个很好的名词，但是如果搞不好，不能正确理解，不能采取正确的政策，那就体现不出社会主义的本质。"② 在他看来，讲社会主义首先就要使生产力发展，这是主要的。只有这样，才能表明社会主义的优越性。社会主义经济政策对不对，归根到底看生产力是否发展，人民收入是否增加。这是压倒一切的标准。而我们过去搞了 20 多年的社会主义建设，人民生活水平提高不多，生产发展不够理想，同世界先进水平差距拉大，社会主义的优越性没有得到充分的体现。他把发展生产和增加人民收入看成是压倒一切的标准，实际上已经提出了社会主义本质的核心内容。同时，邓小平对违背社会主义的错误思想进行了深刻的剖析，指出贫穷不是社会主义，发展太慢也不是社会主义，平均主义不是社会主义，两极分化也不是社会主义。

随着改革的深入发展，1985 年 8 月，邓小平在一次会见外宾的谈话中说，我们在建立社会主义经济基础以后，多年没有制定出为发展生产力创造良好条件的政策。社会生产力发展缓慢，人民的物质和文化生活水平得不到理想的改善，国家也无法摆脱贫穷落后的状态。这种情况，迫使我们在党的十一届三中全会上决定进行改革。他在这次谈话中又提到了社会主义本质，指出："对内搞活经济，是活了社会主义，没有伤害社会主义的本质。至于吸收外国资金，这是作为发展社会生产力的一个补充，不用担心它会冲击社会主义制度。"③ 1986 年 9 月，邓小平又一次强调："社会主义财富属于人民，社会主义的致富是全民共同致富。社会主义原则，第一是发展生产，第二是共同致富。"④

1992 年初，邓小平在南方谈话中对社会主义本质问题作出了总结性的理论概括，他指出："社会主义的本质，是解放生产力，发展生产力，消灭剥削，消除两极分化，最终达到共同富裕。"⑤

（二）社会主义本质的科学内涵

邓小平关于社会主义本质的概括，既包括了社会主义社会的生产力问题，又包括了以社会主义生产关系为基础的社会关系问题，是一个有机的整体。

第一，突出强调解放和发展生产力在社会主义发展中的重要地位。这是社会主义本质

---

①《邓小平文选》第三卷，人民出版社 1993 年版，第 116 页。
②《邓小平文选》第二卷，人民出版社 1994 年版，第 313 页。
③《邓小平文选》第三卷，人民出版社 1993 年版，第 135 页。
④《邓小平文选》第三卷，人民出版社 1993 年版，第 172 页。
⑤《邓小平文选》第三卷，人民出版社 1993 年版，第 364 页。

理论的一个十分明显和突出的特点。强调解放和发展生产力在社会主义本质中的地位，是邓小平在科学社会主义理论与社会主义建设实践内在统一的基础上认识社会主义的一个创造。邓小平把解放和发展生产力纳入社会主义本质之中，是以唯物史观为指导，在认真总结社会主义建设的历史经验，科学把握我国国情和时代特征的基础上提炼出来的。

第二，突出强调消灭剥削，消除两极分化，最终达到共同富裕的发展目标。社会主义社会发展生产力与资本主义社会发展生产力的目的根本不同。资本主义社会发展生产力是为少数人谋利益，必然产生剥削，必然引起两极分化。而社会主义必须消灭剥削，消除两极分化，最终实现共同富裕。社会主义就是要使全体社会成员过上富裕幸福的生活。解放和发展生产力，要体现在人民生活水平的“富裕”上，“消灭剥削，消除两极分化”，则是要使这种富裕成为“共同富裕”。

需要注意的是，社会主义本质的体现是一个动态的过程，人们对社会主义本质的认识也随着实践的推进逐步深入。我们必须在生产力与生产关系的相互作用中，在根本任务与发展目标的辩证统一中，全面准确地把握社会主义的本质，更好地推进中国特色社会主义建设。

二、社会主义本质理论的重要意义

社会主义本质理论是对科学社会主义的重大发展，具有重大的理论和实践意义。

第一，把我们对社会主义的认识提高到了一个新的科学水平。社会主义本质理论把对社会主义的认识深化到通过解放和发展生产力，消灭剥削，消除两极分化，最终达到共同富裕。这一理论把手段和目的统一起来，廓清了不合时代进步和社会发展规律的模糊观念，摆脱了长期以来拘泥于具体模式而忽略社会主义本质的错误倾向，进一步明确了建设社会主义的根本目的，为科学社会主义理论宝库增添了新的内容。

第二，对建设中国特色社会主义具有重要的指导意义。社会主义本质理论把搞清楚“什么是社会主义”与搞清楚“怎样建设社会主义”紧密地结合起来，揭示了实现社会主义本质与建设社会主义道路之间的内在逻辑关系，为我们从更高层次上认识社会主义，为开辟一条发展更好、人民享受成果更多、能够充分体现出比资本主义更优越的中国特色社会主义道路，奠定了重要的理论基础。

三、社会主义的根本任务

（一）解放和发展社会生产力

社会主义本质理论揭示了社会主义的根本任务是解放和发展生产力，这合乎科学社会主义基本原则，体现了中国社会主义初级阶段发展实践的迫切要求。

第一，高度发达的生产力是实现社会主义的物质基础。马克思、恩格斯坚持唯物史观，十分重视社会生产力的发展，他们设想的社会主义是建立在资本主义高度发展的基础上，社会生产力水平比较高。即便如此，他们仍然强调，无产阶级在夺取政权以后，还要大力发展生产力，尽可能增加社会生产力的总量。我国的社会主义是在经济文化比较落后的基础上建立的，由于没有经历一个资本主义充分发展的历史阶段，因而发展社会生产力的任务尤为艰巨。邓小平指出："马克思主义最注重发展生产力。我们讲社会主义是共产主义的初级阶段，共产主义的高级阶段要实行各尽所能、按需分配，就要求社会生产力高度发展，社会物质财富极大丰富。所以社会主义阶段的最根本任务就是发展生产力。"①

第二，解放生产力是为促进生产力的发展开辟道路。按照马克思主义的基本原理，生产关系一定要适应生产力的发展水平，生产关系落后或超越生产力的水平，都会影响生产力的发展。新中国成立后，我国经过了社会主义改造，建立了社会主义生产关系，但由于当时认为公有制程度越高越好，对非公有制经济采取了简单排斥的做法，使生产关系超越了我国生产力的实际水平，这不但没有促进生产力的发展，反而极大地影响了社会主义建设。改革开放以来，党领导全国各族人民通过改革，下气力多方面地改变了同生产力发展不适应的生产关系和上层建筑，为生产力的发展扫除了障碍，开辟了道路。

第三，解放和发展生产力是中国特色社会主义的根本任务。社会主义的根本目标是实现共同富裕，进而实现人的自由而全面的发展。要实现这些目标，根本途径是解放和发展生产力。邓小平指出："社会主义的优越性归根到底要体现在它的生产力比资本主义发展得更快一些、更高一些，并且在发展生产力的基础上不断改善人民的物质文化生活。"②只有不断解放和发展生产力，才能逐步提高人民的物质和文化生活水平，才能最终实现共同富裕的目标。只有解放和发展生产力，社会主义制度才能充分显示其优越性，才能不断得到巩固和发展。

（二）坚持科学发展

改革开放以来，党高度重视发展问题，将发展作为解决中国一切问题的关键。邓小平提出了"发展才是硬道理"的著名论断，从社会主义本质要求的高度强调发展的重要性。江泽民强调，发展是党执政兴国的第一要务。在这些重要思想的指导下，我们牢牢扭住经济建设这个中心，不断解放和发展生产力，我国改革开放和现代化建设快速发展，进一步夯实了我国社会主义制度的物质基础。

新世纪新阶段，我国发展站在了一个新的历史起点上。一方面，我国经济社会实现了历史性的跨越，总体上达到小康水平；另一方面，我国发展不平衡的矛盾日益尖锐，社会利益关系日益多样化，城乡之间、区域之间、经济社会发展之间的不协调状况凸显。为了保持我国经济社会发展的良好态势，解决发展中的深层次矛盾和问题，党的十六届三中全会强调，要坚持以人为本，实现全面协调可持续的发展。十七届五中全会提出，在当代中国，坚持发展是硬道理的本质要求就是坚持科学发展。十八届五中全会进一步强调，发展是硬道理，发展必须是科学发展。

发展必须坚持以人为本。人民是历史的创造者，是决定社会主义前途和命运的根本力量，实现最广大人民的利益是社会主义的本质要求。坚持以人为本就要坚持发展为了人

①《邓小平文选》第三卷，人民出版社 1993 年版，第 63 页。
②《邓小平文选》第三卷，人民出版社 1993 年版，第 63 页。

民，发展依靠人民，发展的成果由人民共享，不断推动人的全面发展。

发展必须坚持全面协调可持续。全面发展就是以经济建设为中心，全面推进经济、政治、文化、社会、生态建设，实现经济发展和社会全面进步；协调发展，就是推进生产力和生产关系、经济基础和上层建筑相协调，经济、政治、文化、社会、生态建设的各个环节相协调，实现经济社会各构成要素的良性互动；可持续发展，就是促进人与自然的和谐，实现经济发展和人口、资源、环境相协调，坚持走生产发展、生活富裕、生态良好的文明发展道路，保证一代接一代的永续发展。

发展必须坚持统筹兼顾。实现全面协调可持续发展，涉及经济社会发展的各个领域、各个方面、各个环节，必须从社会主义现代化建设全局的高度，统筹改革、发展、稳定、内政外交国防、治党治国治军各方面工作，统筹城乡发展、区域发展、经济社会发展、人与自然和谐发展、国内发展和对外开放，统筹各方面利益关系，充分调动各方面积极性，努力形成全体人民各尽所能、各得其所而又和谐相处的局面。

2015 年 10 月，党的十八届五中全会提出的创新、协调、绿色、开放、共享五大发展理念，不仅实现了我们党对发展规律认识的深化和升华，实现了我们党治国理政思想理论的新飞跃，而且成为今日中国马克思主义方法论的集中体现。

四、中国特色社会主义的发展战略

（一）“三步走”发展战略

实现现代化是近代以来中国人民梦寐以求的夙愿。党的十一届三中全会以后，邓小平进一步思考如何从中国的具体国情出发，加快我国的现代化建设问题。1979 年 3 月，他强调指出：“现在搞建设，也要适合中国情况，走出一条中国式的现代化道路。”① 同年 10 月，他第一次提出要修改原先确定的现代化的具体目标。他说：“我们开了大口，本世纪末实现四个现代化。后来改了个口，叫中国式的现代化，就是把标准放低一点。特别是国民生产总值，按人口平均来说不会很高。”② 同年 12 月，他第一次使用了“小康”的概念。1981 年 4 月，邓小平又提出了“小康社会”的概念。

党的十二大正式提出，到 20 世纪末分“两步走”实现工农业总产值翻两番，实现小康社会的设想。1987 年 4 月，邓小平第一次提出了分“三步走”基本实现现代化的战略。同年 10 月，党的十三大把邓小平“三步走”的发展战略构想确定下来，明确提出：第一步，从 1981 年到 1990 年实现国民生产总值比 1980 年翻一番，解决人民的温饱问题；第二步，从 1991 年到 20 世纪末，使国民生产总值再翻一番，达到小康水平；第三步，到 21 世纪中叶，国民生产总值再翻两番，达到中等发达国家水平，基本实现现代化。然后在这个基础上继续前进。从“两步走”到“三步走”，充分体现了党对我国国情和发展战略认识的深化。

---

①《邓小平文选》第二卷，人民出版社 1994 年版，第 163 页。

②《邓小平文选》第二卷，人民出版社 1994 年版，第 194 页。

1997 年，我国在提前实现了“三步走”战略的第一步和第二步战略目标之后，党的十五大把“三步走”战略的第三步进一步具体化，提出了三个阶段性目标：21 世纪第一个 10 年，实现国民生产总值比 2000 年翻一番，使人民的小康生活更加富裕，形成比较完善的社会主义市场经济体制；再经过 10 年的努力，到建党 100 周年时，使国民经济更加发展，各项制度更加完善；到 21 世纪中叶新中国成立 100 周年时，基本实现现代化，建成富强、民主、文明的社会主义国家。这是党最初提的“两个一百年”的奋斗目标。党的十八大报告指出：“只要我们胸怀理想、坚定信念，不动摇、不懈怠、不折腾，顽强奋斗、艰苦奋斗、不懈奋斗，就一定能在中国共产党成立一百年时全面建成小康社会，就一定能在新中国成立一百年时建成富强民主文明和谐的社会主义现代化国家。全党要坚定这样的道路自信、理论自信、制度自信！”①

“三步走”的发展战略，把我国社会主义现代化建设的目标具体化为切实可行的步骤，展现了美好的前景，统一了全党和全国人民的意志，成为全国人民为共同理想而努力奋斗的行动纲领。

（二）全面建成小康社会

经过全党全国各族人民的共同努力，我国人民的生活水平在 20 世纪末总体上开始达到小康水平，这是中华民族发展史上的一个新的里程碑。党的十六大从我国总体上实现的还是低水平、不全面、发展很不平衡的小康的实际出发，提出大体用 20 年的时间，全面建设一个惠及十几亿人口的更高水平的小康社会。十七大顺应国内外形势的变化和各族人民过上更好生活的新期待，又提出了比十六大更高的要求。

党的十六大以后的 10 年，我国成功地迈上了三个大的台阶，即社会生产力、经济实力、科技实力迈上一个大台阶，人民生活水平、居民收入水平、社会保障水平迈上一个大台阶，综合国力、国际竞争力、国际影响力迈上一个大台阶。但是，我国经济社会发展中仍然存在着突出的矛盾和问题。十八大根据国内外形势的新变化，鲜明地提出了全面建成小康社会的新要求：一是经济持续健康发展，实现国内生产总值和城乡居民人均收入比 2010 年翻一番；二是人民民主不断扩大，依法治国基本方略全面落实；三是文化软实力显著增强，全民文明素质和社会文明程度明显提高；四是人民生活水平全面提高，基本公共服务均等化总体实现；五是资源节约型、环境友好型社会建设取得重大进展。党的十八届五中全会提出了全面建成小康社会新的目标要求：经济保持中高速增长，在提高发展平衡性、包容性、可持续性的基础上，到 2020 年国内生产总值和城乡居民人均收入比 2010 年翻一番，产业迈向中高端水平，消费对经济增长贡献明显加大，户籍人口城镇化率加快提高。农业现代化取得明显进展，人民生活水平和质量普遍提高，我国现行标准下农村贫困人口实现脱贫，贫困县全部摘帽，解决区域性整体贫困。国民素质和社会文明程度显著提高。生态环境质量总体改善。各方面制度更加成熟更加定型，国家治理体系和治理能力现代化取得重大进展。

---

①《人民日报》，2012 年 11 月 9 日。

五、实现中华民族伟大复兴的中国梦

党的十八大之后，习近平提出和深刻阐述了中华民族伟大复兴的中国梦，进一步揭示了中华民族的历史命运和当代中国的发展走向，指明了中国特色社会主义更长远的奋斗目标。

（一）中华民族伟大复兴中国梦的提出

2012 年 11 月 29 日，习近平在参观“复兴之路”展览时指出：“每个人都有理想和追求，都有自己的梦想。现在，大家都在讨论中国梦，我以为，实现中华民族伟大复兴，就是中华民族近代以来最伟大的梦想。这个梦想，凝聚了几代中国人的夙愿，体现了中华民族和中国人民的整体利益，是每一个中华儿女的共同期盼。”① 中华民族在漫长的历史长河中，创造了令世界瞩目的辉煌成就，长时间走在世界的前列，对人类文明的发展做出了不可磨灭的贡献。但是近代以来，在西方列强的大肆侵略和封建专制主义的统治下，中国日渐沦落，几近亡国灭种的危险境地。从此，实现中华民族伟大复兴，成为所有中国人的强烈愿望和共同期盼。

中国共产党领导的新民主主义革命的胜利、新中国的成立和社会主义制度的建立为中国梦的实现奠定了坚实的基础。改革开放以来，党领导全国各族人民坚持和发展中国特色社会主义，取得了举世瞩目的成就，中华民族伟大复兴展现出前所未有的光明前景。我们比历史上任何时期都更接近于中华民族伟大复兴的目标，比历史上任何时期都更有信心、有能力实现更为远大的目标。正是在这充满希望的历史节点上，习近平提出了旨在实现中华民族伟大复兴的中国梦。

中华民族伟大复兴的中国梦，深刻揭示了近代以来中国历史发展的主线，形象描绘了中华民族不懈奋斗的历史过程，集中展现了中国特色社会主义的宏伟愿景。

（二）中国梦的思想内涵

中华民族伟大复兴的中国梦，包含着丰富的思想内涵，其中最核心的内容是国家富强、民族振兴、人民幸福。

国家富强，是指我国综合国力进一步增强，中国特色社会主义事业进一步发展和完善。经济更加发达，科技创新在经济发展中的驱动力更加强劲，政治更加民主，文化更加繁荣，社会更加和谐，生态更加美好。

民族振兴，就是通过自身的不断发展与强大，继承并创造中华民族的优秀文化以及先进的文明成果，并将其传递给全世界，从而影响世界、改变世界，进而使中华民族再次处于世界领先的地位，再次以高昂的姿态屹立于世界民族之林。

人民幸福，就是人民权利保障更加充分、人人得享共同发展，生活在伟大祖国和伟大时代的中国人民，共同享有人生出彩的机会，共同享有梦想成真的机会，共同享有同祖国和时代一起成长与进步的机会。中国梦是国家的梦、民族的梦，也是每一个中国人的梦。

---

①《人民日报》，2012 年 11 月 30 日。

国家富强、民族振兴是人民幸福的基础和保障，中国近代以来的屈辱历史已经证明，民族不独立、国家不富强，人民的生存根本得不到保证，更谈不上人民幸福。人民幸福是国家富强、民族振兴的题中之义和必然要求，民为邦本、本固邦宁，国家的富强、民族的振兴都要以人民的权利得到保障、利益得到实现、幸福得到满足为条件，人民幸福是国家富强、民族振兴的根本出发点和落脚点。

实现中华民族伟大复兴的中国梦，不仅是为了中国的发展，而且也是为了对世界做出更大的贡献。中国梦是和平、发展、合作、共赢的梦，不仅造福中国人民，而且造福各国人民，与各国人民的美好梦想是相通的。

（三）中国梦的实现途径

实现中国梦必须坚持中国道路、弘扬中国精神、凝聚中国力量。中国道路，就是中国特色社会主义道路。中国特色社会主义道路是实现中国梦的根本途径，是实现国家富强、民族振兴、人民幸福的必由之路。我们必须坚定中国特色社会主义的道路自信，自信就是凝聚力，自信就是精气神。有了坚定的自信才有自觉，有了坚定的自信才有自强，才能矢志不渝地为中国特色社会主义共同理想而奋斗，才能实现伟大的中国梦。

中国精神，就是以爱国主义为核心的民族精神和以改革创新为核心的时代精神。中华民族历史悠久，在漫长的历史长河中凝聚了强大的民族精神，其中爱国主义是中华民族精神的核心。改革开放 30 多年的理论和实践，铸造了以改革创新为核心的时代精神。改革是国家兴旺发达的不竭动力，创新是民族进步的灵魂。中国梦的实现，需要付出加倍的努力，必须永远保持和弘扬以改革创新为核心的时代精神，并为之提供巨大的精神动力和智力支持。

中国力量，就是全国各族人民大团结的力量。每个人的前途命运都是与国家和民族的前途命运紧密相连的。中国梦的实现离不开中国人民万众一心的努力，涓流汇海、聚沙成塔，中国力量就是 13 亿人心往一处想、劲往一处使，依靠全国各族人民大团结的力量，不断将中国特色社会主义事业推向前进，实现中华民族伟大复兴的梦想。

实现中华民族伟大复兴的中国梦，是一项光荣而艰巨的事业，需要脚踏实地依靠全体人民的创造性劳动，需要一代又一代中国人为之顽强奋斗、艰苦奋斗、不懈奋斗。空谈误国，实干兴邦，中国梦表达的不仅是一种未来的美好前景，而且它又要求现实的行动。为了实现中国梦，我们必须勇于担当，甘于奉献，从我做起，从今天做起。

六、协调推进“四个全面”战略布局

党的十八大以来，以习近平同志为总书记的党中央立足我国发展的现实需要，回应人民群众对美好生活的热切期待，根据共产党执政规律、社会主义建设规律、人类社会发展规律，擘画执政兴国的宏伟蓝图，形成并提出了全面建成小康社会、全面深化改革、全面依法治国、全面从严治党，即“四个全面”的战略布局。协调推进“四个全面”战略布局，是实现国家富强、民族振兴、人民幸福的战略布局，实现我们党治国理政方略的与时俱进，实现我们党治国理政思想的新飞跃。

全面建成小康社会，是实现中华民族伟大复兴中国梦的关键一步；全面深化改革的总目标，将促进完善和发展中国特色社会主义制度、推进国家治理体系和治理能力现代化；全面深化改革、全面依法治国，两者是“姊妹篇”，有如鸟之两翼、车之双轮；全面从严治党标定路径，要求增强从严治党的系统性、预见性、创造性、实效性，锻造我们事业更加坚强的领导核心。每一个“全面”，都是一整套结合实际、继往开来、勇于创新、独具特色的系统思想，闪耀着辩证唯物主义和历史唯物主义的理论光辉。“四个全面”相辅相成、相互促进、相得益彰，是我们党治国理政方略与时俱进的新创造、马克思主义与中国实践相结合的新飞跃。

“四个全面”，既有目标又有举措，既有全局又有重点，每一个“全面”都具有重大战略意义。发展是时代的主题和世界各国的共同追求，改革是社会进步的动力和时代潮流，法治是国家治理体系和治理能力现代化的重要保障，从严治党是执政党加强自身建设的必然要求。在“四个全面”战略布局下审视，改革既是驱动力，也是凝聚力；既是方法路径，也是精神内核。对于全面建成小康社会，改革是贯穿始终的不变逻辑，也是实现这一宏伟目标的具体历史实践。对于全面依法治国，改革是齐头并进的姊妹篇，全面深化改革需要法治保障，全面依法治国也需要深化改革。对于全面从严治党，改革是党自我净化、自我完善、自我革新、自我提高的根本途径，党的领导则是实现改革发展目标的根本保证。四者不是简单并列关系，而是有机联系、相互贯通的顶层设计。建成小康社会、焕发改革精神、增强法治观念、落实从严治党，“四个全面”的主线，勾绘出的是社会主义中国的未来图景。

第四节 社会主义改革开放理论

改革开放是党在新的时代条件下带领全国各族人民进行的新的伟大革命，是当代中国最鲜明的特色。改革开放是强国之路，是我们党、我们国家发展进步的活力源泉。而且，改革开放只有进行时没有完成时。

一、改革开放是发展中国特色社会主义的必由之路

（一）决定当代中国命运的关键抉择

1978 年党的十一届三中全会，以巨大的政治勇气和理论勇气作出了把工作重心转移到经济建设上来、实行改革开放的重大决策。这是在中国处于历史转折关头作出的战略抉择，有深刻的国内和国际背景。

从国内情况看，“文化大革命”给党和人民以及社会主义事业带来严重灾难，社会主义民主法治遭到严重破坏，政治局面处于混乱状态；经济停滞不前甚至濒临崩溃边缘，人民饱受物资短缺之苦，生活长期得不到应有的改善。乱久思治，穷则思变。纠正“文化大革命”的错误，彻底扭转当时的严重局势，成为人心所向。

从国际环境看，世界范围内蓬勃兴起的新科技革命推动世界经济以更快的速度向前发

展，我国经济实力、科技实力与国际先进水平的差距明显拉大。1978 年，中国人均国民生产总值低于印度，只有日本的1/20、美国的1/30，科技发展水平落后发达国家 40 年左右。① 与韩国、新加坡、中国的香港和台湾等一些新兴工业化国家和地区也有很大的差距。巨大的国际竞争压力，使党和人民产生了强烈的危机感和奋起直追的紧迫感。

要赶上时代，实现我国经济社会快速发展，提高人民生活水平，在与资本主义竞争中赢得比较优势，改革是唯一的出路。正如邓小平所说："如果现在再不实行改革，我们的现代化事业和社会主义事业就会被葬送。"② 与此同时，20 世纪 70 年代以后，国际形势和世界政治格局发生了重大变化，要和平、求发展逐步成为世界潮流，世界大战短期内打不起来，中国争取一个长期和平发展环境是可能的，这为我国实行改革开放提供了重要的外部条件。

党在科学分析国内国际发展大势，准确把握时代主题和人民愿望的基础上，重新确立了实事求是的思想路线，实现了党在思想上、政治上、组织上的拨乱反正，开启了改革开放的历史新时期。从那时起，改革开放成为当代中国最鲜明的特色。30 多年来，党领导全国各族人民以一往无前的进取精神和波澜壮阔的创新实践，谱写了中华民族自强不息、顽强奋进新的壮丽史诗。从农村到城市、从经济领域到其他各个领域，全面改革的进程势不可挡地展开了；从沿海到沿江沿边，从东部到中西部，对外开放的大门毅然决然地打开了。这场历史上从未有过的大改革大开放，极大地调动了亿万人民的积极性和创造性，使中国人民的面貌、社会主义中国的面貌、中国共产党的面貌发生了历史性变化。

从 1978 年到 2012 年，我国经济保持了年均 9. 8% 的增长速度，同期世界经济年均增速 2. 8% ；国内生产总值居世界的位次由第 10 位上升到第 2 位；经济总量占世界的份额由 1. 8% 提高到 11. 5% 。开放型经济形成并不断发展，进出口贸易总额在世界的位次由第 29 位跃居第 2 位。根据世界银行数据，我国人均国民总收入由 190 美元上升至 5680 美元，按照世界银行的划分标准，已经由低收入国家跃升至中上等收入国家；人民生活从温饱不足发展到向全面小康迈进，城镇居民家庭和农村居民家庭的恩格尔系数分别由 57. 5% 和 67. 7% 下降到 36. 2% 和 39. 3% ；③ 城乡免费九年义务教育全面实现，高等教育入学率已经进入了大众化阶段。与此同时，各项事业也都在不断进步，政治体制改革不断深化，各项政治制度日益完善，社会主义法制建设取得重要进展；文化事业生机盎然，文化产业空前繁荣，国家文化软实力不断增强；覆盖城乡居民的社会保障体系初步形成，社会管理不断改进，社会大局保持稳定；面对资源环境约束加剧的严峻形势，确立了节约资源和保护环境的理念和基本国策，努力推进生态文明建设；国际地位不断提高，在国际事务中发挥着越来越重要的影响。国家统计局初步核算并公布 2015 年 GDP 比上年增长 6. 9% 。这个数

①《中国特色社会主义学习读本》，学习出版社 2013 年版，第 94 页。

②《邓小平文选》第二卷，人民出版社 1994 年版，第 150 页。

③国家统计局：《改革开放铸辉煌经济发展谱新篇——1978 年以来我国经济社会发展的巨大变化》，《人民日报》，2013 年 11 月 6 日。

字充分表明，我国的经济发展已经从两位数的高速发展时代到了中高速发展的经济发展新常态。着眼于中长期经济问题，我国将以供给侧结构性改革引领新常态，进一步解放和发展社会生产力。实践证明，改革开放使社会主义现代化进程大大加快，使中国人民走上了富裕安康的广阔道路，30 多年的实践证明改革开放是决定当代中国命运的关键抉择，是党和人民事业大踏步赶上时代潮流的重要法宝。

（二）社会主义制度的自我完善和发展

改革是社会主义社会发展的直接动力。人类社会是在生产力和生产关系、经济基础和上层建筑的矛盾运动中发展的，生产力是决定性因素。阶级斗争是阶级社会发展的直接动力，因为只有通过阶级斗争，改变旧的社会制度，建立新的社会制度，才能解放生产力，推动生产力的发展和整个社会的进步。我国社会主义改造完成以后，毛泽东以中国的实践经验为基础，运用马克思主义基本原理，全面阐述了社会主义社会的矛盾问题。他正确地认识到社会主义社会仍然存在着基本矛盾，它们不是对抗性而是非对抗性的矛盾，可以通过社会主义自身的力量解决。党的十一届三中全会以后，邓小平高度肯定了毛泽东关于社会主义社会基本矛盾的正确观点，同时，又进一步指出："当然，指出这些基本矛盾，并不就完全解决了问题，还需要就此作深入的具体的研究。"① 他在总结历史经验教训的基础上，对社会主义社会的基本矛盾，特别是社会主义初级阶段的主要矛盾进行了深入的思考，在新的实践中丰富和发展了这一理论。其主要内容有：判断一种生产关系和生产力是否相适应，要从实际出发，具体问题具体分析，主要看它是否适应当时当地生产力的要求，能否推动生产力发展；社会主义社会基本矛盾、主要矛盾和根本任务是统一的，它们要求必须把经济建设作为党和国家的工作重心，不断解放和发展生产力；过去只讲在社会主义条件下发展生产力，没有讲还要通过改革解放生产力，不完全，改革是社会主义制度下解放和发展生产力的必由之路。邓小平科学地阐明了社会主义社会的发展动力问题，在此基础上形成了社会主义改革开放理论。

革命是解放生产力，改革也是解放生产力，改革的目的同过去的革命一样，是为了扫除社会生产力发展的障碍，使中国摆脱贫穷落后的状态。改革是党在新的时代条件下带领人民进行的新的伟大革命。邓小平在1978 年指出："这场革命既要大幅度地改变目前落后的生产力，就必然要多方面地改变生产关系，改变上层建筑，改变工农业企业的管理方式和国家对工农业企业的管理方式，使之适应于现代化大经济的需要。"② 改革不是对原有体制的细枝末节的修补，是一场深刻而全面的社会变革，它既包括经济体制又包括政治体制、文化体制、社会体制、生态体制，既涉及生产力又涉及生产关系，既涉及经济基础又涉及上层建筑，既包括体制层面又包括思想观念层面。从解放生产力、扫除发展生产力的障碍这个意义上说，从政策的重新选择、体制的重新构建的深刻性和广泛性来说，从由此引起的社会生活和人们观念变化的深刻性和广泛性来说，改革是一场伟大的革命。

①《邓小平文选》第二卷，人民出版社 1994 年版，第 181 ~ 182 页。
②《邓小平文选》第二卷，人民出版社 1994 年版，第 135 ~ 136 页。

30 多年来，党带领人民锐意改革，在各个领域各个层面为生产力发展扫清障碍，极大地解放和发展了社会生产力，变革之深、影响之广前所未有，成就举世瞩目。改革每前进一步，都推动了中国特色社会主义的发展，都深化了我们对中国特色社会主义的认识，都进一步完善了中国特色社会主义制度。中国特色社会主义是改革的最重要的成果，改革使社会主义在中国得到了发展，呈现出勃勃生机。

二、坚定不移地推进改革

（一）全面深化改革

没有改革开放就没有中国的今天，没有改革开放也没有中国的明天。我国过去 30 多年的快速发展靠的是改革开放，未来发展也必须坚定不移地依靠改革开放，改革开放只有进行时没有完成时。面对新形势新任务，要解决发展进程中的各种难题，化解来自各方面的风险和挑战，更好地发挥中国特色社会主义制度优势，必须在新的历史起点上全面深化改革。

实现党的十八大提出的战略目标和任务，要求全面深化改革。十八大描绘了全面建成小康社会、加快推进社会主义现代化、实现中华民族伟大复兴的宏伟蓝图，提出构建系统完备、科学规范、运行有效的制度体系的任务，到 2020 年使各方面制度更加成熟更加定型的任务。为此，必须以更大的政治勇气和智慧，不失时机深化重要领域改革，坚决破除一切妨碍科学发展的思想观念和体制机制弊端，攻克体制机制上的顽瘴痼疾，突破利益固化的藩篱，以实践基础上的理论创新推动制度创新。

解决我国发展面临的一系列突出矛盾和问题，实现经济社会持续健康发展，不断改善人民生活，要求全面深化改革。中国共产党人干革命、搞建设、抓改革，从来都是为了解决中国的现实问题。可以说，改革是由问题倒逼而产生，又在不断解决问题中而深化。30 多年来，我们用改革的办法解决了党和国家事业发展中的一系列问题。同时，在认识世界和改造世界的过程中，旧的问题解决了，新的问题又会产生，制度总是需要不断完善，因而改革既不可能一蹴而就，也不可能一劳永逸。改革开放 30 多年来，我们取得了巨大成就，但前进道路上还有不少困难和问题。而所有问题，都需要通过全面深化改革加以解决。

党的十八届三中全会通过了《中共中央关于全面深化改革若干重大问题的决定》，对全面深化改革作出了战略部署，总目标是完善和发展中国特色社会主义制度，推进国家治理体系和治理能力现代化。全面深化改革要立足于我国长期处于社会主义初级阶段这个最大实际，坚持发展仍是解决我国所有问题的关键这个重大战略判断，以经济建设为中心，发挥经济体制改革的牵引作用，推动生产关系同生产力、上层建筑同经济基础相适应，推动经济社会持续健康发展。要注重改革的系统性、整体性、协同性，紧紧围绕使市场在资源配置中起决定性作用深化经济体制改革，紧紧围绕坚持党的领导、人民当家做主、依法治国有机统一深化政治体制改革，紧紧围绕建设社会主义核心价值体系、社会主义文化强国深化文化体制改革，紧紧围绕更好保障和改善民生、促进社会公平正义深化社会体制改革，紧紧围绕建设美丽中国深化生态文明体制改革，紧紧围绕提高科学执政、民主执政、依法执政水平深化党的建设制度改革。

（二）坚持改革的正确方向

方向问题至关重要。坚持什么样的改革方向，决定着改革的性质和最终成败。全面深化改革，涉及经济体制、政治体制、文化体制、社会体制、生态文明体制和党的建设制度等各个方面的改革，其广泛性、深刻性前所未有。同时，全面深化改革的国际国内环境也非常复杂，各种思想文化相互激荡，各种矛盾相互交织，各种诉求相互碰撞，各种力量竞相发声。在这种情况下，确保改革沿着有利于党和人民事业发展的方向前进越发重要。

中国30多年改革之所以能够顺利推进并取得历史性成就，根本原因在于始终坚持了正确的改革方向和改革立场，既不走封闭僵化的老路，也不走改旗易帜的邪路。习近平多次强调，中国是一个大国，不能出现颠覆性错误。所谓的颠覆性错误，就是指根本性、方向性错误。全面深化改革，必须坚持正确的方向。

坚持改革的正确方向，最核心的是在改革中坚持和完善党的领导，坚持和发展中国特色社会主义。党是改革的倡导者、推动者、领导者，改革能否顺利推进，关键取决于党，取决于党的领导。全面深化改革涉及方方面面，涉及利益格局的深刻调整，涉及许多重大关系的协调和处理。只有坚持党的领导，才能把握好改革的正确方向，形成攻坚克难的强大力量。中国特色社会主义是党带领人民长期奋斗的根本成就，是当代中国发展进步的根本方向。中国特色社会主义，是与时俱进的、发展着的社会主义。全面深化改革，是要不断促进现代化建设各个环节、各个方面相协调，不断促进生产关系与生产力、上层建筑与经济基础相协调，为不断解放和发展社会生产力、继续充分释放全社会创造活力提供制度保障，使中国特色社会主义制度不断发展和完善。改革不是对社会主义制度改弦易辙，能不能继续沿着中国特色社会主义道路深化改革，是一个涉及改革性质的原则问题，偏离坚持和改善党的领导、偏离坚持和完善中国特色社会主义制度，是南辕北辙。全面深化改革要不为任何风险所惧，不为任何干扰所惑，不为各种错误观点所左右，不生搬硬套西方思想理论和制度模式，一切从实际出发，始终坚持党的基本理论、基本路线、基本纲领、基本经验、基本要求不动摇，坚定不移走中国特色社会主义道路。坚持社会主义市场经济改革方向。在社会主义条件下发展市场经济，是前无古人的伟大创举，是中国共产党人对马克思主义发展做出的历史性贡献。社会主义市场经济把社会主义基本制度同市场经济结合起来，既能够发挥社会主义制度的优越性，又能够发挥市场经济的长处，是中国特色社会主义的一大特色和优势。党的十四大以来，我们紧紧围绕建立社会主义市场经济体制的目标，不断推进经济体制改革以及其他各方面改革，实现了从计划经济体制向社会主义市场经济体制的历史性突破，初步建立起社会主义市场经济体制。但政府与市场的关系没有理顺，特别是政府对市场不当干预过多与监管不到位并存，价格扭曲、行业垄断、权力腐败等问题依然突出，市场体系还不健全，市场发育不充分，市场在资源配置中的作用受到诸多制约。十八届三中全会提出要使市场在资源配置中起决定性作用和更好发挥政府作用，这是党在理论上又一个重大创新，有利于树立关于政府和市场关系的正确观念，有利于转变经济发展方式，有利于转变政府职能，有利于抑制消极腐败现象。全面深化改革，一方面，要积极稳妥地从广度和深度上推进市场化改革，推动资源配置依据市场规则、市场价格、市场竞争实现效益最大化和效率最优化；另一方面，要充分发挥社会主义制度的优越性，发挥党和政府的积极作用。科学的宏观调控和有效的政府治理，是发挥社会主义市场经济体制优势的内在要求。

坚持社会主义市场经济的改革方向，不仅是经济体制改革的目标，其他各方面改革也要与之相适应、相衔接。必须把坚持社会主义市场经济改革方向贯穿到政治体制、文化体制、社会体制、生态文明体制以及各方面体制机制改革之中，推动各方面改革围绕这一目标来展开、来推进，努力形成有利于社会主义市场经济发展的制度体系和体制机制。

（三）正确处理改革、发展、稳定的关系

改革、发展、稳定的统一是我国社会主义现代化建设的三个重要支点。邓小平基于对我国社会主义发展实践中经验教训的总结，反复强调必须通过改革促进发展，改革和发展必须有稳定的政治和社会环境。经过 30 多年的改革开放之后，改革进入攻坚期和深水区，深化改革要攻坚涉险，涉及的利益关系越来越复杂，碰到的阻力也越来越大；发展面临的国际国内环境更复杂，统筹兼顾各方面利益难度加大；随着社会生活深刻变革，各种矛盾相互交织，维护社会稳定任务异常繁重。改革、发展、稳定三者之间相互交融相互作用的态势更加明显，稍有不慎，就会影响中国特色社会主义建设大局，因此，必须正确处理好三者之间的关系。

改革是动力，发展是目的，稳定是前提，这是改革开放 30 多年来在推进中国特色社会主义建设中形成的科学认识。改革是动力，新时期我们经济建设的巨大成就是在改革中实现的，实现未来的奋斗目标，关键仍在于深化改革。发展是目的，中国解决所有问题的关键要靠自己的发展，全面建成小康社会，进而建成富强、民主、文明、和谐的社会主义现代化国家，实现中华民族伟大复兴的中国梦，离不开发展。稳定是前提，发展和改革必须要有稳定的政治和社会环境，没有稳定的政治和社会环境，一切无从谈起，一些国家由于政局动荡、社会动乱，不仅失去发展机遇，也给这些国家的人民带来深重灾难。总之，只有社会稳定，改革发展才能推进；只有改革发展不断推进，社会稳定才具有坚实基础。正确处理改革、发展、稳定关系，胆子要大、步子要稳。要坚持改革、发展、稳定的统一，把改革力度、发展速度和社会可承受程度统一起来，把改善人民生活作为正确处理改革、发展、稳定关系的重要结合点，在保持社会稳定中推进改革和发展，通过改革发展促进社会稳定。全面深化改革需要加强顶层设计和整体谋划，注重各项改革的关联性、系统性、可行性。摸着石头过河和顶层设计相结合，重点突破和整体推进相促进是富有中国特色、符合中国国情的改革方法，符合马克思主义的认识论和方法论。摸着石头过河就是寻找规律，从实践中获得真知，是实践、认识、再实践、再认识。坚持边实践边总结，积累经验后逐步推开，出现问题就及时应对，发现错误就马上纠正，不断从实践中取得规律性认识。改革的全面推进需要顶层设计，摸着石头过河和顶层设计是辩证统一的，推进局部的阶段性改革开放要在加强顶层设计的前提下进行，加强顶层设计要在推进局部的阶段性改革开放的基础上来谋划。

三、毫不动摇地坚持改革开放

（一）中国的发展离不开世界

开放也是改革，开放和改革密不可分、相辅相成，一起成为当代中国最鲜明的特色，是推动中国特色社会主义发展的强大动力。在全面建成小康社会、推进中国社会主义现代化建设的征程上，必须毫不动摇地坚持对外开放这一基本国策。

20 世纪 70 年代末，中国开始实行对外开放，并逐步把它作为一项基本国策，主要取决于四点：

一是对中国长期停滞落后的历史教训深刻总结的结果。邓小平说："现在任何国家要发达起来，闭关自守都不可能。我们吃过这个苦头，我们的老祖宗吃过这个苦头。"① 经验证明，关起门来搞建设是不能成功的，只会限制自己的发展，甚至给国家和民族带来灾难。

二是对当代世界经济、科技发展和国际形势敏锐观察的结果。现在的世界是开放的世界，开放是世界经济发展的历史趋势，在以信息化为基础的新技术革命推动下，世界经济联系越发紧密，经济全球化趋势快速推进，各国政府为在国际分工和国际竞争中获取最大利益，纷纷实行开放的政策。在开放的世界中，任何一个国家要发展，孤立起来，闭关自守都是不可能的。

三是为了适应社会主义现代化建设的需要。在我们这样一个人口众多的发展中的社会主义大国，任何时候都不能依靠别人搞建设，必须始终把独立自主、自力更生作为自己发展的根本基点，把立足国内、扩大国内需求作为经济发展的长期战略方针。但同时又需要开拓国际市场、利用国外资源，为此，要打开国门搞建设，把开拓国内市场、利用国内资源同开拓国际市场、利用国外资源结合起来，把对内搞活同对外开放结合起来。

四是为了借鉴和吸收人类文明的一切优秀成果。资本主义经过几百年的发展，特别是一些发达国家，在经济、科技、教育、文化和社会管理等方面，积累了丰富的经验，取得了许多历史性的文明成果。

社会主义作为崭新的社会制度，必须大胆借鉴、吸收人类社会包括资本主义社会创造出来的文明成果，根据国情结合新的实践进行新的创造，这样才能加快发展，赢得同资本主义相比较的优势。

30 多年来，从建立经济特区到开放沿海、沿江、沿边、内陆地区再到加入世界贸易组织，从大规模"引进来"到大踏步"走出去"，形成了开放型经济。中国已经越来越多地融入世界，在促进自身快速发展的同时也为世界的繁荣发展做出了重要贡献，目前中国已经是世界上第一大出口国、第二大进口国、第二大吸收外资国、第三大对外投资国、第

①《邓小平文选》第三卷，人民出版社 1993 年版，第 90 页。

一大外汇储备国。从当今时代和世界发展趋势看，全球化的加速使各国经济联系越发紧密，面临的共同问题、共同利益和相互依存度增加，这更要求实行开放式发展战略，共同应对挑战，在合作共赢中发展。中国对外开放的大门打开就不会关上，不但不会关上，而且会在更大范围、更宽领域、更深层次上开放。

习近平在十八届中央政治局第二次集体学习时的讲话中曾指出：没有改革开放就没有当代中国的发展进步，改革开放是发展中国、发展社会主义、发展马克思主义的强大动力。现在，解决我国进一步发展面临的一系列突出矛盾和挑战，必须深化改革开放。改革开放是决定当代中国命运的关键一招，也是决定实现“两个一百年”奋斗目标、实现中华民族伟大复兴的关键一招。

（二）全方位、多层次、宽领域的对外开放

中国的对外开放，从建立经济特区、发展对外贸易、引进外资、扩大对外经济技术交流与合作开始，到20世纪90年代初逐步形成了全方位、多层次、宽领域的对外开放格局。进入21世纪以后，以加入世界贸易组织为标志，中国对外开放进入了新阶段。加入世界贸易组织以后，中国坚持享受权利和履行义务相结合、实现自身发展和促进世界共同发展相结合，积极化挑战为机遇，在更大范围、更高水平上参与国际经济合作和竞争。

实行对外开放，使我国成功实现了从封闭半封闭到全方位开放的伟大历史转变。30多年来，不管国际风云如何变幻，无论国内经济形势出现何种变化，中国始终不渝地坚持对外开放基本国策，形成了具有中国特色的对外开放。

第一，立足国情积极稳妥推进对外开放。30多年来，中国作为发展中的社会主义大国，立足国情国力，根据国家发展水平和现代化建设需要，逐步扩大对外开放。一是根据各地区的实际和特点，通过经济特区、沿海开放城市、经济技术开发区、沿海经济开放区、沿边和沿江地区以及内陆省区等不同程度不同形式的开放，由点到面、逐步推进，形成全国范围内的对外开放格局。二是把对国际商品市场、国际资本市场、国际技术市场、国际劳务市场的开放，逐步拓宽到能源、交通等基础产业以及金融、保险、房地产、科技、教育、文化、服务业等领域。三是贸易往来、经济交流合作的国家和地区不断增多，逐步建立了全球经济联系，并积极参与一系列区域经济合作组织的活动。四是在“引进来”的同时，我国企业也在加快“走出去”。对外直接投资、对外工程承包和劳务合作发展迅速，业务遍布近200个国家和地区。开放型经济逐步形成并不断发展，对外开放水平不断提高，对开放成为推动国内发展的一个持续不断的动力。

第二，实现改革和开放良性互动。以开放带改革，以改革推开放，改革开放互相促进，是我国经济发展取得成就的重要经验。30多年来，很多与对外开放相关的改革走在整个经济体制改革的前列，比如设立经济特区，在转变观念、体制创新、管理方式和经营模式转变等方面都发挥了先导作用。同样，改革不断为对外开放注入生机和活力，并为对外开放提供体制保障，比如社会主义市场经济体制的建立，有力地推动了开放型经济的发展。

第三，统筹国内发展和对外开放。国内发展是实行对外开放的目的，对外开放是实现国内发展的手段。在推进对外开放的过程中，积极探索努力做到利用国际有利条件和充分发挥我国优势相结合，扩大引进技术和全面增强自主创新能力相结合，利用外资和大力促进国内产业结构优化升级相结合，实施“走出去”战略和缓解国内短缺资源约束相结合，促进内外资源合理配置、内外市场互为补充，增强我国经济的整体竞争力。

第四，坚持平等互利共赢的对外开放战略。平等互利一直是中国制定对外开放战略和处理对外经贸关系的重要准则，随着中国对外开放和国际影响力的扩大、经济全球化趋势的发展和世界经济形势的变化，中国强调平等互利共赢的对外开放战略，即通过对外开放更好地促进中国自身的发展的同时，兼顾各方特别是发展中国家的正当关切，切实承担起相应的国际责任，综合考虑维护中国发展利益和促进各国共同发展的要求，完善有关方针政策和体制机制，使中国的发展为世界发展创造更多的机会，为全球其他国家带来更多的福利，与国际社会实现共同发展。

（三）全面提高开放型经济水平

为实现党的十八大提出的全面建成小康社会的目标，推进中国特色社会主义的发展，适应经济全球化的新形势，必须实行更加积极主动的开放战略，构建开放型经济新体制，发挥新的竞争优势，全面提高开放型经济水平。党的十八届五中全会提出，坚持开放发展，必须顺应我国经济深度融入世界经济的趋势，奉行互利共赢的开放战略，发展更高层次的开放型经济，积极参与全球经济治理和公共产品供给，提高我国在全球经济治理中的制度性话语权，构建广泛的利益共同体。

全面提高开放型经济水平，要正确把握对外开放面临的新形势。从国际看，一方面经济全球化使各国经济发展的相互依存程度继续加大。在应对危机和促进复苏的进程中，依托国际化生产、对外贸易和服务、资本跨境流动和技术创新，各国加大力度开拓国际市场、进行全球资源配置，经济联系更加紧密，利益交融不断加深。另一方面经济全球化也出现了新的变化。新兴经济体成为全球化新动力使国际经济格局发生深刻变化，各国面临全球化新挑战使国际竞争进一步加剧，多边贸易自由化陷入低潮的同时区域一体化趋势增强，全球治理难度加大；由于资源短缺、外部需求减弱、世界经济转入低速增长，全球化进程中的风险和不确定因素不断增大。

从国内看，经过30多年的改革开放，我国已形成了较为成熟的开放型经济，一方面，我国的社会生产力、综合国力大幅提升，产业体系更加完备，参与国际竞争与合作的能力明显增强，更加具备进一步扩大开放的基础和条件。另一方面，我国经济发展方式仍然比较粗放，资源环境约束强化，转变发展方式和优化结构的任务艰巨，制约经济发展的体制机制障碍仍然较多，开放型经济发展中不平衡、不协调、不可持续的问题依然突出。因此，只有把握机遇，应对挑战，实行更加积极主动的开放战略，提高开放型经济水平，才能更好地利用两个市场、两种资源，扩大我国经济发展的空间。

全面提高开放型经济水平，要完善互利共赢、多元平衡、安全高效的开放型经济体系。处理好扩大对外开放和坚持自力更生的关系，把立足点放在依靠自己力量的基础上，充分利用国际国内两个市场、两种资源，以开放促改革促发展。全面提高开放型经济水平，要构建开放型经济新体制，形成竞争的新优势。在改革创新中培育参与和引领国际经济合作竞争新优势，主要是培育产业综合竞争新优势，培育扩大开发深度和广度的新优势，培育稳定、透明、可预期的营商环境新优势，培育参与和引领国际规则和标准制定的新优势，在日趋激烈的国际竞争中把握主动权。

第五节　建设中国特色社会主义经济

建设中国特色社会主义经济，是我国建设中国特色社会主义“五位一体”总布局中的重要组成部分。改革开放以来，建立社会主义市场经济体制成为我国经济体制改革的目标，在理论和实践上实现了重大突破。对于社会主义初级阶段的基本经济制度和分配制度的认识不断深化，坚持从中国实际出发，作出了新概括。对于经济发展质量效益的认识也不断提升，以推动经济实现科学发展。

一、社会主义市场经济理论与实践概述

进入改革开放新时期以来，在经济领域，建立什么样的经济体制，如何认识和处理计划和市场的关系，是经济体制改革的核心问题，也是建设中国特色社会主义的一个重大问题。在传统的理论观念中，把计划经济看作是社会主义和资本主义区别的重要特征，认为计划经济是社会主义特有的经济形式，市场经济是资本主义特有的经济形式。但随着经济的发展，计划和市场的矛盾凸显，需要在理论上突破原有观念的束缚，在实践上探索新的发展社会主义经济之路。

邓小平在1979年就指出：“说市场经济只存在于资本主义社会，只有资本主义的市场经济，这肯定是不正确的。社会主义为什么不可以搞市场经济，这个不能说是资本主义。我们是计划经济为主，也结合市场经济，但这是社会主义的市场经济。”① 1981年党的十一届六中全会提出了“计划经济为主、市场调节为辅”的方针。党的十二大进一步肯定了这一提法。这就突破了完全排除市场调节的大一统的计划经济概念。1984年10月，党的十二届三中全会提出了“在公有制基础上有计划的商品经济”的新概念。党的十三大提出社会主义有计划商品经济的体制，应该是“计划与市场内在统一的体制”。这就不再把计划经济同商品经济对立起来，是社会主义经济理论的重大突破。

20世纪80年代后期到90年代初，在经济体制改革的实践中，不断提升市场在社会主义经济中的作用，越来越依靠市场来配置资源，市场调节的比重已超过了计划调节，经济体制改革取得了很大成就。但同时，国际上出现东欧剧变、苏联解体的重大变局，国内改革过程中也出现了许多的矛盾和问题，在理论上对市场经济的性质、我国要不要实行市场经济、搞市场经济是姓“社”姓“资”等问题还存在很大争论。在这样的情况下，邓小平在1992年“南方谈话”中明确指出：“计划多一点还是市场多一点，不是社会主义

---

①《邓小平文选》第二卷，人民出版社1994年版，第236页。

和资本主义的本质区别。计划经济不等于社会主义，资本主义也有计划；市场经济不等于资本主义，社会主义也有市场。计划和市场都是经济手段。"① 邓小平这一论述从根本上解除了把计划经济和市场经济看作是社会基本制度范畴的思想束缚，为我国经济体制改革产生极大的推动作用，为形成社会主义市场经济理论奠定了坚实的基础。党的十四大明确把建立社会主义市场经济体制作为我国经济体制改革的目标，使我国社会主义经济理论又一次实现了重大突破，社会主义市场经济理论形成。

社会主义市场经济理论的基本观点包括：一是计划经济和市场经济不是代表社会主义和资本主义两种制度的本质属性。二是计划和市场都是调节经济的手段，各有优势和长处，也各有不足和缺陷，社会主义市场经济要把两者有机结合，取长补短。三是市场经济作为资源配置的一种方式，本身不具有制度属性，但它与不同社会制度结合则具有不同的性质，与社会主义制度结合就具有社会主义基本制度的特征，主要体现在公有制为主体的所有制结构、按劳分配为主体的分配制度和以实现最广大人民群众利益为出发点和归宿的宏观调控三个方面。

党的十四大以后，我国经济改革沿着社会主义市场经济体制的方向加速推进。1993年，党的十四届三中全会明确了建立社会主义市场经济体制的基本框架，即建立产权清晰、权责明确、政企分开、管理科学的现代企业制度，建立全国统一开放的市场体系，建立以间接手段为主的完善的宏观调控体系，建立合理的收入分配制度和多层次的社会保障制度。通过不断深化改革，到20世纪末，社会主义市场经济体制在我国初步建立。

2003年，党的十六届三中全会对进一步完善社会主义市场经济体制提出了明确的目标和任务。2007年，党的十七大提出了在完善社会主义市场经济体制方面要取得重大进展的要求，从制度上更好发挥市场在资源配置中的基础性作用，形成有利于科学发展的宏观调控体系。2012年，党的十八大提出了加快完善社会主义市场经济体制，更大程度更广范围发挥市场在资源配置中的基础性作用。

党的十八大以后，我国市场化程度大幅度提高，宏观调控体系更加健全，我国经济发展进入一个新的发展阶段。但同时，我国社会主义市场经济还存在市场体系不完善、政府干预过多和监管不到位等问题，核心问题就是政府和市场关系的问题。

2013年，党的十八届三中全会提出经济体制改革是全面深化改革的重点，核心问题是处理好政府和市场的关系，使市场在资源配置中起决定性作用和更好发挥政府作用。市场在资源配置中发挥"基础性作用"转变为"决定性作用"，体现了党对社会主义市场经济规律的进一步深化，对市场的地位和作用进行了重新定位，是市场与政府关系认识上的一次重大理论突破。习近平强调："理论和实践都证明，市场配置资源是最有效率的形式。市场决定资源配置是市场经济的一般规律，市场经济本质上就是市场决定资源配置的经济。"② 社会主义市场经济，也必须要遵循这一规律。当然，发挥市场配置资源的决定

①《邓小平文选》第三卷，人民出版社1993年版，第373页。

②《人民日报》，2013年11月16日。

性作用并不等于忽视或者取消政府作用，而是要更好地发挥政府作用，因为市场本身存在固有缺陷，需要用政府来保持宏观经济稳定，加强和优化公共服务，保障公平竞争，加强市场监管，维护市场秩序，推动可持续发展，促进共同富裕，弥补市场失灵。

二、社会主义初级阶段的基本经济制度

改革开放以来，我国所有制结构发生重大变化，单一公有制结构被打破，出现了多种所有制共同发展的局面。

确立什么样的经济制度，党在认识上经历了一个逐步深化的过程。党的十二大提出劳动者的个体经济是公有制必要的补充。党的十三大把私营经济、中外合资合作经济、外商独资经济同私营经济一起作为公有制经济必要和有益的补充。党的十四大进一步强调，多种经济成分长期共同发展，不是权宜之计，而是一项长期的方针。党的十五大在总结所有制改革经验基础上，第一次明确提出公有制为主体、多种所有制经济共同发展，是我国社会主义初级阶段的一项基本经济制度。党的十八届三中全会进一步提出，公有制为主体、多种所有制经济共同发展的基本经济制度是中国特色社会主义制度的重要支柱，也是社会主义市场经济体制的根基。公有制经济和非公有制经济都是社会主义市场经济的重要组成部分，都是我国社会发展的重要基础。表明党对社会主义基本经济制度的认识提高到了一个新的高度。

这一基本经济制度的确立，是由社会主义的性质和初级阶段的国情决定的。

第一，我国是社会主义性质的国家，必须坚持公有制作为社会主义经济制度的基础。公有制是社会主义生产关系区别于资本主义生产关系的根本特征，是劳动人民当家做主的经济基础，是社会化大生产的客观要求。不坚持公有制的主体地位，就不能确保我国的社会主义性质，就不能坚持社会主义道路，就不能巩固和发展社会主义制度。

第二，我国还处在社会主义初级阶段，生产力还不发达，发展也不平衡，需要在公有制为主体的基础上发展多种所有制经济。不发展多种所有制经济，就脱离了社会主义初级阶段的实际，就会背离生产力发展的实际要求。

第三，一切符合“三个有利于”标准的所有制形式，都可以而且应该用来为发展社会主义服务。把非公有制经济纳入基本经济制度之中，是因为它们同公有制经济一样，都是为社会主义发展服务的。

我国初级阶段基本经济制度的确立，把社会主义的本质要求和初级阶段的现实需要有机统一起来，能够发挥多种所有制经济的优势，充分调动各方面的积极性，更加有利于促进社会生产力的发展，有利于巩固和发展社会主义制度。坚持基本经济制度，必须坚决反对私有化和单一公有制两种错误观点。主张私有化的认为只有私有化才能搞市场经济，只有私有化才能促进经济发展。这些观点在理论上是错误的，在实践中不符合我国经济发展和世界上大多数国家的实际。同样，如果我们回到过去那种单一公有制的发展道路，也会葬送我国的社会主义事业，因为在社会主义初级阶段，搞单一公有制会导致发展丧失活力。改革开放以来，发展多种所有制经济，不但没有削弱公有制的主体地位，反而巩固和

发展了公有制的主体地位，增强了国有经济的控制力。

坚持和完善基本经济制度，必须毫不动摇地巩固和发展公有制经济，坚持公有制主体地位，发挥国有经济的主导作用，不断增强国有经济活力、控制力和影响力。必须毫不动摇地鼓励、支持和引导非公有制经济发展，激发非公有制经济活力和创造力。把坚持公有制为主体，促进非公有制经济发展，统一于社会主义现代化建设的进程中，不能把两者对立起来。各种所有制经济在市场竞争中发挥各自优势，互相促进，共同发展。

毫不动摇地巩固和发展公有制经济，是坚持和完善基本经济制度必须遵循的一条基本原则。所有制是社会经济制度的核心和基础，决定着社会经济制度的性质，公有制经济是社会主义经济性质的根本体现。坚持公有制的主体地位，对于发挥社会主义制度的优越性具有关键性作用。任何否认公有制主体地位的观点，都是错误的。

巩固和发展公有制经济，要正确理解公有制经济的内涵。公有制经济的实质和核心是全体社会成员或部分社会成员共同占有生产资料。公有制经济既包括全民所有制和集体所有制经济，还包括混合所有制经济中的国有成分和集体成分。公有制的主体地位主要体现在两个方面：一是公有资产在社会总资产中占优势；二是国有经济控制国民经济命脉，对经济发展起主导作用。这是就全国而言，有的地方、有些产业可以有所差别，在经济发展的不同阶段，要相应地调整其布局。公有资产要有量的优势，更要注重质的提高。只有不断提高公有制经济的整体素质和生产要素的配置效率，注重结构优化和规模经济效益，加强科学管理，加速技术进步，才能保证在竞争中处于优势地位。国有经济的主导作用，主要体现在控制力上。只要坚持公有制为主体，国有经济控制国民经济命脉，国有经济的控制力和竞争力得到增强，在这个前提下，国有经济比重减少一些，不会影响我国的社会主义性质。

巩固和发展公有制经济，要不断深化国有企业的改革发展。国有企业属于全民所有，是推进国家现代化、保障人民共同利益的重要力量。经过多年的改革发展，国有企业布局和结构逐步优化，竞争力增强，总体上已经同市场经济相融合，一批国有企业成长为世界知名企业。但同时，国有企业的改革任务还没有完成，需要进一步完善国有资产管理体制，推动国有资本投向关系国家安全、国民经济命脉的重要行业和关键领域，重点提供公共服务、发展重要前瞻性战略性产业、保护生态环境、支持科技进步、保障国家安全。完善现代企业制度，以适应市场化、国际化新形势，以规范经营决策、资产保值增值、公平参与竞争、提高企业效率、增强企业活力、承担社会责任为重点，进一步深化国有企业改革。

巩固和发展公有制经济，要努力寻找能够极大促进生产力发展的公有制实现形式。公有制和公有制实现形式是两个不同层次的问题。公有制是就所有制性质而言，体现在所有权的归属上，坚持公有制的性质，根本的是坚持国家和集体对生产资料的所有权。公有制的实现形式是公有制经济具体的经营方式和组织形式问题。所有制作为生产关系的基础，有公有制和私有制、社会主义和资本主义的区别，而所有制的实现形式不具有“公”和“私”与“社”和“资”的区别。同样的所有制可以采取不同的实现形式，而不同的所有制可以采取相同的实现形式。只要有利于生产力的发展，公有制的实现形式可以而且应当多样化，一切反映社会化生产规律的经营方式和组织形式都可以大胆利用，以促进公有制经济在更大范围里获得广阔的发展空间。

必须毫不动摇地鼓励、支持和引导非公有制经济发展，激发非公有制经济活力和创造力，是坚持和完善基本经济制度必须遵循的又一原则。非公有制经济包括个体经济、私营经济、外商独资经济、混合所有制经济中的非公有制经济成分等。社会主义初级阶段的生产力水平和发展的不平衡性，给非公有制经济留下了广阔的空间。非公有制经济在支撑增长、促进创新、扩大就业、增加税收等方面具有重要作用。

鼓励、支持和引导非公有制经济发展，要坚持权利平等、机会平等、规则平等，废除对非公有制经济各种形式的不合理规定，消除各种隐性壁垒，制定非公有制企业进入特许经营领域具体办法。要健全归属清晰、权责明确、保护严格、流转顺畅的现代产权制度，公有制经济财产权不可侵犯，非公有制经济财产权同样不可侵犯。国家保护各种所有制经济产权和合法利益，保证各种所有制经济依法平等使用生产要素、公开公平公正参与市场竞争、同等受到法律保护，依法监管各种所有制经济。鼓励非公有制企业参与国有企业改革，鼓励发展非公有资本控股的混合所有制企业，鼓励有条件的私营企业建立现代企业制度。

坚持和完善基本经济制度，要积极发展混合所有制经济。国有资本、集体资本、非公有资本等交叉持股、相互融合的混合所有制经济，是基本经济制度的重要实现形式，有利于国有资本放大功能、保值增值、提高竞争力，有利于各种所有制资本取长补短、相互促进、共同发展。允许更多国有经济和其他所有制经济发展成为混合所有制经济。国有资本投资项目允许非国有资本参股。允许混合所有制经济实行企业员工持股，形成资本所有者和劳动者利益共同体。

三、社会主义初级阶段的分配制度

生产方式决定分配方式。社会主义初级阶段的公有制为主体、多种所有制经济共同发展的基本经济制度，决定了我国在分配领域实行按劳分配、多种分配方式并存的分配制度。

按劳分配是社会主义的分配原则。实行按劳分配为主体，是由社会主义公有制和生产力发展水平决定的。公有制是实行按劳分配的所有制基础。公有制实现了劳动者共同占有生产资料，生产出来的产品属于劳动者共同所有，每一个劳动者都只能根据所提供的劳动数量和质量获得相应报酬。生产力水平是实行按劳分配的物质基础。在生产力水平还没有达到高度发达的程度，劳动还是谋生的手段，劳动者提供的劳动数量和质量还存在差别，企业间也存在经营管理差别，企业产品在市场上实现的价值不同，要求在分配中体现出这些差别，才能充分调动劳动者的积极性。

按劳分配的主体地位体现为两个层次：一是在全社会范围内，按劳分配是主体分配原则；二是在公有制经济内部，按劳分配是主体分配原则。

随着经济体制改革的深入开展，公有制的实现形式呈现多样化，出现了职工持股、法人持股以及同各种非公有制经济合营等多种形式，在分配形式上也要多样化。虽然企业职工收入来源和形式不仅仅依靠按劳分配，但是只要企业是公有制或公有控股企业，按劳分配就仍然是企业内部职工收入的主要形式，职工收入的主要部分来自按劳分配。

坚持按劳分配的主体地位，对于坚持中国特色社会主义经济的性质具有重要意义。能够保证公有制主体地位的实现，保证人们之间在平等的经济关系基础上建立和谐的经济利益关系，保证向共同富裕这一目标前进。

在社会主义初级阶段，多种分配方式并存是收入分配制度的一大特点。按劳分配以外的多种分配方式，其实质就是按生产要素的占有状况进行分配。在社会主义初级阶段实行按生产要素分配，是由所有制及其经济利益实现形式之间的内在联系决定的。当前，我国存在着多种所有制经济，必然实行与之相适应的分配方式。各生产要素在生产过程中发挥了不可或缺的作用，生产要素所有者凭借所有权获取相应报酬，各生产要素才能得到优化配置，有效利用。

生产要素归纳起来包括两大类：一类是各种物质生产条件，如土地等自然资源以及生产厂房、设备、原材料等生产资料；另一类是人的劳动，包括人们在生产过程中提供的劳动力、技术、信息、管理等。

生产要素的多样性决定着按生产要素分配的多样性，主要分为三种类型。一是按劳分配以外的劳动参与分配。这种劳动主要存在于个体经济和非公有制经济中。个体劳动者凭借自身劳动和占有生产资料从事个体劳动和经营获取收入，受雇于非公有制经济的雇佣劳动者通过出卖劳动力商品、按劳动力价值获取收入。二是资本和个人资产参与分配。资本参与分配是指资本所有者凭借其投入到生产经营中的资本获取利润。个人资产包括货币和实物两种形式，前者如存款、债券、股票等，后者指私有住宅和某些固定资产，前者的报酬形式有利息、股息或红利，后者的报酬形式是租金。三是科技发明、创造、信息、专利等参与分配。这一类的生产要素主要是知识产权类的，来自于所有者的劳动或劳动成果，在经济社会发展中发挥着越来越大的作用。

在社会主义初级阶段，实行按劳分配和按生产要素分配相结合的分配制度，有利于优化资源配置，促进经济发展，最充分最广泛地调动一切积极因素，让劳动、知识、技术、管理、资本的活力竞相迸发，让一切创造财富的源泉充分涌流，以造福人民和社会。

四、深化分配制度改革

实行按劳分配为主体、多种分配方式并存的收入分配制度，需要不断调整和规范国家、企业和个人的分配关系，完善分配结构和分配方式，就必须深化分配制度改革，真正实现发展成果由人民共享。

共同富裕体现社会主义本质，是根本目标。在如何实现共同富裕上，需要不断探索。在改革开放之前，我国长时间在分配领域实行平均主义，实践证明是不可行的。改革开放初期，邓小平在总结历史经验上提出允许和鼓励一部分地区、一部分人先富起来，先富带动后富，逐步实现共同富裕，认为这是一个"能够影响和带动整个国民经济的政策。"①这样的认识从根本上否定了在分配领域的平均主义，是加速发展实现共同富裕的必然选择。

允许和鼓励一部分地区、一部分人先富起来，必须和只能依靠诚实劳动和合法经营的手段致富，在承认收入差别的同时要避免两极分化，把效率和公平有效协调起来。

党的十四大提出，分配制度要"兼顾效率和公平"，党的十四届三中全会提出"效率优先，兼顾公平"，党的十五大再次确认"效率优先，兼顾公平"的原则。党的十六大继续坚持"效率优先，兼顾公平"原则，进一步提出初次分配注重效率，发挥市场的作用，鼓励一部分人通过诚实劳动、合法经营先富起来，再次分配注重公平，加强对政府收入分配的调节职能，调节差距过大的收入。随着经济发展中收入分配差距的不断扩大，党的十七大进一步提出初次分配和再次分配都要处理好效率和公平的关系，再分配更加注重公平。这就把公平问题提到更加突出的地位，公平问题不只是再分配要解决的问题，在初次分配中同样要解决好效率和公平的问题。党的十八大再次强调初次分配和再次分配都要兼顾效率和公平，再次分配更加注重公平。

通过收入分配制度改革，从根本上打破了平均主义分配，调动了广大人民的积极性，促进了生产力的提高、人民生活的改善和综合国力的提高。但同时，我国在分配领域仍存在一些亟待解决的突出问题，主要是城乡区域发展差距和居民收入分配差距依然较大，中等收入群体还不够强大，收入分配秩序不规范，隐性收入、非法收入问题比较突出，部分群众生活比较困难，宏观收入分配格局有待优化。针对这些问题，2013 年，国务院批转《关于深化收入分配制度改革的若干意见》，提出了深化收入分配制度改革的总体要求，即在发展中调整收入分配结构，着力创造公开公平公正的体制环境，坚持按劳分配为主体、多种分配方式并存，坚持初次分配和再分配调节并重，继续完善劳动、资本、技术、管理等要素按贡献参与分配的初次分配机制，加快健全以税收、社会保障、转移支付为主要手段的再分配调节机制，以增加城乡居民收入、缩小收入分配差距、规范收入分配秩序为重点，努力实现居民收入增长和经济发展同步，劳动报酬增长和劳动生产率提高同步，逐步形成合理有序的收入分配格局，促进经济持续健康发展和社会和谐稳定。

五、推动经济持续健康发展

改革开放以来，我国经济实现持续快速发展，经济总量大幅跃升，人民生活水平显著提高。同时，对经济发展的质量和效益的认识也不断深化。党的十六届三中全会上提出了坚持以人为本、全面协调可持续的科学发展观。党的十七大明确提出要促进国民经济又好又快发展。党的十八大进一步提出以科学发展观为主题，以加快转变经济发展方式为主线，是关系我国发展全局的战略抉择。

推动经济持续健康发展，是总结我国经济发展经验教训的基础上取得的新认识，是进

---

①《邓小平文选》第二卷，人民出版社 1994 年版，第 152 页。

一步发展的迫切要求，是筑牢国家繁荣富强、人民幸福安康、社会和谐稳定的物质基础。当前，资源环境对经济发展已构成严重制约，成为我国发展中的突出问题，城乡之间、区域之间、经济与社会之间发展不平衡的矛盾趋于突出，如果不能很好地解决这些问题，经济社会的发展就会难以持续。国民经济进一步发展对提高质量和效益、节约资源、保护环境、实现经济社会协调发展、持续健康发展的要求更加突出。

推动经济持续健康发展，必须加快转变经济发展方式，这是我国当前和今后相当长一个时期面临的最为紧迫的任务，是理念变革、模式转型、路径创新的综合性、系统性、战略性转变。党的十四届五中全会确立了实现经济增长方式根本性转变的战略方针，党的十七大将“转变经济增长方式”改为“转变经济发展方式”，两个字的改动，对经济发展理念、战略和途径提出了更高要求。党的十八大进一步提出要适应国内外经济形势新变化，加快形成新的经济发展方式，把推动发展的立足点转到提高质量和效益上来。推进经济结构战略性调整，这是加快转变经济发展方式的主攻方向。以改善需求结构、优化产业结构、促进区域协调发展、推进城镇化为重点，着力解决制约经济持续健康发展的重大结构性问题。

推动经济持续健康发展，必须坚持走中国特色新型工业化、信息化、城镇化、农业现代化和绿色化道路。信息化和工业化深度融合，以信息化带动工业化，以工业化促进信息化，走出一条科技含量高、经济效益好、资源消耗低、环境污染少、人力资源优势得到充分发挥的路子。工业化和城镇化良性互动，工业化以城镇化为载体，城镇化就是工业化的过程，二者良性互动才能实现健康发展。城镇化和农业现代化相互协调，城镇化发展的基础是农业现代化，二者是不可分割的一个整体。绿色化要贯穿于工业化、信息化、城镇化、农业现代化之中，“五化”同步发展，这是现代经济发展的基本特征。

推动经济持续健康发展，必须实施创新驱动发展战略。习近平强调：“实施创新驱动发展战略决定着中华民族前途命运”，要“敏锐把握世界科技创新发展趋势，紧紧抓住和用好新一轮科技革命和产业革命的机遇，把创新驱动发展作为面向未来的一项重大战略实施好。”① 实施创新驱动发展战略，必须坚持自主创新、重点跨越、支撑发展、引领未来的方针。坚持走中国特色自主创新道路，以全球视野谋划和推动创新，提高原始创新、集成创新和引进消化吸收再创新能力，更加注重协同创新。着力构建以企业为主体、市场为导向、产学研相结合的技术创新体系，加快建设国家创新体系。加快科技体制创新，建立科技创新资源合理流动的体制机制，促进创新资源高效配置和综合集成，建立政府作用与市场机制有机结合的体制机制，充分发挥市场调节和政府引导调控支持作用，建立科技创新的协同机制，提高研发和成果转化效率，建立科学的创新评价激励转化机制，使科技人员的积极性主动性创造性充分发挥出来。

推动经济持续健康发展，必须推进城乡一体化发展。城乡二元结构是制约城乡一体化发展的主要障碍，城乡一体化是解决“三农”问题的根本途径。坚持工业反哺农业、城

①《人民日报》，2013 年 10 月 2 日。

市支持农村和多予少取放活方针，加大强农惠农富农政策力度。加快完善城乡发展一体化体制机制，着力在城乡规划、基础设施、公共服务等方面推进一体化，促进城乡要素平等交换和公共资源均衡配置，形成以工促农、以城带乡、工农互惠、城乡一体的新型工农、城乡关系，让广大农民平等参与现代化进程，共同分享现代化成果。

第六节 建设中国特色社会主义政治

建设中国特色社会主义政治，是建设中国特色社会主义总布局的重要组成部分。建设中国特色社会主义政治，需要坚持中国特色社会主义政治发展道路，进一步发展社会主义民主，加快建设社会主义法治国家，推进政治体制改革，发展社会主义政治文明，为推动中国特色社会主义事业胜利前进提供政治保证。

一、中国特色社会主义政治发展道路概述

政治发展道路是一个国家政治发展的路径和模式。改革开放以来，我们在总结过去经验教训的基础上，不断推进政治体制改革，民主政治建设取得重大进展，成功开辟和坚持了中国特色社会主义政治发展道路。它符合我国国情，反映人民意愿，顺应时代潮流，为实现最广泛的人民民主确立了正确方向，为国家富强、民族振兴、人民幸福、社会和谐提供了根本的政治保证。

走中国特色社会主义政治发展道路，是历史的选择，人民的选择。正确的政治发展道路，应该是符合本国国情和实际、能够保持党和国家活力的道路。中国特色社会主义政治发展道路，是近现代中国一百多年历史发展的必然结果，是改革开放三十多年历史发展的必然结果，是中国共产党领导中国人民把马克思主义基本原理同中国具体国情相结合、长期探索实践的必然结果。

中国特色社会主义政治发展道路，彰显出巨大优势和生命力。这条道路从根本上保持了人民的主体地位，使人民群众真正成为国家和社会的主人；调动了广大人民群众和社会各方面的积极性、主动性、创造性，保持了党和国家活力；能够集中力量办大事，有效应对前进道路上的各种风险挑战；能够最大限度地增加和谐因素、减少不和谐因素，为维护民族团结、社会稳定、国家统一提供政治保证和制度保障。

坚持中国特色社会主义政治发展道路，必须坚持党的领导、人民当家做主、依法治国有机统一。三者统一于建设中国特色社会主义民主政治的伟大实践之中，决不能割裂开来或对立起来。

党的领导是人民当家做主和依法治国的根本保证。在中国这样一个十几亿人口的发展中大国，人民利益的广泛性、多样性，实现人民利益的复杂性、艰巨性，必然要求一个能够真正反映和有效体现人民共同意志的坚强的政治核心，把全国人民的力量和意志凝聚起来，切实发展社会主义民主，动员、领导和组织人民掌握好国家权力，管理好国家、社会事务和各项事业。在当代中国，能够担当起这一重任的政治力量，唯有中国共产党。只有

坚持党的领导，才能坚持我国发展的社会主义方向，人民当家做主和依法治国才能有可靠的保证。

人民当家做主是社会主义民主政治的本质和核心，是建设社会主义政治文明的根本出发点和目的。共产党的执政目的是领导和支持人民当家做主。社会主义民主政治建设的根本要求是健全民主和法制，全面落实依法治国基本方略，切实尊重和保障人民的政治、经济和文化权益。发扬人民民主，是加强和改善党的领导的有效途径。只有坚持国家一切权力属于人民，健全民主制度，丰富民主形式，拓宽民主渠道，保证人民依法实行民主选举、民主决策、民主管理、民主监督，才能巩固和发展党的执政地位。

依法治国是党领导人民治理国家的基本方略。依法治国从制度、法律上保证人民当家做主，也保证党的执政地位。依法治国的实质是人民在党的领导下依照宪法和法制的要求行使自己当家做主的各项民主权利。党领导人民通过国家权力机关制定宪法和法律，又在宪法和法律范围内活动。无论是党的领导，还是人民当家做主、行使民主权利，都必须在宪法和法律范围内进行，使党的领导、人民当家做主和依法治国有机统一起来。

坚持中国特色社会主义政治发展道路，必须坚持和完善人民代表大会制度、中国共产党领导的多党合作和政治协商制度、民族区域自治制度以及基层群众自治制度，不断推进社会主义政治制度自我完善和发展。要充分发挥我国社会主义政治制度的特点和优势，坚定不移地走自己的路，积极借鉴人类政治文明有益成果，同时必须认识到绝不能照搬西方政治制度模式。世界上一些国家盲目照搬西方政治制度模式，导致经济衰退、政局动荡、社会混乱等严重后果，我们要引以为戒，不能重蹈覆辙。

坚持中国特色社会主义政治发展道路，必须积极稳妥地推进政治体制改革。以保证人民当家做主为根本，以增强党和国家活力、调动人民积极性为目标，加快推进社会主义民主政治制度化、规范化、程序化，加快建设社会主义法治国家，发展更加广泛、更加充分、更加健全的人民民主，努力开拓中国特色社会主义政治发展道路更加广阔的前景。

二、发展社会主义民主

民主是国体和政体的统一。国体是国家的阶级性质，政体是指国家的政权组织形式，即体现国体的具体政治制度。中国特色社会主义民主是人民民主专政的国体和中国特色社会主义政治制度的统一。

（一）人民民主专政

人民民主专政是我国的国体。我国宪法明确规定：中华人民共和国是工人阶级领导的、以工农联盟为基础的人民民主专政的社会主义国家。表明人民民主专政是工人阶级（经过共产党）领导的、以工农联盟为基础的、对人民实行民主和对敌人实行专政的国家政权，国家的一切权力属于人民。

人民民主专政是马克思列宁主义关于无产阶级专政的基本原理同中国革命的具体实践相结合的产物，是中国共产党领导革命斗争的一个创造。现阶段的人民民主专政的实质是无产阶级专政。一是在性质上都是工人阶级通过自己的政党实行领导，以工农联盟为基础、新型民主和新型专政相结合的国家政权。二是在作用职能上都承担着巩固和发展社会主义制度，扩大社会主义民主，镇压敌对势力反抗，保卫和巩固革命成果，领导和组织全面社会主义建设的职能。三是在历史使命上都要大力发展生产力，完善社会主义的生产关系和上层建筑，逐步消灭阶级差别和社会不平等，为过渡到共产主义创造条件。

人民民主专政是适合中国国情和革命传统的一种形式，具有鲜明的中国特色。在对广大的人民内部实行民主，对极少数人实行专政；在党派关系上实行共产党领导的多党合作与政治协商；在概念表述上直接体现了民主与专政的辩证统一。

坚持人民民主专政的实质就是不断发展社会主义民主，切实保护人民的利益，维护国家的主权、安全、统一与稳定。一方面，要不断发展社会主义民主，坚持国家的一切权力属于人民，保证人民当家做主；另一方面，加强国家政权的专政职能，打击各种敌对势力和各种犯罪活动，维护人民的政权，保护人民的根本利益。

（二）人民代表大会制度

人民代表大会制度是中国的根本政治制度，是人民民主专政政权的组织形式，是我国的政体。它是按照民主集中制原则，由人民选举代表组成人民代表大会作为国家权力机关，统一管理国家社会事务的政治制度。

人民代表大会制度是把马克思主义基本原理与中国实际相结合的伟大创造，是近代中国社会发展的必然选择，是共产党领导人民长期奋斗的重要成果。

人民代表大会制度是中国人民当家做主的根本途径和最高实现形式。一是各级人大都由民主选举产生，对人民负责，受人民监督。二是各级人大及其常委会集体行使职权，集体决定问题，集中人民的共同意志，代表人民的根本利益。三是国家行政机关、审判机关、检察机关都由人大产生，对人大负责，受人大监督。全国各族人民通过人民代表大会制度充分行使当家做主的权力，同时人民代表大会制度为国家机构高效运转提供了有力的制度保障。

人民代表大会制度建立以来的实践证明，这个制度健康发展，人民当家做主就有保障，党和国家的事业就顺利发展，这个制度受到破坏，人民当家做主就无法保证，党和国家的事业就受到损害。人民代表大会作为我国根本的政治制度，必须牢牢坚持，并不断完善。党的十八大提出了完善人民代表大会制度的具体措施：支持人大及其常委会充分发挥国家权力机关作用，依法行使职权，加强立法工作组织协调，加强对“一府两院”的监督，加强对政府全口径预算和决算的审查和监督；提高基层人大代表特别是一线工人、农民、知识分子代表比例，降低党政领导干部代表比例；在人大设立代表联络机构，完善代表联系群众制度；健全国家权力机关组织制度，优化常委会、专委会组成人员知识和年龄结构，提高专职委员比例，增强依法履职能力。这为巩固和完善人民代表大会制度指明了方向。

（三）中国共产党领导的多党合作和政治协商制度

中国共产党领导的多党合作和政治协商制度，是我国的一项基本政治制度，是我国社会主义民主制度的重要组成部分。这项制度是马克思主义政党理论和统一战线学说与我国具体实际相结合的产物，是在中国革命斗争中形成的，是共产党和社会各界民主人士的共同选择。

中国共产党是执政党，各民主党派是参政党。共产党的领导是重要前提和根本保证，多党合作是核心内容。党的领导，主要是政治领导，即政治原则、政治方向和重大方针政策的领导。各民主党派参加国家政权，参与国家大政方针和国家领导人选的协商，参与国家事务的管理，参与国家方针、政策、法律、法规的制定和执行。中国共产党与各民主党派有着共同的利益和目标，都以实现不同时期的总任务为共同目标，以建设中国特色社会主义为共同理想。中国共产党与各民主党派都以宪法为根本活动准则，负有维护宪法尊严、保证宪法实施的职责。中国共产党与各民主党派合作的基本方针是"长期共存、互相监督、肝胆相照、荣辱与共"。

中国人民政治协商会议是中国共产党领导的多党合作和政治协商的重要机构，是中国人民爱国统一战线组织，是我国政治生活中社会主义民主的重要形式。其主要职能是政治协商、民主监督、参政议政。人民政协在推进改革开放和社会主义现代化建设、推进祖国和平统一大业等方面发挥了重要作用。

实践证明，中国共产党领导的多党合作和政治协商制度是符合我国国情、具有鲜明中国特色的新型政党制度，能够在中国特色社会主义的共同目标下把中国共产党领导和多党派合作有机结合起来，既能实现广泛的民主参与，集中各民主党派、各人民团体和各界人士的智慧，促进执政党和各级政府决策的科学化、民主化，又能实现集中统一，统筹兼顾各方面群众的利益要求，既能避免一党执政缺乏监督的弊端，又可避免多党纷争、互相倾轧造成的政治混乱和社会不安定团结。

党的十八大提出，要进一步坚持和完善中国共产党领导的多党合作和政治协商制度，充分发挥人民政协作为协商民主重要渠道作用，围绕团结和民主两大主题，推进政治协商、民主监督、参政议政制度建设，更好协调关系、汇聚力量、建言献策、服务大局。

（四）民族区域自治制度

民族区域自治制度是我国基本政治制度之一。民族区域自治是在国家统一领导下，各少数民族聚居的地方实行区域自治，设立自治机关，行使自治权，使少数民族自主地管理本民族、本地区的内部事务，行使当家做主的权利。

实行民族区域自治是中国共产党根据我国的统一多民族长期发展的历史特点、近代以来共同反抗外来侵略中形成的爱国主义精神以及各民族大杂居、小聚居的分布特点作出的制度安排，符合我国国情和各民族共同利益和发展要求。

我国各民族自治地方的自治机关享有广泛的自治权利。自主管理本民族、本地区的内部事务；享有制定自治条例和单行条例的权利；享有宗教信仰自由的权利；享有使用和发展本民族语言文字，按照传统习俗习惯生活及进行社会活动的权利和自由；自主安排、管理、发展经济建设事业、教育、科技、文化的权利等。

实行民族区域自治制度，体现了各民族平等、团结、共同繁荣的原则，是党和各族人民的一个伟大创举。实践证明，这个制度具有很大的优越性，有力维护了国家统一和安全，保障了少数民族人民当家做主的权利，发展了平等团结互助和谐的民族关系，促进民族自治地方经济社会事业迅速发展。

党的十八大提出，要坚持和完善民族区域自治制度，牢牢把握各民族共同团结奋斗、共同繁荣发展的主题，深入开展民族团结进步教育，加快民族地区发展，保障少数民族合法权益，巩固发展平等团结互助和谐的社会主义民族关系，促进各民族和睦相处、和衷共济、和谐发展。

（五）基层群众自治制度

基层群众自治制度是我国一项基本政治制度。党的十七大将“基层群众自治制度”首次写入党代会报告，正式与人民代表大会制度、中国共产党领导的多党合作和政治协商制度、民族区域自治制度一起，纳入了中国特色政治制度范畴。它是依照宪法和法律规定，基层群众通过民主选举组成基层自治组织，实行自我管理、自我教育、自我服务、自我监督的制度。

基层群众自治制度是我国社会主义民主政治发展的基础，是我国最直接、最广泛、最生动的社会主义民主实践，使人民群众在广大基层直接参与社会主义民主政治建设，锻炼提升了民主能力，调动了参与社会主义民主政治建设的积极性，进一步推进了社会主义民主政治建设的总体进程。

改革开放以来，全国各地城乡基层民主不断扩大，公民有序的政治参与渠道增多，民主实现形式日益丰富，建立了以农村村民委员会、城市居民委员会和企业职工代表大会为主要内容的基层民主自治体系。随着经济社会的加快发展和深刻变化，基层群众自治面临着新形势新要求。党的十八大提出，要健全基层党组织领导的充满活力的基层群众自治机制，以扩大有序参与、推进信息公开、加强议事协商、强化权力监督为重点，拓宽范围和途径，丰富内容和形式，保障人民享有更多更切实的民主权利。

三、建设社会主义法治国家

依法治国，建设社会主义法治国家，是建设中国特色社会主义的重要目标。

党的十一届三中全会在总结经验教训基础上，提出了发展社会主义民主、健全社会主义法制的重大方针。党的十五大把依法治国确定为党领导人民治理国家的基本方略，提出了“依法治国，建设社会主义法治国家”的历史任务。1999 年 3 月，九届人大二次会议通过的宪法修正案正式把依法治国方略以国家根本大法的形式确定下来。2013 年 11 月，党的十八届三中全会提出了建设“法治中国”的目标任务，提出建设法治中国，必须坚持依法治国、依法执政、依法行政共同推进，坚持法治国家、法治政府、法治社会一体建设，进一步丰富了依法治国的思想内涵。2014 年 10 月，党的十八届四中全会通过《中共中央关于全面推进依法治国若干重大问题的决定》，提出了“全面推进依法治国”的任务，提出全面推进依法治国的总目标是建设中国特色社会主义法治体系，建设社会主义法治国家。2015 年 2 月，习近平提出把全面依法治国放在“四个全面”战略布局中来把握，进一步强调了全面依法治国的重要性。

依法治国，就是广大人民群众在党的领导下，依照宪法和法律规定，通过各种途径和形式管理国家事务，管理经济文化事业，管理社会事务，保证国家各项工作依法进行，逐步实现社会主义民主的制度化、法律化。其中，依法治国的主体是广大人民群众，依法治国的客体是国家事务、经济文化事业、社会事务，在管理过程中必须依法进行，依法之法是宪法和法律，任何组织和个人都必须严格依照宪法和法律办事，自觉维护宪法和法律的尊严。

依法治国是社会文明进步的显著标志，是实现国家治理体系和治理能力现代化的必然要求。法律在国家和社会中的地位和作用反映了一个社会的文明程度。依法治国是现代化国家的基本形式，法治化是国家治理体系和治理能力现代化不可或缺的内容，是现代文明的重要标志。社会主义法治体现全体人民的意志，依法治国是社会主义国家的必然选择。

依法治国是中国共产党执政方式的重大转变，有利于加强和改善党的领导。把坚持和改善党的领导同依法治国有机统一起来，从法律制度上保证党的基本路线和基本方针的贯彻落实，保证党始终发挥总揽全局、协调各方的领导核心作用。

依法治国是社会主义民主政治的基本要求。社会主义民主是社会主义法治的基础，社会主义法治是社会主义民主的保障。依法治国是发展社会主义民主、实现人民当家做主的根本保证。

依法治国是发展社会主义市场经济和扩大对外开放的客观需要。市场经济是一种法治经济，离不开法制的保障。在国际经济交往中，也需要按照国际惯例和规则办事。

依法治国是国家长治久安的重要保障。国家和社会的长治久安要依靠法治，需要依靠法治来协调社会关系、化解社会矛盾，维护社会稳定，同时依法打击各种犯罪活动，加强社会治安综合治理，创造良好的社会治安环境。

新中国成立后特别是改革开放以来，中国共产党高度重视法治建设，取得了长足进展。我国建设社会主义法制的基本要求是："有法可依、有法必依、执法必严、违法必究"。"有法可依"就是要建立统一、完备、科学的法律体系和制度；"有法必依"是要保证法律的普遍性和有效性，坚持法律面前人人平等；"执法必严"是在执法和司法上确保严格公正；"违法必究"是对一切违法犯罪行为都要依据法律给予惩处。到2010年底，以宪法为统帅，以宪法相关法、民法商法等多个法律部门的法律为主干，由法律、行政法规、地方法规等多个层次的法律规范构成的中国特色社会主义法律体系基本形成。到2014年2月底，中国已制定现行宪法和有效法律共240部、行政法规706部、地方性法规8600多部，中国特色社会主义法律体系进一步发展。正如习近平所言："我国形成了以宪法为统帅的中国特色社会主义法律体系，我们国家和社会生活各方面总体上实现了有法可依，这是我们取得的重大成就。"① 除此之外，法治政府建设稳步推进，司法体制不断完善，全社会法治观念明显增强。

但同时，法治建设还存在许多不适应、不符合的问题。在我国现阶段，有的法律法规

①《人民日报》，2013年2月25日。

针对性、可操作性不强，有法不依、执法不严、违法不究现象比较严重，执法司法不公现象突出，全民的法治素质有待进一步提高。在法治建设、推进依法治国方面还有很多工作要做。

党的十八届四中全会提出了全面推进依法治国和建设法治中国的具体途径：一是要完善以宪法为核心的中国特色社会主义法律体系，加强宪法实施。健全宪法实施和监督制度，完善立法体制，深入推进科学立法、民主立法，加强重点领域立法。二是深入推进依法行政，加快建设法治政府。依法全面履行政府职能，健全依法决策机制，深化行政执法体制改革，坚持严格规范公正文明执法，强化对行政权力的制约和监督，全面推进政务公开。三是保证公正司法，提高司法公信力。完善确保依法独立公正行使审判权和检察权的制度，优化司法职权配置，推进严格司法，保障人民群众参与司法，加强人权司法保障，加强对司法活动的监督。四是增强全民法治观念，推进法治社会建设。推动全社会树立法治意识，推进多层次多领域依法治理，建设完备的法律服务体系，健全依法维权和化解纠纷机制。五是加强法治工作队伍建设。建设高素质法治专门队伍，加强法律服务队伍建设，创新法治人才培养机制。六是加强和改进党对全面推进依法治国的领导。坚持依法执政，加强党内法规制度建设，提高党员干部法治思维和依法办事能力，推进基层治理法治化，深入推进依法治军从严治军，依法保障“一国两制”实践和推进祖国统一，加强涉外法律工作。

四、推进政治体制改革

政治体制是一个国家政治制度运行和发挥功能的体制安排，具体涉及政治制度运行的组成体系、功能结构、工作机制和程序安排。社会主义政治体制改革，是指在我国社会主义条件下对政治制度的某些领导制度、组织形式和工作方式的自我革新和完善。

我国建立的基本政治制度是好的，是适合中国国情的，为党和国家事业发展提供了重要制度保障。但同时，必须清醒地看到，我国政治体制还很不完善，党和国家现行的具体领导制度、组织形式和工作方式还存在一些缺陷。为了充分发挥中国特色社会主义政治发展道路的优势，把我国建设成为富强民主文明和谐的社会主义现代化强国，必须深化政治体制改革。从世界各国政治发展的经验来看，任何国家政治制度的确立、运行和巩固都需要一个不断改革和完善政治体制的过程。从当前中国国情来看，经济社会的发展对政治制度的功能和运行提出了新的、更高的要求，需要不断适应形势的变化不断推进政治体制改革。

政治体制改革是一项复杂系统工程。我国政治体制改革的总目标是建设中国特色社会主义民主政治。邓小平指出：“进行政治体制改革的目的，总的来讲是要清除官僚主义，发展社会主义民主，调动人民和基层单位的积极性。”① 党的十四大报告明确指出：政治体制改革的目标是建设有中国特色社会主义民主政治。在当前和今后一个时期，我国政治

①《邓小平文选》第三卷，人民出版社 1993 年版，第 177 页。

体制改革的具体目标是：以保证人民当家做主为根本，坚持和完善人民代表大会制度、中国共产党领导的多党合作和政治协商制度、民族区域自治制度以及基层群众自治制度，充分发挥我国社会主义政治制度优越性；更加注重改进党的领导方式和执政方式，保证党领导人民有效治理国家；更加注重健全民主制度、丰富民主形式，保证人民依法实行民主选举、民主决策、民主管理、民主监督；更加注重发挥法治在国家治理和社会管理中的重要作用，维护国家法制统一、尊严、权威，保证人民依法享有广泛权利和自由。

我国政治体制改革遵循的基本原则是：一是坚持党的领导，即坚持党总揽全局、协调各方的领导核心作用。我国政治体制改革是社会主义政治制度的自我完善和发展，必须坚持正确的政治方向。党的领导是政治体制改革健康发展、取得成功的根本保证。二是坚持国家一切权力属于人民。实行人民民主，充分保障人民当家做主的民主权利，是我国政治体制改革的根本出发点和归宿。三是坚持依法治国基本方略。依法治国有利于从法律制度上保证党的领导，是发展实现人民当家做主的根本保证。四是坚持从中国国情出发。每个国家都有自己的历史传统和经济、社会发展的实际情况，我国的政治体制改革应该适合中国国情，坚持社会主义政治制度的特点和优势，才能不断开创中国特色社会主义民主政治发展新局面。

党的十八届三中全会提出了当前我国政治体制改革的主要任务：一是推动人民代表大会制度与时俱进。完善中国特色社会主义法律体系，健全立法起草、论证、协调、审议机制，提高立法质量，防止地方保护和部门利益法制化；健全“一府两院”由人大产生、对人大负责、受人大监督制度；健全人大讨论、决定重大事项制度，各级政府重大决策出台前向本级人大报告；加强人大预算决算审查监督、国有资产监督职能；落实税收法定原则；加强人大常委会同人大代表的联系，充分发挥代表作用；通过建立健全代表联络机构、网络平台等形式密切代表同人民群众联系；完善人大工作机制，扩大公民有序参与立法途径，通过询问、质询、特定问题调查、备案审查等积极回应社会关切。二是推进协商民主广泛多层制度化发展。协商民主是我国社会主义民主政治的特有形式和独特优势，是党的群众路线在政治领域的重要体现。在党的领导下，以经济社会发展重大问题和涉及群众切身利益的实际问题为内容，在全社会开展广泛协商，坚持协商于决策之前和决策实施之中。三是发展基层民主。畅通民主渠道，健全基层选举、议事、公开、述职、问责等机制。开展形式多样的基层民主协商，推进基层协商制度化，建立健全居民、村民监督机制，促进群众在城乡社区治理、基层公共事务和公益事业中依法自我管理、自我服务、自我教育、自我监督。健全以职工代表大会为基本形式的企事业单位民主管理制度，加强社会组织民主机制建设，保障职工参与管理和监督的民主权利。

第七节　建设中国特色社会主义文化

建设中国特色社会主义文化，是建设中国特色社会主义总布局的重要组成部分。文化是民族的血脉，是人民的精神家园。建设中国特色社会主义文化，需要中国共产党坚持走中国特色社会主义文化发展道路，建设社会主义核心价值体系，积极培育和践行社会主义核心价值观，深化文化体制改革，推动社会主义文化大发展大繁荣，建设社会主义文化强国。

一、中国特色社会主义文化道路概述

中国共产党是一个具有高度文化自觉和文化自信的马克思主义政党，代表了中国先进文化的前进方向，在领导中国革命、建设、改革各个历史时期，不断探索文化发展规律，在实践中开辟了一条符合中国国情、顺应时代发展潮流的中国特色社会主义文化发展道路，不仅丰富了马克思主义文化理论，也推动中国特色社会主义文化发展到新阶段。

党的十一届三中全会以后，中国共产党对文化建设有了新认识，提出建设社会主义国家，不但要有高度的物质文明，而且要有高度的精神文明，要一手抓物质文明，一手抓精神文明，“两手抓，两手都要硬”。党的十三届四中全会以后，对文化建设规律的认识进一步深化，提出中国共产党要始终代表中国先进文化的前进方向，并明确了建设中国特色社会主义文化，就是以马克思主义为指导，以培育有理想、有道德、有文化、有纪律的公民为根本任务，发展面向现代化、面向世界、面向未来的，民族的科学的大众的社会主义文化。新世纪以来，随着改革开放的深入发展和对社会主义建设规律认识的深化，把文化建设摆在了更加突出的位置，强调要坚持社会主义先进文化前进方向，深化文化体制改革，推进社会主义文化大发展大繁荣，扎实推进社会主义文化强国建设。随着对社会主义文化建设规律认识的深化，在实践基础上，逐渐形成了中国特色社会主义文化发展道路。

中国特色社会主义文化发展道路，就是以马克思列宁主义、毛泽东思想、邓小平理论、“三个代表”重要思想和科学发展观为指导，以科学发展为主题，以建设社会主义核心价值体系为根本任务，以满足人民精神文化需求为出发点和落脚点，以改革创新为动力，发展面向现代化、面向世界、面向未来的、民族的科学的大众的社会主义文化，培养高度的文化自觉和文化自信，提高全民族文明素质，增强国家文化软实力，弘扬中华文化，努力建设社会主义文化强国。

坚持中国特色社会主义文化发展道路，必须坚持马克思主义为指导，坚持社会主义先进文化的前进方向。当前，国际国内都发生了广泛深刻的变化，不同思想文化交流碰撞更加频繁，意识形态领域斗争更加复杂，人们思想价值观念更加多样，这就需要毫不动摇地坚持马克思主义的指导地位，并推进马克思主义中国化时代化大众化，坚持用发展着的马克思主义解决文化改革发展中遇到的问题，指引正确的方向。

坚持中国特色社会主义文化发展道路，必须发挥人民在文化建设中的主体作用，坚持文化发展为了人民、文化发展依靠人民、文化发展成果由人民共享。在文化创造过程中，贴近实际、贴近生活、贴近群众，充分尊重人民群众在文化建设中的首创精神，把满足人民日益增长的精神文化需求作为文化发展的根本动力，不断提高全民族的思想道德素质和科学文化素质，努力让文化发展成果惠及全体人民。

坚持中国特色社会主义文化发展道路，必须坚持改革创新精神，进一步增强文化创造力。创新是文化的本质特征。只有不断深化文化体制改革，创新文化体制机制，才能不断解放和发展文化生产力，为建设社会主义文化强国提供强大动力。

坚持中国特色社会主义文化发展道路，必须继承和发扬中华优秀文化传统，吸收外来有益文化，大力弘扬中华文化，建设中华民族共有精神家园。要结合时代特点，对中华民族优秀文化传统加以继承和弘扬，对人类文明优秀成果加以积极借鉴，做到博采众长，同时加强对外文化交流，不断增强中华文化的影响力。

二、建设社会主义核心价值体系

一个国家、一个民族、一个社会在长期共同的认识和实践活动中，会形成一定的价值观念体系，其中有居于核心地位、起主导和统领作用的价值体系，即核心价值体系，去整合各种价值观念和社会力量，这是一定的社会系统得以运转、一定的社会秩序得以维持的基本精神依托。建设和发展中国特色社会主义，需要有一个这样的能够被全社会共同接受和认同的社会主义核心价值体系来引领。社会主义核心价值体系是社会主义意识形态的本质体现，是社会主义制度的内在价值取向和精神之魂，是全党全国各族人民团结奋斗的共同思想基础，是国家软实力的核心内容。

在全球化的背景下，在中西、古今、新旧等思想价值观念碰撞和冲突中，在我国社会处于转型期的现状下，2006 年 10 月，党的十六届六中全会明确提出了“建设社会主义核心价值体系”的重大命题和战略任务。社会主义核心价值体系的基本内容包括：马克思主义指导思想，中国特色社会主义共同理想，以爱国主义为核心的民族精神和以改革创新为核心的时代精神，社会主义荣辱观。这四个方面的基本内容相互联系、相互贯通、有机统一，共同构成了完整的社会主义核心价值体系，共同构成了社会主义意识形态的主体内容。

马克思主义指导思想是社会主义核心价值体系的灵魂。马克思主义是我们立党立国的根本指导思想，提供了科学的世界观和方法论，决定了社会主义核心价值体系的性质和方向。

中国特色社会主义共同理想是社会主义核心价值体系的主题。这个共同理想，就是在中国共产党的领导下，走中国特色社会主义道路，实现中华民族的伟大复兴。这个共同理想，把党在社会主义初级阶段的目标、国家的发展、民族的振兴与个人的幸福紧密联系在一起，把各个阶层、各个群体的共同愿望有机结合在一起，形成克服任何困难、创造美好未来的强大精神纽带和动力。

以爱国主义为核心的民族精神和以改革创新为核心的时代精神是社会主义核心价值体系的精髓。在五千多年的历史发展中，中华民族形成了以爱国主义为核心的团结统一、爱好和平、勤劳勇敢、自强不息的伟大民族精神。在改革开放新时期，形成了以改革创新为核心的时代精神。民族精神和时代精神互相联系，密不可分。它们已经深深熔铸在中华民族的生命力、创造力和凝聚力之中，共同构成了中华民族的精神品格，成为推动中华民族伟大复兴的不竭精神动力。

社会主义荣辱观是社会主义核心价值体系的基础。以“八荣八耻”为主要内容的社会主义荣辱观，是与社会主义市场经济相适应、与社会主义法律规范相协调、与中华民族传统美德相承接的社会主义思想道德体系。鲜明地指出了在社会主义市场经济条件下，应当坚持和提倡什么、反对和抵制什么，为全体社会成员判断行为得失、作出道德选择、确定价值取向提供了基本的价值准则和行为规范。

在当前思想大活跃、观念大碰撞、文化大交融的背景下，需要加强社会主义核心价值体系建设。党的十八大提出了的具体举措：要深入开展社会主义核心价值体系学习教育，用社会主义核心价值体系引领社会思潮、凝聚社会共识；推进马克思主义中国化时代化大众化，坚持不懈用中国特色社会主义理论体系武装全党、教育人民；广泛开展理想信念教育，把广大人民团结凝聚在中国特色社会主义伟大旗帜之下；大力弘扬民主精神和时代精神，深入开展爱国主义、集体主义、社会主义教育，丰富人民精神世界，增强人民精神力量；倡导富强、民主、文明、和谐，倡导自由、平等、公正、法治，倡导爱国、敬业、诚信、友善，积极培育和践行社会主义核心价值观。

在建设社会主义核心价值体系的基础上，党的十八大首次提出了培育和践行社会主义核心价值观的重大任务，这是与中国特色社会主义发展要求相契合，与中华优秀传统文化和人类文明优秀成果相承接，是我们党凝聚全党全社会价值共识作出的重要论断。富强、民主、文明、和谐是国家层面的价值目标，自由、平等、公正、法治是社会层面的价值取向，爱国、敬业、诚信、友善是公民个人层面的价值准则。这 24 个字是社会主义核心价值观的基本内容，为培育和践行社会主义核心价值观提供了基本遵循。习近平指出："这个概括，实际上回答了我们要建设什么样的国家、建设什么样的社会、培育什么样的公民的重大问题。"①

为了积极培育和践行核心价值观，2013 年 12 月，中共中央办公厅印发的《关于培育和践行社会主义核心价值观的意见》（简称《意见》)。《意见》提出了把培育和践行社会主义核心价值观融入国民教育全过程、把培育和践行社会主义核心价值观落实到经济发展实践和社会治理中、加强社会主义核心价值观宣传教育、开展涵养社会主义核心价值观的实践活动、加强对培育和践行社会主义核心价值观的组织领导等方面的具体要求，对推动社会主义核心价值观不断转化为社会群体意识和人们的自觉行动具有重要作用。习近平强调："把培育和弘扬社会主义核心价值观作为凝魂聚气、强基固本的基础工程"，并且提出"培育和弘扬社会主义核心价值观必须立足中华优秀传统文化"，"要切实把社会主义核心价值观贯穿于社会生活方方面面"，"要发挥政策导向作用"。② 这进一步为培育和弘扬社会主义核心价值观提供了具体指导。

三、加强思想道德建设和发展教育科学

（一）加强思想道德建设

思想道德建设，是解决整个中华民族的精神支柱和动力支持问题。加强思想道德建

①《人民日报》，2014 年5月5日。

②《人民日报》，2014 年2月26日。

设，是建设社会主义核心价值体系的必然要求，是中国特色社会主义文化建设的重要内容和中心环节。

改革开放以来，我国公民思想道德建设呈现积极健康的良好态势，人民群众展示出良好精神风貌，社会风气总体良好，全民族文明素质明显提高。但也要看到，在市场经济和对外开放的条件下，社会主义思想道德建设依然存在不少亟待解决的问题。部分社会成员理想信念淡漠、人生价值观扭曲，是非、荣辱、善恶、美丑界限混淆，一些领域道德失范、诚信缺失，拜金主义、享乐主义、极端个人主义有所滋长，消极颓废、见利忘义、以权谋私、行贿受贿、贪赃枉法、腐化堕落、造假欺诈、损人利己等现象时有发生。这些问题使得加强思想道德建设成为一项重大而紧迫的任务。

加强思想道德建设，要加快建立和完善社会主义思想道德体系。与社会主义市场经济相适应，进一步加强和改进思想道德建设，逐步建立日益完善、反映不同层次和不同职业要求、具有很强引导力和规范力的道德体系，促进社会主义市场经济健康发展。与社会主义法律规范相协调，坚持依法治国与以德治国相结合，使法律与道德相辅相成，相互促进。与中华民族传统美德相承接，弘扬中华民族优秀传统美德，发扬党领导人民在革命、建设和改革实践中形成的优良道德，使社会主义思想道德既体现时代特点又具有鲜明的民族特色。

加强思想道德建设，要着力提高公民道德素质，这是社会主义道德建设的基本任务。加强社会公德、职业道德、家庭美德、个人品德教育，弘扬中华民族传统美德，弘扬时代新风。推进公民道德建设工程，弘扬真善美、贬斥假恶丑，引导人们自觉履行法定义务、社会责任、家庭责任，营造劳动光荣、创造伟大的社会氛围，培育知荣辱、讲正气、作奉献、促和谐的良好风尚。深入开展道德领域突出问题专项教育和治理，加强政务诚信、商务诚信、社会诚信和司法公信建设。加强和改进思想政治工作，注重人文关怀和心理疏导，培育自尊自信、理性和平、积极向上的社会心态。深化群众性精神文明创建活动，广泛开展志愿服务，推动学雷锋活动、学习宣传道德模范常态化。

（二）发展教育和科学

发展教育和科学对提升民族素质、提高社会文明程度、促进经济社会全面进步具有重要作用，是中国特色社会主义文化建设的重要内容。

改革开放以来，我国教育和科学事业的发展与现代化进程基本适应，取得了重大成就。当前，新一轮科技革命和产业变革正在孕育兴起，我国正处在社会转型、改革攻坚、实现科学发展的关键时期，对教育和科学事业的发展提出了新的更高的要求。

科学技术是生产力，这是马克思主义的基本观点。1988 年 9 月，根据当代科学技术发展的趋势和现状，邓小平提出了“科学技术是第一生产力”的论断①。当前，作为第一生产力的科学技术，越来越成为经济社会发展的决定性因素，科技竞争成为国际综合国力竞争的焦点。我国要全面建成小康社会、实现现代化和中华民族伟大复兴的目标，必须大

①《邓小平文选》第三卷，人民出版社 1993 年版，第 274 页。

力推进科技进步和创新，进一步发挥科学技术对经济社会发展的关键性作用，把经济建设转移到依靠科技进步和提高劳动者素质的轨道上来。实施创新驱动发展战略，坚持走中国特色自主创新道路，深化科技体制改革，加快建设国家创新体系，完善知识创新体系，实施国家科技重大专项，突破重大技术瓶颈，加快新技术新工艺研发应用，完善科技创新评价标准，实施知识产权战略，促进创新资源高效配置和综合集成，加强科学普及，不断提升我国的科技水平和全社会的科学素质。

哲学社会科学是人们认识世界、改造世界的重要工具，是推动历史发展、社会进步和人的全面发展的重要力量，是现代化国家的一种战略性资源。哲学社会科学的研究能力和成果是综合国力的重要组成部分。哲学社会科学和自然科学是人类社会发展的两个历史车轮，两者相辅相成，相互促进，不能畸重或偏废一方，否则就会付出巨大代价。在改革开放和社会主义现代化建设的进程中，哲学社会科学和自然科学同等重要。现代科学技术的迅猛发展，人类的生产方式、交往方式、生活方式和财富分配方式发生重大改变，人们的历史观、时空观、价值观等也发生深刻变化，哲学社会科学的作用进一步凸显。我们要立足现实，结合实际，以重大理论问题和现实问题为主攻方向，推动理论创新和知识创新，研究回答党和国家发展的全局性、战略性、前瞻性问题，充分发挥认识世界、传承文明、创新理论、资政育人、服务社会的功能。

发展科学离不开教育，教育是民族振兴和社会进步的基石。要坚持教育优先发展，推动我国教育全面协调可持续发展，培养人才，建设人力资源强国，为全面建成小康社会、实现中华民族伟大复兴提供强有力的人才和人力资源保障。全面贯彻党的教育方针，坚持教育为社会主义现代化服务、为人民服务，把立德树人作为教育的根本任务，培养德智体美全面发展的社会主义建设者和接班人；全面实施素质教育，深化教育领域综合改革，着力提高教育质量；完善终身教育体系，建设学习型社会；大力促进教育公平，合力配置教育资源；鼓励引导社会力量兴办教育；加强教师队伍建设提高师德水平和业务能力。

四、深化文化体制改革

发展社会主义先进文化，建设社会主义文化强国，提高国家文化软实力，必须要不断深化文化体制改革，解放和发展文化生产力，让一切文化创造源泉充分涌流。

改革开放以来，特别是党的十六大以来，我国文化体制改革取得积极进展，文化事业和文化产业步入协调快速发展的良性轨道，文化建设取得巨大成就。2002 年，党的十六大突出强调了文化建设的重要地位和作用，把文化分为文化事业和文化产业，提出根据社会主义精神文明建设的特点和规律，适应社会主义市场经济发展的要求，推进文化体制改革。在实践中文化体制改革进入试点摸索阶段。2005 年底，在总结文化体制改革试点工作基础上，中共中央、国务院发布了《关于深化文化体制改革的若干意见》，使文化体制改革思想进一步系统化理论化，文化体制改革全面推进。2011 年，党的十七届六中全会通过《中共中央关于深化文化体制改革　推动社会主义文化大发展大繁荣若干重大问题的决定》，文化体制改革进入新的发展阶段。

在文化体制改革取得丰硕成果的同时，公共文化服务体系不健全，城乡、区域文化发展不平衡，文化产业规模不大、结构不合理，束缚文化生产力发展的体制机制问题尚未根本解决等问题还比较突出。党的十八届三中全会对全面深化文化体制改革作出了新的重大战略部署。提出要坚持以人民为中心的工作导向，坚持把社会效益放在首位、社会效益和经济效益相统一，以激发全民族文化创造活力为中心环节，进一步深化文化体制改革。完善文化管理体制，健全坚持正确舆论导向的体制机制。建立健全现代文化市场体系，完善文化市场准入和退出机制，继续推进国有经营性文化单位转企改制，推动文化企业跨地区、跨行业、跨所有制兼并重组，鼓励非公有制文化企业发展。构建现代公共文化服务体系，建立公共文化服务体系建设协调机制，建立群众评价和反馈机制，明确不同文化事业单位功能定位，建立法人治理结构，完善绩效考核机制，引入竞争机制，推动公共文化服务社会化发展。

第八节　建设社会主义和谐社会

建设社会主义和谐社会是建设中国特色社会主义总布局的重要组成部分。社会和谐是中国特色社会主义的本质属性，是国家富强、民族振兴、人民幸福的重要保证，是中国共产党不懈追求的社会理想。加强社会建设，必须以保障和改善民生为重点，积极解决好直接关系人民群众根本利益和现实利益问题，深化社会体制改革，创新社会治理体制，增强社会发展活力，提高社会治理水平，全面推进和谐社会建设。

一、社会主义和谐社会概述

建设和谐社会，始终是中国共产党的奋斗目标。党的十一届三中全会后，邓小平在继承毛泽东关于社会主义社会建设的思想基础上，结合改革开放的实际，科学阐述了社会主义社会建设的一系列重要观点。党的十六大第一次把“社会更加和谐”作为全面建设小康社会的目标之一提了出来，也使社会和谐的概念开始进入人们的视野。2006 年 10 月，党的十六届六中全会通过了《中共中央关于构建社会主义和谐社会若干重大问题的决定》，全面分析了形势和任务，提出了构建社会主义和谐社会的若干重大问题，对当前和今后一个时期构建社会主义和谐社会作出了全面部署，建设社会主义和谐社会成为全党全国人民的共识和共同的奋斗目标。此后，党的十七大、十八大都进一步强调了建设社会主义和谐社会的重要性，并将社会建设纳入建设中国特色社会主义的总布局。

建设社会主义和谐社会，是抓住和用好重要战略机遇期、实现全面建成小康社会目标的必然要求，是我们把握复杂多变的国际形势、有利应对来自国际环境的各种挑战和风险的必然要求，是巩固执政党的社会基础、实现党执政的历史任务的必然要求。

当前，我国总体上是和谐的，但也存在不少影响社会和谐的矛盾和问题，国际环境复杂多变，发展机遇前所未有，同时面临的挑战也前所未有，需要把建设和谐社会放在更突出的位置上。搞好社会建设，是增强共产党执政的社会基础，也才能实现党执政的历史任务。

建设社会主义和谐社会的提出，是对马克思主义关于社会主义社会建设理论的丰富和发展；是对社会主义建设规律认识的深化，把社会建设置于与经济、政治、文化建设同等地位，使社会建设居于突出位置；是对中国共产党执政规律认识的深化，进一步升华了中国共产党的执政理念。建设社会主义和谐社会，在实践中对于推动党和人民的事业发展、保证党和国家的长治久安、确保全面建成小康社会目标的实现、实现好维护好发展好最广大人民的利益、应对国内国际各种风险挑战具有重要作用。

社会主义和谐社会，是民主法治、公平正义、诚信友爱、充满活力、安定有序、人与自然和谐相处的社会。民主法治，就是社会主义民主得到充分发扬，依法治国的基本方略得到切实落实，各方面积极因素得到广泛调动。公平正义，就是社会各方面的利益关系得到妥善协调，人民内部矛盾和其他社会矛盾得到正确处理，社会公平和正义得到切实维护和实现。诚信友爱，就是全社会互帮互助、诚实守信，全体人民平等友爱、融洽相处。充满活力，就是能够使一切有利于社会进步的创造愿望得到尊重，创造活动得到支持，创造才能得到发挥，创造成果得到肯定。安定有序，就是社会组织机制健全，社会管理完善，社会秩序良好，人民群众安居乐业，社会保持安定团结。人与自然和谐相处，就是生产发展，生活富裕，生态良好。以上这些基本特征是相互联系、相互作用的，既包括社会关系的和谐，也包括人与自然关系的和谐，体现了民主与法治的统一、公平与效率的统一、活力与秩序的统一、科学与人文的统一、人与自然的统一。这六个方面的内容十分丰富，既是社会主义和谐社会的科学内涵和总体特征，也是我们构建和谐社会的总体要求。

二、建设社会主义和谐社会的总体思路

和谐社会建设是贯穿中国特色社会主义事业全过程的长期历史任务。党的十六届六中全会明确了建设社会主义和谐社会的指导思想和基本原则，为推进和谐社会建设提供了基本遵循。

建设社会主义和谐社会的指导思想是必须坚持以马克思列宁主义、毛泽东思想、邓小平理论和“三个代表”重要思想为指导，坚持党的基本路线、基本纲领、基本经验，坚持以科学发展观统领经济社会发展全局，按照民主法治、公平正义、诚信友爱、充满活力、安定有序、人与自然和谐相处的总要求，以解决人民群众最关心、最直接、最现实的利益问题为重点，着力发展社会事业、促进社会公平正义、建设和谐文化、完善社会管理、增强社会创造活力，走共同富裕道路，推动社会建设与经济建设、政治建设、文化建设协调发展。

建设社会主义和谐社会的基本原则是必须坚持以人为本；必须坚持科学发展；必须坚持改革开放；必须坚持民主法治；必须坚持正确处理改革发展稳定的关系；必须坚持在党的领导下全社会共同建设。

建设社会主义和谐社会需要与全面建成小康社会和基本实现现代化的目标相衔接。党的十六届六中全会提出了到 2020 年，建设社会主义和谐社会的目标和主要任务。党的十七大将上述几个方面的目标和任务进一步完善。党的十八大围绕全面建成小康社会的目

标，又根据我国经济社会发展实际，提出了社会建设的目标：人民生活水平全面提高，基本公共服务均等化总体实现，全民受教育程度和创新人才培养水平明显提高，进入人才强国和人力资源强国行列，教育现代化基本实现，就业更加充分，收入分配差距缩小，中等收入群体持续扩大，扶贫对象大幅减少，社会保障全民覆盖，人人享有基本医疗卫生服务，住房保障体系基本形成，社会和谐稳定。党的十八届五中全会又进一步提出全面建成小康社会新的目标要求，其中社会建设的目标是人民生活水平和质量普遍提高，具体包括就业比较充分，就业、教育、文化、社保、医疗、住房等公共服务体系更加健全，基本公共服务均等化水平稳步提高；教育现代化取得重要进展，劳动年龄人口受教育年限明显增加；收入差距缩小，中等收入人口比重上升；我国现行标准下农村贫困人口实现脱贫，贫困县全部摘帽，解决区域性整体贫困。

三、以保障和改善民生为重点深化社会体制改革

提高人民物质文化生活水平，是改革开放和社会主义现代化建设的根本目的。社会体制改革，是社会建设的重要组成部分。建设社会主义和谐社会是一个复杂的社会系统工程，既要统筹兼顾，又要重点突出，以保障和改善民生为重点，着力解决突出矛盾和关键问题，深化社会体制改革，在持续推进社会建设上取得实实在在的成效，努力形成社会和谐人人有责、和谐社会人人共享的生动局面。

当前，从总体上看，我国的社会建设与我国国情和社会主义制度是适应的，但同时也要看到，随着改革开放的深入发展，一些问题也日益突出。比如，社会结构不尽合理，社会组织体制有待完善，社会服务体系还不健全，社会管理理念思路、体制机制、法律政策、方法手段还存在许多不适应的地方，广大人民群众没有公平享有改革发展成果等。

党的十八大指出，加强社会建设，必须以保障和改善民生为重点，要多谋民生之利，多解民生之忧，解决好人民最关心最直接最现实的利益问题，在学有所教、劳有所得、病有所医、老有所养、住有所居上持续取得新进展，努力让人民过上更好生活。加强社会建设，必须加快推进社会体制改革，要围绕构建中国特色社会主义社会管理体系，加快形成党委领导、政府负责、社会协同、公众参与、法治保障的社会管理体系，加快形成政府主导、覆盖城乡、可持续的基本公共服务体系，加快形成政社分开、权责明确、依法自治的现代社会组织体制，加快形成源头治理、动态管理、应急处置相结合的社会管理机制。

党的十八届三中全会进一步强调，必须紧紧围绕更好保障和改善民生、促进社会公平正义，深化社会体制改革。在教育、就业、收入分配、社会保障和医疗卫生等关系民生福祉的领域提出深化体制改革的具体要求。

第一，深化教育领域综合改革。全面贯彻党的教育方针，坚持立德树人，加强社会主义核心价值体系教育，完善中华优秀传统文化教育，大力促进教育公平，统筹城乡义务教育资源均衡配置，加快现代职业教育体系建设，创新高校人才培养机制，推进学前教育、特殊教育、继续教育改革发展，推进考试招生制度改革，深入推进管办评分离，强化国家

教育督导，健全政府补贴、政府购买服务、助学贷款、基金奖励、捐资激励等制度，鼓励社会力量兴办教育。

第二，健全促进就业创业体制机制。建立经济发展和扩大就业的联动机制，健全政府促进就业责任制度。规范招人用人制度，消除城乡、行业、身份、性别等一切影响平等就业的制度障碍和就业歧视。完善扶持创业的优惠政策，形成政府激励创业、社会支持创业、劳动者勇于创业新机制。完善城乡均等的公共就业创业服务体系，构建劳动者终身职业培训体系。增强失业保险制度预防失业、促进就业功能，完善就业失业监测统计制度。创新劳动关系协调机制，畅通职工表达合理诉求渠道。促进就业，激励高校毕业生自主创业，实施就业促进计划。

第三，形成合理有序的收入分配格局。着重保护劳动所得，努力实现劳动报酬增长和劳动生产率提高同步，提高劳动报酬在初次分配中的比重。健全工资决定和正常增长机制，完善最低工资和工资支付保障制度，完善企业工资集体协商制度。改革机关事业单位工资和津贴补贴制度，完善艰苦边远地区津贴增长机制。健全资本、知识、技术、管理等由要素市场决定的报酬机制。多渠道增加居民财产性收入。完善以税收、社会保障、转移支付为主要手段的再分配调节机制。建立公共资源出让收益合理共享机制。完善慈善捐助减免税制度，支持慈善事业发挥扶贫济困积极作用。规范收入分配秩序，完善收入分配调控体制机制和政策体系，逐步形成橄榄型分配格局。

第四，建立更加公平可持续的社会保障制度。坚持社会统筹和个人账户相结合的基本养老保险制度。推进机关事业单位养老保险制度改革。整合城乡居民基本养老保险制度、基本医疗保险制度。推进城乡最低生活保障制度统筹发展。建立健全合理兼顾各类人员的社会保障待遇确定和正常调整机制。完善社会保险关系转移接续政策，扩大参保缴费覆盖面，适时适当降低社会保险费率。研究制定渐进式延迟退休年龄政策。加快健全社会保障管理体制和经办服务体系。健全符合国情的住房保障和供应体系。健全社会保障财政投入制度，完善社会保障预算制度。加强社会保险基金投资管理和监督。构建多层次社会保障体系。加快建立社会养老服务体系和发展老年服务产业。健全农村留守儿童、妇女、老年人关爱服务体系，健全残疾人权益保障、困境儿童分类保障制度。

第五，深化医药卫生体制改革。统筹推进医疗保障、医疗服务、公共卫生、药品供应、监管体制综合改革。深化基层医疗卫生机构综合改革，健全网络化城乡基层医疗卫生服务运行机制。加快公立医院改革。完善合理分级诊疗模式，建立社区医生和居民契约服务关系。充分利用信息化手段，促进优质医疗资源纵向流动。加强区域公共卫生服务资源整合。取消以药补医，理顺医药价格，建立科学补偿机制。改革医保支付方式，健全全民医保体系。加快健全重特大疾病医疗保险和救助制度。完善中医药事业发展政策和机制。鼓励社会办医，优先支持举办非营利性医疗机构。逐步调整完善生育政策，促进人口长期均衡发展。

党的十八届五中全会提出共享发展理念，着力增进人民福祉，在增加公共服务供给、实施脱贫攻坚工程、提高教育质量、促进就业创业、缩小收入差距、建立更加公平更加可持续的社会保障制度、推进健康中国建设、促进人口均衡发展等方面做出具体部署，有力推进了社会体制改革的深入发展。

四、加强和创新社会治理

改革开放以来，中国社会治理经历了一个从传统的社会管理到现代的社会治理的过程。党的十四届三中全会提出政府部门要强化社会管理职能。党的十六大明确确定政府职能是“经济调节、市场监管、社会管理、公共服务”。到2004年，中央正式提出社会管理格局是“党委领导、政府负责、社会协同、公众参与”。党的十八大在此基础上又增加了“法制保障”，突出了法制在社会管理中的保障作用。党的十八届三中全会鲜明提出了“创新社会治理体制”，党的十八届五中全会进一步明确提出“加强和创新社会治理”。从“社会管理”到“社会治理”，适应了新形势下我国社会结构和社会组织形式发生深刻变动、社会管理环境发生深刻变化的需要，体现出党对社会发展规律和社会建设规律认识的深化，彰显了党和政府领导思维的跨越、执政理念的升华和治国方略的转型，是新一轮改革的要义所指、精髓所在。

当前，我国社会处在大转型时期，工业化、信息化、城镇化、市场化、国际化深入发展，经济社会发生广泛深刻变化，对社会治理提出更高要求。同时，我国的政府职能转变还不到位，还存在“越位”“缺位”现象，社会治理手段还比较单一；社会组织发展还不成熟，难以满足社会发展的需要；社会建设也亟待完善，社区自治能力不强，服务体系不健全，服务水平不高。这些都需要进一步加强社会治理，创新社会治理理念思路、体制机制、方法手段，提高社会治理能力。

党的十八届三中全会提出创新社会治理体制的理念和目标是：创新社会治理，必须着眼于维护最广大人民根本利益，最大限度增加和谐因素，增强社会发展活力，提高社会治理水平，全面推进平安中国建设，维护国家安全，确保人民安居乐业、社会安定有序；提出创新社会治理体制的思路和对策包括：改进社会治理方式、激发社会组织活力、创新有效预防和化解社会矛盾体制、健全公共安全体系。

党的十八届五中全会提出加强和创新社会治理的目标是：建设平安中国，完善党委领导、政府主导、社会协同、公众参与、法治保障的社会治理体制，推进社会治理精细化，构建全民共建共享的社会治理格局。健全利益表达、利益协调、利益保护机制，引导群众依法行使权利、表达诉求、解决纠纷。增强社区服务功能，实现政府治理和社会调节、居民自治良性互动。

党的十八届五中全会进一步提出加强和创新社会治理的具体措施包括：一是加强社会治理基础制度建设，建立国家人口基础信息库、统一社会信用代码制度和相关实名登记制度，完善社会信用体系，健全社会心理服务体系和疏导机制、危机干预机制。二是完善社会治安综合治理体制机制，以信息化为支撑加快建设社会治安立体防控体系，建设基础综合服务管理平台。落实重大决策社会稳定风险评估制度，完善社会矛盾排查预警和调处化解综合机制，加强和改进信访和调解工作，有效预防和化解矛盾纠纷。严密防范、依法惩治违法犯罪活动，维护社会秩序。三是牢固树立安全发展观念，坚持人民利益至上，加强全民安全意识教育，健全公共安全体系。完善和落实安全生产责任和管理制度，实行党政同责、一岗双责、失职追责，强化预防治本，改革安全评审制度，健全预警应急机制，加大监管执法力度，及时排查化解安全隐患，坚决遏制重特大安全事故频发势头。实施危险化学品和化工企业生产、仓储安全环保搬迁工程，加强安全生产基础能力和防灾减灾能力建设，切实维护人民生命财产安全。四是贯彻总体国家安全观，实施国家安全战略，落实重点领域国家安全政策，完善国家安全审查制度，完善国家安全法治，建立国家安全体系。依法严密防范和严厉打击敌对势力渗透颠覆破坏活动、暴力恐怖活动、民族分裂活动、极端宗教活动，坚决维护国家政治、经济、文化、社会、信息、国防等安全。

第九节　建设社会主义生态文明

建设社会主义生态文明，是中国特色社会主义总布局的重要组成部分，要融入经济建设、政治建设、文化建设、社会建设各方面和全过程。建设生态文明，是关系人民福祉、关乎民族未来的长远大计。

一、社会主义生态文明概述

生态文明是人类文明的一种形态，以尊重和维护自然为前提，以人与人、人与自然、人与社会和谐共生为宗旨，以实现社会、经济与自然的可持续发展和人的自由全面发展为目的，强调人与自然环境的相互依存、相互促进、共处共融，是人类能够自觉地把一切社会经济活动都纳入地球生物圈系统的良性循环运动。生态文明是人类对传统文明形态特别是工业文明进行深刻反思的成果，是人类文明形态和文明发展理念、道路和模式的重大进步。

改革开放以来，中国共产党在领导开创中国特色社会主义建设新局面的过程中，逐渐认识到随着人口的增长、经济的发展和人民消费水平的不断提高，我国本来就已经短缺的资源和脆弱的环境面临着越来越大的压力，到了新世纪新阶段，资源约束趋紧、环境污染严重、生态系统退化的形势更加严峻，必须把生态文明建设放在突出地位，由此党逐渐明确了建设生态文明的选择，在我国开启了建设社会主义生态文明的新的航程。

1983 年，我国第二次全国环境保护会议指出，环境保护是我国的一项基本国策。1994 年，我国政府批准发布了《中国 21 世纪议程——中国 21 世纪人口、环境与发展白皮书》，从人口、环境与发展的具体国情出发，提出了中国可持续发展的总体战略、对策以及行动方案。2002 年，党的十六大将“可持续发展能力不断增强，生态环境得到改善，资源利用效率显著提高，促进人与自然的和谐，推动整个社会走上生产发展，生活富裕，生态良好的文明发展之路”列为全面建设小康社会的四大目标之一。2005 年，党的十六届五中全会提出将节约资源作为基本国策。2007 年，党的十七大首次提出“建设生态文明”，把“建设生态文明”提到了发展战略的高度，要求到 2020 年全面建设小康社会目标实现之时，使我国成为生态环境良好的国家。2012 年，党的十八大把生态文明建设纳入中国特色社会主义事业五位一体总体布局，明确提出把生态文明建设放在突出地位，提出要努力建设美丽中国，实现中华民族永续发展。2015 年，党的十八届五中全会提出了绿色发展理念。这充分体现了中国共产党对生态建设的高度重视和对全球生态问题高度负责的精神，同时也表明了加强生态文明建设的坚定意志和坚强决心。

建设社会主义生态文明，是中国共产党领导中国人民建设中国特色社会主义的基础条件。中国特色社会主义应该是经济、政治、文化、社会和生态文明共同发展的道路，其中，生态文明应成为社会主义文明体系的基础。社会主义的经济、政治、文化、社会离不开生态文明，没有良好的生态条件，人不可能有高度的物质享受、政治享受、精神享受和社会享受。没有生态安全，人类自身就会陷入不可逆转的生存危机。

建设社会主义生态文明，是应对全球生态危机的战略举措。人类进入工业社会后，大量化石燃料的使用和大工业的兴盛、科技力量的壮大，使生态环境遭到了前所未有的污染和破坏，已经直接威胁到人类的生存，引发全球性生态危机。随着保护环境意识的不断觉醒，改变工业文明模式、建设生态文明逐渐成为全球的共识和时代发展潮流。

建设社会主义生态文明，是破解我国经济社会发展难题的必然选择。改革开放三十多年来，我国经济高速增长，但同时付出了巨大的环境资源代价。发达国家工业化上百年分阶段出现的生态问题，我国集中出现。我国整体资源利用率不高，资源浪费现象突出，对外依存度高，经济社会发展与资源紧缺之间的矛盾越来越突出。环境状况总体恶化的趋势没有根本遏制，一些重点流域水污染严重，大面积雾霾天气增多，环境群体性事件频发。生态系统退化严重，水土流失、土地沙化、草原退化等现象严重，自然灾害频发。面对这样严峻的形势，必须加快建设社会主义生态文明。

二、建设社会主义生态文明总体思路

我国的生态文明建设需要立足当前特殊的自然生态环境现状、经济发展水平、文化建设状况、社会政治条件以及人口素质等，走符合国情的社会主义生态文明建设道路。

党的十八大提出到 2020 年实现全面建成小康社会时，我国生态文明建设的目标是：资源节约型、环境友好型社会建设取得重大进展；主体功能区布局基本形成，资源循环利用体系初步建立；单位国内生产总值能源消耗和二氧化碳排放大幅下降，主要污染物排放总量显著减少；森林覆盖率提高，生态系统稳定性增强，人居环境明显改善。党的十八届五中全会进一步提出了全面建成小康社会新的目标要求，其中生态文明建设的目标是生态环境质量总体改善，具体包括生产方式和生活方式绿色、低碳水平上升；能源资源开发利用效率大幅提高，能源和水资源消耗、建设用地、碳排放总量得到有效控制，主要污染物排放总量大幅减少；主体功能区布局和生态安全屏障基本形成。

建设社会主义生态文明的总体思路是：第一，建设生态文明，必须树立尊重自然、顺应自然、保护自然的生态文明理念。思想观念是行动的先导，生态文明建设要取得重大进展，首要的是破除人类以征服者的姿态对待自然、以人类自身为中心的陈旧观念，确立人与自然和谐相处、平等相待的观念意识。要尊重自然，就是对自然有敬畏之心，尊重自然界的价值，认识到自然是一切生物共同的家园，人类只是自然界的一分子，不是自然界的主宰，人类与自然是平等的，应该与自然和谐共处，互惠互利。要顺应自然，就是清醒地意识到自然界是一个完整的有机的生态系统，具有自身运动、变化和发展的内在规律，人类利用和改造自然的实践活动必须适应自然规律，不能违背自然规律，才能做到人与自然的和谐相处。要保护自然，就是要人类在向自然索取生存发展之需时必须承担重要责任，呵护自然，回报自然，保护自然界的生态系统，把人类活动限制在自然能够承载的范围之内，防止生态赤字和人为造成生态灾难，实现人类对自然获取和给予的平衡。

第二，建设生态文明，必须把生态文明建设融入经济建设、政治建设、文化建设、社会建设各方面和全过程。生态文明建设不仅仅是资源环境方面的工作，还涉及生产方式、生活方式根本性变革的战略任务，这就需要在经济建设、政治建设、文化建设、社会建设各领域进行全面变革，把生态文明理念、原则、目标、方法等全面贯彻到中国特色社会主义建设事业的各个方面和全过程。

第三，建设生态文明，必须坚持绿色发展。首先，坚持节约优先、保护优先、自然恢复为主的方针。在资源开发利用中，把节约资源放在首位，在环保工作中，把预防为主、源头治理放在首位，在生态系统保护和修复中，把利用自然力修复生态系统放在首位。其次，着力推进绿色发展、循环发展、低碳发展。积极发展节能产品，加快发展资源循环利用产业，大力发展环保产业，建立循环经济体系，促进生产、流通、消费过程的减量化、再利用、资源化。再次，形成绿色发展的空间格局、产业结构、生产方式、生活方式。在现代化建设中，要整体谋划国土空间开发，尽可能集中集约利用国土空间，减少对自然生态空间的占用；提高能源消耗少、污染排放少的产业及循环经济在国民经济中的比重；在生产过程中充分利用节能减排技术和生产工艺；在消费上倡导绿色消费、低碳消费和适度消费。

三、建立生态文明制度体系

习近平强调：“只有实行最严格的制度、最严密的法治，才能为生态文明建设提供可靠保障。”① 建设生态文明，必须建立系统完整的生态文明制度体系，用制度保护生态环境。党的十八大和十八届三中全会对建立生态文明制度体系进行了全面部署。

把资源消耗、环境损害、生态效益纳入经济社会发展考核评价体系，建立体现生态文明要求的目标体系、考核办法、奖惩机制。长期以来，对干部考核过多突出经济增长指标，却忽略了资源和环境成本，导致了种种非理性发展理念和行为。因此，完善经济社会发展考核评价体系十分必要和紧迫。

健全自然资源资产产权制度和用途管制制度。对水流、森林、山岭、草原、荒地、滩涂等自然生态空间进行统一确权登记，形成归属清晰、权责明确、监管有效的自然资源资产产权制度。建立空间规划体系，划定生产、生活、生态空间开发管制界限，落实用途管

①《人民日报》，2013 年 5 月 25 日。

制。健全能源、水、土地节约集约使用制度。健全国家自然资源资产管理体制，统一行使全民所有自然资源资产所有者职责。完善自然资源监管体制，统一行使所有国土空间用途管制职责。

划定生态保护红线。坚定不移实施主体功能区制度，建立国土空间开发保护制度。建立资源环境承载能力监测预警机制，对水土资源、环境容量和海洋资源超载区域实行限制性措施。对限制开发区域和生态脆弱的国家扶贫开发工作重点县取消其地区生产总值考核。探索编制自然资源资产负债表，对领导干部实行自然资源资产离任审计。建立生态环境损害责任终身追究制。

实行资源有偿使用制度和生态补偿制度。加快自然资源及其产品价格改革，全面反映市场供求、资源稀缺程度、生态环境损害成本和修复效益。坚持使用资源付费和谁污染环境、谁破坏生态谁付费原则，逐步将资源税扩展到占用各种自然生态空间。稳定和扩大退耕还林、退牧还草范围，调整严重污染和地下水严重超采区耕地用途，有序实现耕地、河湖休养生息。建立有效调节工业用地和居住用地合理比价机制，提高工业用地价格。坚持谁受益、谁补偿原则，完善对重点生态功能区的生态补偿机制，推动地区间建立横向生态补偿制度。发展环保市场，推行节能量、碳排放权、排污权、水权交易制度，建立吸引社会资本投入生态环境保护的市场化机制，推行环境污染第三方治理。

改革生态环境保护管理体制。建立和完善严格监管所有污染物排放的环境保护管理制度，独立进行环境监管和行政执法。建立陆海统筹的生态系统保护修复和污染防治区域联动机制。健全国有林区经营管理体制，完善集体林权制度改革。及时公布环境信息，健全举报制度，加强社会监督。完善污染物排放许可制，实行企事业单位污染物排放总量控制制度。对造成生态环境损害的责任者严格实行赔偿制度，依法追究刑事责任。

生态文明建设是一个重大课题，需要全党和全国人民共同努力，共担责任，坚持绿色发展，建设美丽中国，开辟一条中国特色社会主义生态文明建设新道路，以此造福国家和人民，造福子孙后代，为全球生态安全贡献力量。

第十节　实现祖国完全统一理论

实现祖国完全统一，是海内外中华儿女的共同心愿，是中华民族的根本利益，对实现国家繁荣富强和民族伟大复兴具有巨大的推动作用。中华人民共和国成立后，中国共产党和中国政府为了解决香港、澳门和台湾地区问题，实现祖国完全统一进行了长期不懈的努力。

一、实现祖国完全统一是中华民族的根本利益

中华民族历史悠久，优良传统源远流长，其中爱国主义犹如一条红线贯穿始终，是各族人民共同的精神支柱，激励着炎黄子孙为中华崛起奋斗不息。

（一）维护国家统一是中华民族的优良传统

国家统一，反映了人民对和平安定的渴望与追求，有利于社会的发展和进步，有利于

各民族之间的合作和交流。在中国历史上，朝代频繁更换民族几度离合，最终还是形成了一个统一的多民族国家，其根本原因就在于，维护国家的统一和民族的团结，是中华民族的共同心愿和一致行动。

近代以来，由于帝国主义侵略和国内战争的影响，中国部分地区处于分离状态，中国人民以坚韧不拔的意志同各种分裂势力及活动进行了坚决斗争。新中国成立后，中国共产党和中国政府一直致力于推进祖国完全统一大业，顺利实现了香港、澳门的回归，有力地推动了海峡两岸关系的发展。

（二）实现祖国完全统一是中华民族伟大复兴的历史任务

民族复兴，就是要改变民族因为某种原因陷入停滞不前、贫穷落后、被动挨打的状况，使民族奋发图强，实现繁荣昌盛，重振民族雄风、重塑民族形象、重立民族地位、重现民族辉煌。

实现中华民族伟大复兴，是近代以来中华儿女的共同愿望和强烈期盼。实现祖国完全统一，是中华民族伟大复兴的重要内容和基本任务。中华民族的伟大复兴既是一个走向现代化，实现繁荣昌盛的过程，也是一个实现祖国统一的过程。只有实现了祖国的完全统一，才能更好地凝聚整个民族的力量，加快国家建设的步伐。进入新世纪，我们党在全面建设小康社会的同时，积极推进两岸关系和平发展，取得了历史性突破。

（三）实现祖国完全统一是中国人民不可动摇的坚强意志

实现祖国完全统一是包括台湾地区同胞在内的所有海内外中华儿女的共同心愿。中国共产党在实现祖国统一问题上的立场是坚定不移的，绝不允许任何人以任何名义、任何方式把台湾地区从中国分割出去。

毛泽东曾严正指出，台湾、澎湖列岛、金门、马祖整个收复回来，完成祖国统一，这是中国人民的神圣任务，这是中国内政。1986 年 9 月，邓小平在回答美国记者迈克·华莱士提出的“台湾有什么必要同大陆统一”的问题时说：“这首先是个民族问题，民族感情问题。凡是炎黄子孙，都希望中国能统一，分裂状况是违背民族意志的。”① 江泽民指出，中国人民将坚定不移地完成祖国的统一大业，这是中华儿女不可动摇的共同愿望和决心。胡锦涛强调，实现祖国的完全统一，是海内外中华儿女的共同心愿，是中国政府和人民不可动摇的意志和决心，符合包括台湾同胞在内的全中国人民的共同利益。习近平指出，两岸关系和平发展大局稳定，经得起风浪考验。继续推动两岸关系和平发展、促进两岸和平统一，是新一届中共中央领导集体的责任。

二、“和平统一、一国两制”的科学构想及其实践

（一）“和平统一、一国两制”构想的形成和发展

20 世纪 70 年代，国内国际形势发生了深刻变化，为确立和平解决台湾地区问题的方针提供了新的有利条件。

---

①《邓小平文选》第三卷，人民出版社 1993 年版，第 170 页。

1978 年 11 月 4 日，邓小平在会见缅甸总统吴奈温时说，在解决台湾问题时，我们会尊重台湾的现实。比如台湾的某些制度可以不动，美日在台湾的投资可以不动，那边的生活方式可以不动，但是要统一。

1978 年 12 月，党的十一届三中全会公报首次以“台湾回到祖国怀抱，实现统一大业”来代替“解放台湾”的提法。1979 年 1 月 1 日，全国人大常委会发表《告台湾同胞书》，首次宣布了和平统一祖国的大政方针，同一天，国防部长徐向前命令停止自 1958 年以来对金门等岛屿 20 多年的炮击。1 月下旬，邓小平访美期间指出，我们不再用解放台湾的提法，只要实现祖国统一，我们将尊重台湾的现实和现行制度，从而初步表明了“一国两制”的最初构想，在海内外引起了强烈的反响。

1981 年 9 月 30 日，全国人民代表大会常务委员会委员长叶剑英发表了《关于台湾回归祖国实现和平统一的方针政策》的谈话，具体提出了实现祖国统一的九条方针。1982 年 1 月，邓小平指出：“九条方针是以叶副主席的名义提出来的，实际上就是一个国家两种制度。”① 这是邓小平首次提出“一个国家、两种制度”的概念。

1982 年 12 月 4 日公布的《中华人民共和国宪法》，增加了设立特别行政区的规定，为“一国两制”的实施提供了法律依据。

1983 年 6 月，邓小平在会见美籍华人学者时，进一步阐述了实现台湾地区和祖国大陆和平统一的构想，后来被称为“邓六条”。其要点是：第一，台湾问题的核心是祖国统一，和平统一已成为国共两党的共同语言。第二，制度可以不同，但在国际上代表中国的，只能是中华人民共和国。第三，不赞成台湾“完全自治”的提法，“完全自治”就是“两个中国”，而不是一个中国。自治不能没有限度，不能损害统一的国家的利益。第四，祖国统一后，台湾特别行政区可以实行同大陆不同的制度，可以有其他省、市、自治区所没有而为自己所独有的某些权力。台湾还可以有自己的军队，只是不能构成对大陆的威胁。第五，和平统一不是大陆把台湾吃掉，当然也不能是台湾把大陆吃掉，所谓“三民主义统一中国”不现实。第六，要实现统一，就要有个适当方式。建议举行两党平等会谈，实行国共第三次合作，而不提中央与地方谈判。双方达成协议后可以正式宣布，但万万不可让外国插手，那样只能意味着中国还未独立，后患无穷。从“叶九条”到“邓六条”，“一国两制”科学构想的内容更加完备、明确和系统化，“一国两制”方针的大体框架基本形成。

1986 年底，台湾地区出现了声势浩大的要求返乡探亲的热潮。在各方压力下，1987 年 11 月，台湾地区当局开放台湾地区居民赴大陆探亲，海峡两岸同胞近 38 年的隔绝状态终于被打破。从 1987 年至今，海峡两岸交流大体经历了单向交流、双向交流和两岸交流持续、稳定、有序地向前发展三个阶段。

---

①《邓小平年谱（1975—1997）》（下册），中央文献出版社 2004 年版，第 797 页。

（二）“和平统一、一国两制”构想的基本内容和重要意义

1.“和平统一、一国两制”构想的基本内容

第一，一个中国。这是“和平统一、一国两制”的核心，是发展两岸关系和实现和平统一的基础。世界上只有一个中国，大陆和台湾地区同属一个中国，中国的主权不容侵犯，中国的领土不容分割。

第二，两制并存。在祖国统一的前提下，国家的主体部分实行社会主义制度，台湾地区、香港、澳门保持原有的社会制度和生活方式长期不变。两者相互支援、共同发展，为国家的繁荣和民族的振兴做出贡献。

第三，高度自治。祖国完全统一后，依法在台湾地区、香港、澳门设立特别行政区。作为特别行政区，享有不同于中国其他省、市、自治区的高度自治权。

第四，尽最大努力争取和平统一，但不承诺放弃使用武力。以和平的方式实现国家统一，就需要通过谈判解决问题，因此要积极促谈。不承诺放弃使用武力，不是针对台湾地区同胞的，而是针对外国势力干涉中国统一和台湾地区分裂势力搞台湾“独立”图谋的。

第五，解决台湾地区问题，实现祖国的完全统一，寄希望于台湾地区人民。台湾地区同胞具有光荣的爱国主义传统，是发展两岸关系的重要力量。

2.“和平统一、一国两制”构想的重要意义

“和平统一、一国两制”构想是充分尊重历史和现实、照顾各方利益、维护民族团结、实现祖国完全统一和民族复兴的科学构想，具有重要的意义。

第一，“和平统一、一国两制”构想丰富和发展了马克思主义的国家学说。马克思主义认为，国家是历史范畴，是阶级矛盾不可调和的产物。从这个意义上来说，一个国家内一般只能有代表统治阶级利益的一种社会制度存在。“一国两制”构想是马克思主义经典作家没有说过的新话，是解决中国统一问题的新思路、新方法。

第二，“和平统一、一国两制”构想有利于争取社会主义现代化建设事业所需要的和平的国际环境与国内环境。“一国两制”既体现了坚持祖国统一、维护国家主权的原则坚定性，也体现了照顾历史实际和现实可能的策略灵活性，可以避免武力统一会造成的不良后果。

第三，“和平统一、一国两制”构想为解决国际争端和世界遗留问题提供了新的思路、新的途径和新的范例。邓小平指出：“世界上一系列争端都面临着用和平方式来解决还是非和平方式来解决的问题。总得找出个办法来，新问题就得用新办法来解决。香港问题的成功解决，这个事例可能为国际上许多问题的解决提供一些有益的线索。”①“一国两制”构想的提出及其在香港和澳门的成功实践，证实了“一国两制”构想的科学性，提供了很好的范例。

（三）“和平统一、一国两制”构想在香港、澳门的成功实践

“一国两制”是针对台湾地区问题提出来的，但首先运用于香港，其次是澳门问题的

---

①《邓小平文选》第三卷，人民出版社 1993 年版，第 59 ~60 页。

解决，香港和澳门的回归使得这一构想变为现实。

香港自古就是中国领土，收回香港并恢复行使主权，是中国共产党和中国政府的一贯立场，也是海内外所有炎黄子孙的共同心愿。新中国成立初期，出于打破帝国主义的经济封锁，保留香港作为国际通道的考虑，我国政府没有立即收回香港的主权，而是采取了“长期打算、充分利用”的方针。

随着1997年的临近，中国关于解决香港问题的立场成为世人关注的中心。1982年9月，英国首相撒切尔夫人访华，中英两国开始就解决香港问题进行正式接触。9月24日，邓小平会见撒切尔夫人时旗帜鲜明地指出：“如果中国在1997年，也就是中华人民共和国成立四十八年后还不把香港收回，任何一个中国领导人和政府都不能向中国人民交代，甚至也不能向世界人民交代。如果不收回，就意味着中国政府是晚清政府，中国领导人是李鸿章！”①

撒切尔夫人访华结束后，中英双方开始通过外交途径就解决香港问题进行了商谈。1984年9月26日，中英双方达成协议，草签了《关于香港问题的联合声明》，宣称：中国政府决定在1997年7月1日恢复对香港行使主权，英国政府同日把香港交还中国。1984年12月19日晚，中英双方在北京正式签署了“联合声明”。

1990年4月4日，《中华人民共和国香港特别行政区基本法》经七届人大三次会议审议并正式批准。香港特别行政区基本法的诞生，标志着“一国两制”构想在实践上取得了重大进展，为香港的回归和回归后的繁荣提供了法律依据，把“一国两制”的方案由具体化变成了法律化。

1997年7月1日，中国政府正式恢复了对香港行使主权。回归后的香港，贯彻实行“一国两制”“港人治港”“高度自治”的方针，更加繁荣稳定。

中英关于香港问题的联合声明签订后不久，中葡两国政府也开始了关于澳门问题的谈判。1985年，葡萄牙总统埃内亚斯访华，双方就解决澳门问题进行了磋商，初步确定于1986年上半年在北京正式举行外交谈判。

从1986年6月到1987年2月，中葡两国关于澳门问题进行了4轮的外交谈判。1987年4月13日，正式签署了关于澳门问题的联合声明。声明宣布：中国将于1999年12月20日在澳门恢复行使主权并设立澳门特别行政区，实行高度自治和澳人治澳，澳门现行的社会、经济制度和生活方式不变，法律基本不变，随后成立了有各方代表参加的澳门特别行政区基本法起草委员会。1993年3月，《中华人民共和国澳门特别行政区基本法》由全国八届人大一次会议通过。

1999年12月20日，澳门顺利回到祖国的怀抱。

香港、澳门顺利回归祖国，标志着中国人民在祖国统一大业的道路上取得了重大进展，表明了中国人民完成祖国统一的坚强意志和决心，对解决台湾地区问题具有重要的推动作用。

①《邓小平文选》第三卷，人民出版社1993年版，第12页。

（四）新形势下的对台地区方针政策

20 世纪 80 年代末 90 年代初以来，围绕台湾地区问题的内外环境发生了巨大变化。1992 年 11 月，海峡两岸关系协会与台湾海峡交流基金会达成共识，同意各自以口头方式表述“海峡两岸均坚持一个中国原则”，即“九二共识”，在此基础上开启了两岸事务性商谈。1993 年 4 月，“汪辜会谈”在新加坡举行，两岸关系发展迈出历史性的重要一步。

1995 年 1 月，江泽民发表了《为促进祖国统一大业的完成而继续奋斗》的重要讲话，精辟地阐述了“和平统一、一国两制”思想的精髓，提出现阶段发展两岸关系、推进祖国和平统一进程的八项主张。

党的十五大郑重呼吁，海峡两岸现就“在一个中国的原则下，正式结束两岸敌对关系状态”进行谈判，并达成协议。在此基础上，共同承担义务，维护中国的主权和领土完整，并对今后两岸关系的发展进行规划，只要是在一个中国的前提下，什么问题都可以谈。只要有利于祖国统一的意见和建议，都可以提出来。这些看法和主张进一步丰富了“一国两制”构想的内涵，对祖国统一大业具有深远的影响。

2005 年 3 月，胡锦涛提出了新形势下发展两岸关系的四点意见，即坚持一个中国原则决不动摇、争取和平统一的努力决不放弃、贯彻寄希望于台湾人民的方针决不改变和反对“台独”分裂活动决不妥协。3 月 14 日，十届全国人大三次会议审议通过了《反分裂国家法》，首次以国家大法形式宣示了中国人民维护国家统一和领土完整的坚强意志，进一步巩固和凸显了“大陆和台湾地区同属一个中国”这一事实，有力地遏制和打击了“台独”分裂势力。同年 4 月、5 月间，党中央和胡锦涛邀请中国国民党主席连战、亲民党主席宋楚瑜先后率团访问大陆，开展两岸政党交流与对话并分别发表公报，达成多项共识。

2008 年，台湾地区局势发生了重大积极变化。“台独”分裂势力在台湾地区选举中遭到重挫下台，重新执政的国民党反对“台独”、承认“九二共识”，使两岸关系取得了重大突破。同年 12 月，胡锦涛在纪念《告台湾同胞书》发表 30 周年座谈会上发表重要讲话，全面系统地阐述了两岸关系和平发展的思想，指出应该把坚持大陆和台湾同属一个中国作为推动两岸关系和平发展的政治基础，把深化交流合作、推进协商谈判作为推动两岸关系和平发展的重要途径，把促进两岸同胞团结奋斗作为推动两岸关系和平发展的强大动力，携手共进，聚力同心，努力开创两岸关系和平发展新局面。

党的十八大以来，面对两岸同胞往来更频繁、经济联系更密切、文化交流更活跃、共同利益更广泛的新形势，我们党多次表示，要珍惜历史机遇，保持两岸关系和平发展良好势头。2013 年 6 月，习近平就坚定不移走两岸关系和平发展道路提出了四点意见。

第一，坚持从中华民族整体利益的高度把握两岸关系大局。我们坚持维护中华民族根本利益，维护包括台湾同胞在内的全体中华儿女共同利益。从中华民族整体利益把握两岸关系大局，最根本的、最核心的是维护国家领土和主权完整。大陆和台湾虽然尚未统一，但同属一个中国，是不可分割的整体。国共两党理应坚持一个中国立场、共同维护一个中国框架。希望两党都本着对历史、对人民负责任的态度，以中华民族整体利益为重，把握好两岸关系和平发展大局，推动两岸关系沿着正确方向不断向前迈进。

第二，坚持在认清历史发展趋势中把握两岸关系前途。经过中华儿女不懈奋斗，中华民族伟大复兴展现出前所未有的光明前景。我们应该登高望远，看到时代发展、民族振兴大趋势，看到两岸关系和平发展已经成为中华民族伟大复兴的重要组成部分，摆脱不合时宜的旧观念束缚，明确振兴中华的共同奋斗目标。两岸关系发展是大势所趋，我们应该据此确定自己的路线图，继续往前走。我们两党应该以实现民族振兴、人民幸福为己任，促进两岸同胞团结合作，积极宣导“两岸一家人”的理念，汇集两岸中国人智慧和力量，在共同实现中华民族伟大复兴的进程中抚平历史创伤，谱写中华民族繁荣昌盛的崭新篇章。

第三，坚持增进互信、良性互动、求同存异、务实进取。增进互信，核心就是要在巩固和维护一个中国框架这一原则问题上形成更为清晰的共同认知和一致立场。良性互动，就是要加强沟通、平等协商、相向而行，相互释放善意，维护两岸关系来之不易的和平发展局面，合情合理解决彼此间的问题。求同存异，就是要本着同舟共济的精神，发挥政治智慧，聚集和扩大推动两岸关系发展的共识，妥善处理和管控分歧。务实进取，就是要本着实事求是的态度，坚持从实际出发，循序渐进，稳步向前，不因遇到困难而停滞，不被任何干扰所困惑，防止和避免出现倒退。两岸关系进入巩固和深化的新阶段，更需要我们双方保持积极进取精神，以更大勇气和决心面对和克服前进道路上的困难。希望双方共同努力，促进两岸关系发展取得更多积极成果，不断拓宽两岸关系和平发展的道路。

第四，坚持稳步推进两岸关系全面发展。首先要继续保持两岸关系大局稳定。“台独”分裂势力及其分裂活动仍然是对台海和平的现实威胁，必须继续反对和遏制任何形式的“台独”分裂主张和活动，不能有任何妥协。在两岸关系大局稳定的基础上，两岸各领域交流合作有着广阔空间。两岸双方应该为深化经济、科技、文化、教育等领域合作采取更多积极举措，提供更多政策支持，创造更加便利条件，以拓宽合作领域，提高合作水平，产生更大效益。我们要努力增进两岸民众福祉，让更多民众共享两岸关系和平发展成果，积极促进两岸同胞在厚植共同利益、弘扬中华文化的过程中，增进对两岸命运共同体的认知，增强民族自豪感，坚定振兴中华的共同信念。

党的十八届四中全会指出，要依法保障“一国两制”实践和推进祖国统一，保持香港、澳门长期繁荣稳定，推进祖国和平统一，依法保护港澳同胞、台湾同胞权益。

党的十八届五中全会指出，要深化内地和港澳、大陆和台湾地区合作发展，提升港澳在国家经济发展和对外开放中的地位和功能，支持港澳发展经济、改善民生、推进民主、促进和谐，以互利共赢方式深化两岸经济合作，让更多台湾普通民众、青少年和中小企业受益。

2015 年 11 月 7 日，习近平与马英九在新加坡香格里拉酒店会面，这是 1949 年以来两岸领导人的首次直接会面。在数百名中外媒体记者的瞩目下，两岸领导人的手紧紧握在一起，时间长达 70 秒左右。这历史性的一握，冲破了两岸交流形式的最后束缚，翻开了两岸关系历史性的一页。

国台办主任张志军在举行的新闻发布会上表示，在此次两岸领导人会面中，双方就推进两岸关系和平发展达成积极共识，具体如下：双方肯定2008年以来两岸关系和平发展取得的重要成果。双方认为应该继续坚持“九二共识”，巩固共同政治基础，推动两岸关系和平发展，维护台海和平稳定，加强沟通对话，扩大两岸交流，深化彼此合作，实现互利共赢，造福两岸民众。两岸同胞同属中华民族，都是炎黄子孙，应该携手合作致力于振兴中华，致力于民族复兴。上述积极共识，对推动两岸关系长远发展具有十分重要的意义。

国家要统一、民族要振兴，是任何力量也阻挡不了的大趋势，两岸统一是中华民族走向伟大复兴的历史必然。尽管前进道路上会出现困难和阻碍，但只要我们坚定信念、不懈努力，紧密依靠两岸同胞，就一定能够开创两岸关系和平发展新局面，迎来中华民族伟大复兴的美好前景。

第十一节　中国特色社会主义外交和国际战略理论

建设中国特色社会主义需要一个稳定的国内环境，也需要一个和平的国际环境。制定和实施正确的外交政策和国际战略，对于争取和平的国际环境极为重要。第二次世界大战特别是冷战结束以来，国际关系和国际格局经历了重大变化。中国坚定不移地走和平发展道路，高举和平、发展、合作的旗帜，努力为人类和平与发展的崇高事业做出更大贡献。

一、外交和国际战略理论的形成依据

（一）和平与发展是当今时代的主题

时代主题是指在一定历史时期内反映世界基本特征并对世界形势的发展具有全局影响和战略意义的问题，是在一定历史条件下世界发展进程中需要解决的主要问题。

我国进入改革开放新时期后，国际形势发生了重大变化。20世纪80年代初，邓小平总揽世界全局，洞察国际风云变幻，提出和平与发展是当今世界带有全球性、战略性的两大问题的思想。

1980年4月邓小平在会见世界银行行长麦克纳马拉时说：“争取二十年的和平环境是可能的，这就需要联合努力，需要行动有力和有效，否则八十年代的危险能不能渡过要打个问号。”① 这时候，他主要强调我们的各项工作和政策已经不能像过去那样建立在战争可能爆发的估计上。当年10月邓小平又提出：“现在看，再有五年或者更多时间，也还是打不起来，因为双方的战略部署都还没有完成。这样，我们的工作就不能还是建立在过去那种估计的基础上。”② 1984年4月，在会见美国总统里根时，邓小平进一步表达了他的更为乐观的估计：“和平是我们共同关心的首要问题，世界局势不稳定，但争取和平的

①《邓小平思想年谱（一九七五——九九七）》，人民出版社1998年版，第153页。

②《邓小平思想年谱（一九七五——九九七）》，人民出版社1998年版，第174页。

前景良好。”① 正是在这样一些发展变化的基础上，邓小平明确地表达了我们已经熟知的对战争形势的新判断，即世界上比较突出的问题，一个是和平问题，一个是发展问题，其他许多问题都不像这两个问题关系全局，带有全球性战略性的意义。1985 年 3 月，他进一步明确地提出了“和平与发展是当代世界两大问题”的科学论断。

冷战结束后，国际形势出现了新变化，世界发生了许多重大事件。但是，和平与发展仍然是当今时代的主题，主要依据是：国际和平形势并没有逆转，和平的力量继续增强；世界多极化和经济全球化趋势的进一步发展，给世界的和平与发展带来了机遇；新科技革命的迅速发展成为遏制大战和促进发展的重要因素。

和平与发展是当今时代主题，是对第二次世界大战后国际形势和时代特征的科学判断，是对当代世界的主要矛盾和时代发展潮流的正确分析，是对当代世界的新变化新特点的高度概括，是马克思主义时代观的重大发展，为中国制定内外政策提供了科学依据，为全世界人民指明了共同目标和战略任务。

（二）政治多极化和经济全球化趋势在曲折中发展

1. 政治多极化在曲折中发展

多极化是当代世界格局的一种表现形式，政治多极化是指一定时期内对国际关系与世界政治有重要影响的国家和国家集团等基本政治力量相互作用而趋向于形成多极格局的一种发展趋势，是对主要政治力量在全球实力分布状态的一种反应。

世界多极化作为一种历史趋势，大体上是在 20 世纪 90 年代才出现的。二战结束后，以雅尔塔体系为标志形成两极格局，一边是以苏联为首的社会主义阵营，另一边是以美国为首的西方国家阵营。两大阵营之间的矛盾和斗争，成为世界的主要矛盾。从 20 世纪 60 年代起，世界范围的民族解放运动风起云涌，一系列亚非国家纷纷独立，两大阵营内部一些国家不满于超级大国的控制，表现出强烈的独立自主倾向，阵营内部出现裂痕乃至公开的冲突。此刻，已催生了世界多极化的萌芽。

20 世纪 90 年代初，东欧剧变，苏联解体，两极格局正式宣告结束，世界多极化趋势跃然而出。1997 年 4 月，中俄两国首脑发表联合声明，明确提出世界多极化和建立国际新秩序的主张。欧洲和许多第三世界国家也都主张独立自主地发展本国经济和加强区域合作，反对任何形式的霸权主义和强权政治，世界多极化遂成为一种历史趋势。

目前，世界政治格局多极化的趋势正在加速发展，这主要表现在以下几个方面：第一，美国虽是唯一的超级大国，但它面临众多的挑战，不可能主导全世界，世界必然朝多极化方向发展。第二，俄罗斯作为苏联的继承者，仍是当今世界唯一可以同美国进行战略核对抗的大国。只要能将自身潜力充分挖掘和释放出来，其复兴指日可待，未来也会成为世界政治多极化中重要的一极。第三，冷战结束后，欧盟立足欧洲，放眼世界，在国际事务中的作用进一步扩大。目前，欧盟已经建立经济联盟，实行单一货币欧元，经济一体化取得历史性的巨大进展，并为欧盟政治、军事一体化奠定了基础。第四，冷战结束后，日

①《邓小平思想年谱（一九七五—一九九七）》，人民出版社 1998 年版，第 281 页。

本走向政治大国的步伐明显加快，日本图谋走向政治军事大国难以控制。第五，中国改革开放三十多年来，走自己的发展道路，经济持续高速发展，综合国力不断提高。中国的崛起，以及其在国际社会中表现出来的坚守原则，不结盟，不当头，不怕压，不信邪的严正态度，对世界格局产生重大的影响。

此外，在当今世界多极化的发展进程中，发展中国家的力量不可忽视。20 世纪 80 年代以来，亚洲、拉美、东欧、非洲涌现了一大批经济迅速增长的发展中国家。这些国家在发展民族经济、反对强权政治与霸权主义、争取建立国际政治经济新秩序等方面有着共同的利益与要求，是推动世界多极化发展的重要力量。

2. 经济全球化趋势深入发展

经济全球化已经成为全球经济不可逆转的发展趋势和不可阻挡的历史潮流。马克思、恩格斯在《共产党宣言》中指出：资产阶级由于开拓了世界市场，使一切国家的生产和消费都成为世界性的了。

邓小平虽然没有使用“经济全球化”这一词，但是他却敏锐地看到了经济全球化趋势在现实中的细微变化和具体表现，认识到了世界经济紧密联系、相互依存且日益加深的特点。他鲜明地指出，现在的世界是开放的世界，发达国家继续发展下去，面临的是什么问题？显然就是资本要找出路，贸易要找出路，市场要找出路，不解决这个问题，发达国家的发展总是要受到限制的。

江泽民关于经济全球化的论述，内涵极为丰富，提出我们需要的是世界各国平等、互惠、共赢、共存的经济全球化。胡锦涛强调，在不断发展变化的国际政治经济环境中，我们必须善于趋利避害，抓住机遇，回应挑战，加快发展。

在世界经济进入深度转型调整期的形势下，习近平指出，经济全球化和区域经济一体化乃大势所趋。2015 年 3 月 28 日，国家主席习近平在博鳌论坛发表主旨演讲时说，在有关各方共同努力下，“一带一路”建设的愿景与行动文件已经制定。国家发展改革委、外交部、商务部 28 日联合发布了《推动共建丝绸之路经济带和 21 世纪海上丝绸之路的愿景与行动》。

党的十八届五中全会指出，推进“一带一路”建设，推进同有关国家和地区多领域互利共赢的务实合作，推进国际产能和装备制造合作，打造陆海内外联动、东西双向开放的全面开放新格局。积极参与全球经济治理，促进国际经济秩序朝着平等公正、合作共赢的方向发展，加快实施自由贸易区战略。积极承担国际责任和义务，积极参与应对全球气候变化谈判，主动参与 2030 年可持续发展议程。

政治多极化和经济全球化是当今世界两大发展趋势，有利于和平与发展。世界多极化趋势对霸权主义和强权政治是一种制约，有利于维护和平，促进发展。经济全球化的发展使各国各地区经济以及政治、文化等方面的相互联系日趋加强，从而形成了更加紧密的相互依赖、相互制约的关系，这是防止冲突、维护和平的重要保障。

（三）中国坚持走和平发展的道路

和平发展道路归结起来就是：既通过维护世界和平发展自己，又通过自身发展维护世界和平；在强调依靠自身力量和改革创新实现发展的同时，坚持对外开放，学习借鉴别国长处；顺应经济全球化发展潮流，寻求与各国互利共赢和共同发展；同国际社会一道努力，推动建设持久和平、共同繁荣的和谐世界。

中国和平发展的道路，是一条统筹国内发展和对外开放的发展道路。我们对内将毫不动摇地坚持以经济建设为中心，把发展作为第一要务；对外将毫不动摇地坚持和平与合作，与世界人民一道，共同推进人类和平与发展的崇高事业。

中国和平发展的道路，是一条勇于参与经济全球化而又坚持广泛合作、互利共赢的发展道路。中国从一开始实行对内改革就是同对外开放联系在一起的。在实行对外开放的同时，坚持独立自主、自力更生。坚持走和平发展的道路，就要始终不渝地奉行独立自主的和平外交政策，高举和平、发展、合作的旗帜，按照大国是关键、周边是首要、发展中国家是基础、多边是舞台的外交总体布局，全方位开展对外工作。

走和平发展道路，是基于中国历史文化传统的必然选择。中华民族历来崇尚和平，中华文化历来强调以和为贵的价值观念。在近代历史上，中国屡遭外来势力入侵和奴役，深知和平弥足珍贵。

走和平发展道路，是基于中国特色社会主义的必然选择。建设中国特色社会主义需要和平的国际环境、稳定的国内环境和和谐的文化环境等必要条件。通过这条道路，中国人民正努力把自己的国家建设成富强、民主、文明、和谐的现代化国家，并以自身的发展不断对人类进步事业做出新的贡献。

走和平发展道路，是基于当今世界发展潮流的必然选择。求和平、促发展、谋合作，是世界各国人民的共同心愿，也是不可阻挡的历史潮流。任何国家要实现自己的发展目标，都必须顺应世界发展趋势。

走和平发展道路，符合中国人民的根本利益，也符合人类社会发展的客观要求。13亿中国人民走和平发展道路，无疑为人类和平与发展的崇高事业增添了极其重要的积极因素。中国的发展不会妨碍任何人，也不会威胁任何人，只会有利于世界的和平、稳定、繁荣。一个繁荣发展的中国、一个民主法治的中国、一个和谐稳定的中国，必将为世界做出更大贡献。

二、独立自主的和平外交政策

（一）独立自主和平外交政策的发展

1978年十一届三中全会的胜利召开，标志着中国特色社会主义建设进入新的历史时期。以邓小平为核心的第二代中央领导集体根据时代主题的变化和国际形势的特点，在外交政策上陆续做出了一系列重大调整，特别是在对外关系中确立了为中国现代化建设争取和平的国际环境，不与任何大国或国家集团结盟、不以意识形态定亲疏等政策，进一步丰富和发展了中国独立自主和平外交的思想。

20世纪80年代末至90年代初，世界格局经历了自第二次世界大战以来最大的变化，面对严峻局面，邓小平指出："中国内政决不容许任何人加以干涉，不管后果如何，中国都不会让步”，“中国本来是个穷国，为什么有中美苏‘大三角’的说法？就是因为中国是独立自主的国家”，“要维护我们独立自主、不信邪、不怕鬼的形象”，“像我们这样第三世界的国家，没有民族自尊心，不珍视自己民族的独立，国家是站立不起来的”。[①] 正是在邓小平外交思想指导下，中国政府坚持了独立自主和平外交的政策，成功地应对了国内政治风波和国际格局变动造成的冲击和挑战，保持了政局与社会的稳定，促进了经济持续快速的增长和国际地位的不断提高。

在以江泽民为核心的第三代中央领导集体带领下，中国独立自主和平外交政策得到全面执行，并根据国际形势的变化和新的外交实践丰富和发展。外交工作必须坚持以维护国家利益为最高准则，反对损害我国的独立、主权、安全和尊严。

面对政治多极化和经济全球化在曲折中发展的复杂形势，以胡锦涛同志为总书记的领导集体冷静分析国内外形势，坚定贯彻并不断深化独立自主和平外交政策，中国对外工作取得新的重大进展。中国主动顺应维护和平、促进发展的时代潮流，正确应对世界多极化、经济全球化和科技进步的发展趋势；继续坚持从中国人民的根本利益和各国人民的共同利益出发，根据事情本身的是非曲直，确定自己的立场和政策；继续按照和平共处五项原则和其他公认的国际关系准则同世界各国发展友好互利合作。

党的十八大以来，以习近平为总书记的党中央继续高举和平、发展、合作、共赢的旗帜，坚定不移地致力于维护世界和平、促进共同发展。习近平指出：“中国将通过争取和平国际环境发展自己，又以自身发展维护和促进世界和平。中国将在国际和地区热点问题上继续发挥建设性作用，坚持劝和促谈，为通过对话谈判妥善处理有关问题作出不懈努力。”[②]

实践证明，独立自主的和平外交政策代表了中国人民的根本利益，反映了世界人民的真诚愿望，是我国必须长期坚持的根本外交政策。坚持独立自主和平外交政策为中国外交开辟了广阔的天地，改善了中国的国际环境，提升了中国的国际地位和影响力，为中国赢得了声誉。

（二）独立自主和平外交政策的基本原则

独立自主和平外交政策的基本原则，是我国对外交往活动的根本准则，是在外交工作实践中探索出来的处理对外关系的根本依据。严格按照这一政策准则办事，既有利于维护世界和平，又有利于推动我国社会主义建设事业的发展。

第一，坚持独立自主地处理一切国际事务的原则。独立自主，就是坚持从我国的实际情况出发，依靠自己的力量，同任何国家友好相处，但不容许任何国家损害我国的尊严和主权。不管国际风云如何变幻，我们都始终不渝地奉行独立自主的和平外交政策。

第二，坚持和平共处五项原则为指导国家间关系的基本准则。和平共处五项原则是一

---

①《邓小平文选》第三卷，人民出版社1993年版，第311～332页。

②《人民日报》，2013年4月8日。

个相互联系、相辅相成、不可分割的统一体。和平共处五项原则既适用于社会制度相同的国家，也适用于社会制度不同的国家；既适用于发展中国家，也适用于发达国家；既适用于国家间的政治关系，也适用于国家间的经济关系。在新的历史条件下，和平共处五项原则应该得到认真遵循和切实履行。

第三，坚持同发展中国家加强团结与合作的原则。中国同广大发展中国家的友好合作，有着坚实的政治基础。在新形势下，中国同广大发展中国家的共同关切点增多，在推动建立公正合理的国际政治经济新秩序方面有着共同的利益和目标。我们要同广大发展中国家一道，抓住历史机遇，巩固传统友谊，深化全面合作，促进共同发展。

第四，坚持爱国主义与国际主义相统一的原则。在处理国际事务和对外关系时，既要坚决维护本国人民的根本利益，在涉及我国主权、领土完整、国家利益、国家安全的问题上决不妥协退让。同时又要注意维护世界和平和世界人民的根本利益，把爱国主义和国际主义紧密结合起来，把本国人民的根本利益和前途与世界人民的根本利益和前途紧密结合起来，在爱国主义的基础上坚持国际主义，在国际主义的前提下坚持爱国主义。

（三）推动建设持久和平、共同繁荣的和谐世界

维护世界和平、促进共同发展是中国外交政策的宗旨，中国倡导并致力于同世界各国一道推动建设持久和平、共同繁荣的和谐世界，这既是一个长期目标，又是一项现实任务。

冷战结束后，国际局势发生了深刻变化。过去那种全球范围的以美苏争霸为中心，以两大集团在政治、军事、经济、思想文化等领域全面对抗的局面，已不复存在。联合国及地区性的国际组织在维护和平方面起着越来越重要的作用，反对和制止战争的力量在不断增强。世界多极化趋势对霸权主义是一种有力制约，对地区和全球性的危机、冲突发挥着缓解作用，对战争力量能够进行有效的牵制，有利于世界的和平与稳定。但是，由于霸权主义、强权政治的影响，这个世界并不太平，建立公正合理的国际政治经济新秩序还是一项长期的任务。

在国际关系中，中国坚持弘扬平等互信、包容互鉴、合作共赢的精神，共同维护国际公平正义。

平等互信，就是各国应该坚定维护联合国及其宪章的尊严和权威，严格遵循联合国宪章宗旨和原则，恪守国际法和公认的国际关系基本准则，按照和平共处五项原则处理国与国关系，各国携手努力，共同维护世界和平稳定。

包容互鉴，就是色彩斑斓的世界是由千姿百态的多样文明构成的，丰富多彩的文明是由各有千秋的发展道路造就的。文明的多元、道路的多样，既是人类社会发展的重要成果，也是人类文明进步的必然要求。

合作共赢，就是人类只有一个地球，各国共享一个世界。历史一再表明，弱肉强食不是人类共存之道，穷兵黩武无法带来美好世界。全人类是一个休戚与共的命运共同体，在经济全球化深入发展的大背景下，面对共同的发展难题，面对日益严峻的恐怖主义、气候变化、能源资源安全、粮食安全、重大自然灾害等全球性挑战，任何一个国家都无法脱离其他国家的合作而独善其身，那种以邻为壑、损人利己的做法越来越不合时宜。

为了建设和谐世界，应努力做到：政治上相互尊重、平等协商，共同推进国际关系民主化；经济上相互合作、优势互补，共同推动经济全球化朝着均衡、普惠、共赢方向发展；文化上相互借鉴、求同存异，尊重世界多样性，共同促进人类文明繁荣进步；安全上相互信任、加强合作，坚持用和平方式而不是战争手段解决国际争端，共同维护世界和平稳定；环保上相互帮助、协力推进，共同呵护人类赖以生存的地球家园。

中国的发展离不开世界，世界的繁荣稳定也离不开中国。中国取得的成就与世界各国友好合作密不可分，中国未来的发展更需要国际社会理解和支持，中国人民将继续同世界人民一起，为实现人类的美好理想而不懈努力。

第十二节　建设中国特色社会主义依靠力量

建设中国特色社会主义是一项伟大而艰巨的事业，要完成这一任务，依靠谁、团结谁，始终是一个至关重要的问题。包括知识分子在内的工人、农民是中国特色社会主义事业的根本力量，改革开放以来出现的新的社会阶层是中国特色社会主义事业的建设者，必须巩固和加强各族人民的团结合作。新时期的统一战线仍是一个重要法宝，要团结一切可以团结的力量，全面贯彻党的民族政策和宗教政策。人民解放军是保卫祖国和建设中国特色社会主义的重要力量，必须深刻认识新阶段人民军队的历史使命，积极推进中国特色的军事变革。

一、建设中国特色社会主义是全国各族人民的共同事业

在当代中国，一切赞成、支持和参加中国特色社会主义建设的阶级、阶层和社会力量，都属于人民的范畴，都是建设中国特色社会主义事业的依靠力量。包括知识分子在内的工人阶级、农民阶级，始终是推动我国先进生产力、先进文化发展和社会全面进步的根本力量。

（一）工人、农民和知识分子是建设中国特色社会主义的根本力量

1. 工人阶级是国家的领导阶级

工人阶级是国家的领导阶级，建设中国特色社会主义必须坚持全心全意依靠工人阶级的方针，这是由我们党和国家的性质决定的，由中国工人阶级的性质和特点决定的，由工人阶级在中国特色社会主义建设中的历史地位决定的。

改革开放以来，工人阶级数量大大增加，文化水平有所提高，结构发生较大改变。工人阶级队伍在改革开放中所发生的变化，没有改变工人阶级的先进性，没有改变工人阶级的地位，从长远看有利于提高工人阶级的整体素质，发挥工人阶级的整体优势。

要全心全意依靠工人阶级，共产党是工人阶级的先进部队。全心全意依靠工人阶级是我们党一贯坚持的根本方针，也是我们必须牢固确立的根本观念。工人阶级是我们国家的领导阶级，是中国共产党的阶级基础。工人阶级同社会化大生产相联系，是先进生产力和

生产关系的代表，是创造社会财富的主力军，也是改革和建设的主力军，是维护稳定的强大而集中的社会力量。邓小平指出："工人阶级最重要的特点之一就是同社会化大生产相联系，因此它的觉悟最高，纪律性最强，能在现时代的经济进步和社会政治进步中起领导作用。"①

2. 农民是人数最多的基本依靠力量

我国的国情，决定了农民不但是我国新民主主义革命的主力军，而且是我国社会主义现代化建设和改革开放中人数最多的依靠力量。

农业是我国经济发展、社会安定、国家昌盛的基础，农业不仅关系着13亿人口的吃饭、穿衣等基本生存条件问题，而且还保证和支持着整个国民经济的运行和稳定发展。没有农业的现代化，就不可能有整个国家的现代化；没有农村的稳定和进步，就不可能有整个社会的稳定和全面进步；没有农民的小康，就不可能实现全面的小康社会。

依靠农民，关系到国家和社会稳定的大局，必须认识到新时期农业、农村、农民问题的重要性。要通过深化农村改革、调整农业结构、发展农村经济、减轻农民负担、增加农民收入、提高农民文化科技水平，实现农业的产业化、商业化和现代化。总之，离开农民的理解、拥护和参与，中国特色的社会主义现代化事业就不可能获得成功。

3. 知识分子是中国工人阶级的一部分

在中国民主革命中，先进的知识分子是首先觉悟的部分。同样，"我国的艰巨的社会主义建设事业，需要尽可能多的知识分子为它服务"②。在当代中国，知识分子是先进生产力的开拓者和发展教育科学文化事业的基本力量。

科学技术的重要性决定了知识分子的重要作用，知识分子是我国工人阶级中掌握科学文化知识较多的、主要从事脑力劳动的一部分，是社会主义现代化建设的一支重要依靠力量。当今世界，科学技术突飞猛进，知识经济已露端倪。国际竞争，是综合国力、科学技术的竞争，也是人才尤其是高素质人才的竞争。知识分子特别是广大科技人员是科学技术的载体，是经济增长的主要支撑因素；知识分子作为人类科学文化知识的重要继承者和传播者，是优秀精神产品的生产者；知识分子是科教兴国的主力军，是先进生产力的开拓者，在社会主义现代化建设中有着不可替代的重要作用。

依靠知识分子，充分发挥知识分子的作用，关键是全面贯彻党的知识分子政策，在政治上、业务上充分信任和依靠知识分子；尊重知识、尊重人才；重视知识创新、人才开发对经济发展和社会进步的巨大作用，为知识分子创造更有利于发挥他们聪明才智的良好环境，培养造就大批高素质的创新人才。

（二）新的社会阶层是中国特色社会主义事业的建设者

改革开放以来，随着所有制结构和产业结构不断调整，我国的社会结构也发生了新的变化，出现了一些新的社会阶层，主要包括：民营科技企业的创业人员和技术人员、受聘

---

①《邓小平文选》第二卷，人民出版社1994年版，第136页。

②《毛泽东文集》第七卷，人民出版社1999年版，第225页。

于外资企业的管理技术人员、个体户、私营企业主、中介组织的从业人员、自由职业人员等。我国社会阶层构成所发生的新变化，是发展社会主义市场经济的必然结果，是经济体制发生的重大变化在社会层面上的必然反映。

新的社会阶层是改革开放后在国家政策的鼓励和支持下发展和壮大起来的，其贡献体现在以下方面：第一，扩大劳动就业，缓解社会就业矛盾，增加劳动者收入，维护社会稳定。第二，推动农村产业结构的调整，促进农村经济工业化、商品化和城镇化。第三，改变贫困地区面貌，有利于脱贫致富，走向共同富裕。增加财政收入，为国家创汇创收。第四，造就了一批勇于开拓、善于进取的民营企业家，培养锻炼了一支有技术、懂经营的管理人员队伍。第五，促进公平竞争的市场环境的形成，有利于新旧体制的转换和国有企业的改革。

要正确认识新的社会阶层的地位和作用，破除在所有制方面的传统观念，从法律上、政治上支持和保护他们的发展，采取有效措施维护他们的合法权益。社会各阶层都有各自的阶层利益，相互间会产生一定的利益矛盾，但是，它们之间又存在共同的根本利益。要妥善处理社会各阶层的利益关系，保证所有阶层能共同分享改革发展的成果。

（三）巩固和加强各族人民的团结合作

我国是一个统一的多民族国家，民族关系始终是我们国家至关重要的政治和社会关系，民族问题始终是我们建设中国特色社会主义事业必须认真解决的一个重大问题。建设中国特色社会主义，必须依靠各族人民的团结，发展平等、团结、互助、和谐的社会主义新型民族关系，充分发挥各民族的积极性、创造性。

新中国成立和社会主义制度确立以后，民族压迫和民族剥削已被消灭，但这并不意味着我国就没有了民族问题。特别是由于我国正处于并将长期处于社会主义初级阶段，历史上形成和遗留下来的各民族在经济、文化等方面的差距不可能在短期内消除，国内外敌对势力利用民族问题对我国进行颠覆、破坏的活动也依然存在，正确处理民族问题仍然是一项长期、复杂、艰巨的重要工作。

加强和巩固全国各族人民的团结，不断推进少数民族和地区的经济社会发展，是我国社会主义现代化建设的一个重要目标，也是增强中华民族凝聚力、实现民族伟大复兴的必然要求。各民族都应该坚持祖国利益高于一切，大力发扬爱国主义精神，以热爱祖国、贡献全部力量建设社会主义祖国为最大光荣，以损害社会主义祖国利益、尊严和荣誉为最大耻辱，共同维护伟大祖国统一安全，共同反对一切民族分裂活动。这样，我国各民族的团结进步就有了不可动摇的根基。

二、巩固和发展爱国统一战线

（一）新时期爱国统一战线的内容和基本任务

新时期的统一战线是工人阶级领导的，以工农联盟为基础的，全体社会主义劳动者、社会主义事业的建设者、拥护社会主义的爱国者、拥护祖国统一的爱国者的最广泛联盟。新时期的统一战线包括两个范围的联盟：一个是大陆范围内，以爱国主义和社会主义为政治基础的团结全体劳动者、建设者和爱国者的联盟，这是统一战线的主体和基础。一个是大陆范围以外，以爱国和拥护祖国统一为政治基础的团结台湾地区同胞、港澳同胞和海外侨胞的联盟，这是统一战线的重要组成部分。

新时期爱国统一战线的基本任务是：高举爱国主义、社会主义旗帜，团结一切可以团结的力量，调动一切积极因素，化消极因素为积极因素，同心同德，群策群力，坚定不移地贯彻执行党在社会主义初级阶段的基本路线，为维护安定团结的政治局面服务，为推进改革开放和社会主义现代化建设服务，为健全社会主义民主和法治服务，为促进“和平统一、一国两制”服务。

（二）加强党对统一战线的领导

在新的历史时期，虽然统一战线的性质、任务和内部结构都发生了变化，但是中国共产党对统一战线的领导绝不能动摇。党的领导问题是统一战线中的核心问题，只有坚持共产党的领导，统一战线才能有正确的方向、蓬勃的生机和光明的前途，才能发挥它应有的作用。这不仅取决于我国社会主义制度的性质，也是统一战线内部各方面人士的共同愿望和利益所在。

中国共产党领导的统一战线具有爱国主义的光荣传统，要在爱国主义旗帜下实现最广泛的团结。新时期统一战线成员的大多数是社会主义劳动者、社会主义事业建设者和拥护社会主义的爱国者，统一战线的主体是社会主义的。爱国主义具有强大的感召力和凝聚力，是统一祖国、振兴中华的强大动力。不管是台湾同胞、港澳同胞还是海外侨胞，只要是有利于我国的现代化建设，统一祖国，振兴中华；只要是有利于民族团结，社会进步，人民幸福；只要是有利于反对霸权主义、维护世界和平，都是统一战线的重要成员。“我们要适应我国社会主义初级阶段的发展要求，努力巩固和发展最广泛的爱国统一战线，使海内外中华儿女为实现中国的现代化和中华民族的伟大复兴而达到新的团结和联合。”①

新世纪新阶段，高举爱国主义和社会主义旗帜，发挥统一战线在促进社会和谐中的独特优势，要支持人民政协围绕团结和民主两大主题履行政治协商、民主监督、参政议政的职能，使政治协商和民主监督、参政议政进一步制度化、规范化和程序化；要继续贯彻长期共存、互相监督、肝胆相照、荣辱与共的方针，加强同民主党派合作共事，支持民主党派和无党派人士更好履行参政议政、民主监督职能，选拔和推荐更多优秀党外干部担任领导职务；要全面贯彻党的民族政策和宗教政策，保障少数民族合法权益，发挥宗教界人士和信教群众在促进经济社会发展中的积极作用；鼓励新的社会阶层继续投身中国特色社会主义建设；认真贯彻党的侨务政策，支持海外侨胞、归侨侨眷关心和参与祖国现代化建设与和平统一大业。

党的十八大以来，以习近平同志为总书记的党中央高度重视统战工作，带动全党形成重视统一战线、发展统一战线的良好局面。在党中央坚强领导下，统一战线高举爱国主义、社会主义旗帜，牢牢把握大团结大联合的主题，进一步增强了对中国特色社会主义的

①《江泽民文选》第三卷，人民出版社 2006 年版，第 143 页。

道路自信、理论自信、制度自信，进一步促进了政党关系、民族关系、宗教关系、阶层关系、海内外同胞关系和谐，进一步巩固发展了团结、奋进、开拓、活跃的良好局面，为推动经济社会发展、维护社会和谐稳定、促进祖国统一进程作出了新的重要贡献。

（三）全面贯彻党的民族宗教政策

社会主义时期处理民族问题的基本原则是：维护祖国统一，反对民族分裂，坚持民族平等、民族团结、各民族共同繁荣。

民族平等是民族团结、各民族共同繁荣的政治前提和基础。各民族不分人口多少、不分经济社会发展水平高低，在政治地位上都是平等的，不容许有任何民族歧视存在。

民族团结是维护国家统一、实现各民族共同发展的根本保证。没有各民族的团结，就没有社会主义祖国的统一、稳定和繁荣。各民族共同团结奋斗，共同繁荣发展，是新世纪新阶段民族工作的主题。

各民族的共同繁荣是解决民族问题的根本出发点和归宿。在新时期做好民族工作，最重要的是要积极创造条件，加快发展少数民族地区的经济和科学文化事业。

坚持民族平等、民族团结和各民族共同繁荣，必须全面贯彻党的民族政策，大力加强马克思主义民族观和党的民族政策教育，紧紧把握各民族共同团结奋斗、共同繁荣发展这个主题，巩固和发展平等、团结、互助、和谐的社会主义民族关系，坚决反对大民族主义、地方民族主义和民族分裂主义，坚决揭露和打击国内外敌对势力的一切分裂活动，不断巩固和发展中华民族的大团结，使各族人民和睦相处、同舟共济、和谐发展。

正确认识我国社会存在的宗教问题，关键是要立足于我国的基本国情，充分认识宗教存在的长期性、群众性和特殊复杂性。努力做好宗教工作，是维护改革发展稳定大局的需要。

全面贯彻党的宗教信仰自由政策，尊重和保护公民的宗教信仰自由权利，是我们党维护人民利益、尊重和保护人权的重要体现，也是最大限度团结人民群众的需要。宗教信仰自由是指每个公民既有信仰宗教的自由、也有不信仰宗教的自由。我们一方面要尊重每个公民信仰宗教的自由和不信仰宗教的自由，另一方面又要求宗教必须在宪法和法律规定的权利和义务范围内活动。依法管理宗教事务，要求在宗教方面涉及国家利益和社会公共利益的事项和活动，必须纳入依法管理的范围。

我国实行政教分离的原则，任何宗教都没有超越宪法和法律的特权，都不能干预国家行政、司法和教育等国家职能的实施。积极引导宗教与社会主义社会相适应，不是要求宗教界人士和信教群众放弃宗教信仰，而是要求他们热爱祖国，拥护社会主义制度，拥护中国共产党的领导，遵守国家的法律、法规和方针政策；要求他们从事的宗教活动服从和服务于国家的最高利益与民族的整体利益；支持他们努力对宗教作出符合社会进步要求的阐释；支持他们与各族人民一道反对一切利用宗教进行危害社会主义祖国和人民利益的非法活动，为民族团结、社会发展和祖国统一多作贡献。发挥宗教在促进社会和谐方面的积极作用。同时，在我国，宗教还坚持独立自主自办的原则，坚决抵制境外势力利用宗教进行渗透，坚决打击宗教极端势力，坚决反对和取缔邪教。

三、加强国防和军队现代化建设

（一）人民解放军是保卫祖国和建设中国特色社会主义的重要力量

中国人民解放军是人民民主专政的坚强柱石，是捍卫社会主义祖国的钢铁长城，是社会主义现代化建设的重要力量，“没有一个人民的军队，便没有人民的一切”。①

第一，人民解放军是保卫国家安全的钢铁长城。和平与发展是当今世界的主题，我国的安全环境也大为改善，但天下并不太平。在这样的形势下，强大的人民军队是维系国家生存和发展的重要条件。

第二，人民解放军是保持国内稳定的坚强柱石。十一届三中全会以来，我们已经有了安定团结的政治局面，但不稳定的因素还存在，局部出现一些暂时的、不利于稳定的新情况、新问题。中国人民解放军肩负着创造良好社会环境、保证人民安居乐业、经济建设顺利进行的重任。

第三，人民解放军是国家经济建设的重要力量。在一些关系到国家经济命脉的重点项目的建设中，人民军队发挥了突击骨干作用。在重大灾害发生之际，广大官兵总是一马当先，奋不顾身，全力抢救国家和人民的财产，保护群众的生命安全。

第四，人民解放军是社会主义精神文明建设的模范。人民军队在长期的革命斗争实践中形成了一套优良传统和作风，如严守纪律、大公无私、先人后己、艰苦奋斗、排除万难争取胜利等，不仅保证了人民军队的良好风尚，而且对于提高全民族的思想道德素质发挥了重要作用。

第五，人民解放军是完成祖国和平统一事业的强大后盾。在“和平统一、一国两制”方针的指引下，统一大业有了实质性进展，香港、澳门顺利回归，两岸关系逐步缓和。应该清醒地认识到，和平统一必须有强大的人民军队作后盾。

（二）建设巩固国防和强大军队是我国现代化建设的战略任务

新时期的国防和军队建设，必须站在国家安全和发展战略全局的高度，统筹经济建设和国防建设，把科学发展观作为重要指导方针，充分体现国防和军队建设在中国特色社会主义事业总体布局中的重要地位。

第一，按照革命化、现代化、正规化相统一的原则加强军队全面建设。军队的革命化、现代化、正规化，是一个相互关联的整体，必须全面加强、协调推进。革命化是军队建设的政治方向，现代化是军队建设的中心任务，正规化是军队建设的基础。

第二，贯彻积极防御的战略方针。积极防御始终是我们的军事战略方针，实行积极防御的战略方针，是由我们国家的社会主义性质所决定的，是保卫社会主义现代化建设的需要。

第三，坚持国防建设与经济建设协调发展的方针。正确认识和处理经济建设与国防建设的关系，是中国共产党一贯坚持的重要战略思想。实现国防建设与经济建设协调发展，

---

①《毛泽东选集》第三卷，人民出版社 1991 年版，第 1074 页。

使国防和军队发展战略与国家发展战略相适应；积极探索军民结合、寓军于民的发展路子；增强全民国防观念。

努力建设与我国国际地位相称、与国家安全和发展利益相适应的巩固国防和强大军队，是党的十八大提出的战略任务。这一任务具有深刻内涵：一是我军不仅要保卫传统的领土领海领空安全，而且要保护海洋、太空、网络电磁空间等新型安全领域的安全；二是我军不仅要维护国家安全利益，也要维护国家发展利益，做到国家利益延伸到哪里，军事力量就要到达哪里；三是我军不仅要维护自己国家的安全和发展利益，而且也要维护国际和地区的安全和稳定。

国防和军队建设，是全党和全国各族人民的共同事业，必须坚持富国与强军相统一的原则，坚持人民战争的战略思想，紧紧依靠人民办国防，不断增强国防实力。在新世纪新阶段，要建立和完善军民结合、寓军于民的武器装备科研生产体系、军队人才培养体系和军队保障体系，坚持勤俭建军，走出一条中国特色军民融合式发展道路。

（三）新世纪新阶段人民军队的历史使命

根据时代发展和国家安全形势的变化，胡锦涛提出了我军要为党巩固执政地位提供重要的力量保证、为维护国家发展的重要战略机遇期提供坚强的安全保障、为维护国家利益提供有力的战略支撑、为维护世界和平与促进共同发展发挥重要作用的重要思想。“三个提供、一个发挥”的历史使命，进一步明确了人民军队在新世纪新阶段的基本任务，拓展了军队的职能，规定了军队建设的发展方向、奋斗目标和指导原则，具有丰富而深刻的内涵。

第一，为党巩固执政地位提供重要的力量保证。党领导的人民军队在巩固党的执政地位、保证社会主义红色江山永不变色、维护人民群众的根本利益中，肩负着神圣使命，具有重要作用。

第二，为维护国家发展的重要战略机遇期提供坚强的安全保障。人民军队必须把国家主权和安全放在第一位，履行好维护国家主权、统一和稳定的神圣职责，为创造一个有利于全面建设小康社会、加快推进社会主义现代化的长期安全环境作出应有贡献。

第三，为维护国家利益提供有力的战略支撑。人民军队不仅要关注和维护国家生存利益，还要关注和维护国家发展利益；不仅要关注和维护领土安全、领海安全、领空安全，还要关注和维护海洋安全、太空安全、电磁空间安全以及其他方面的国家安全。只有这样，才能为国家利益的拓展和延伸提供坚强保障。

第四，为维护世界和平与促进共同发展发挥重要作用。作为一个发展中的大国，我们坚持走和平发展道路，既通过维护世界和平发展自己，又通过自身发展维护世界和平。这就要求我们必须努力建设一支与我国地位相称和我国发展利益相适应的军事力量，在维护世界和平与促进共同发展中发挥更大作用。

（四）积极推进中国特色军事变革深入发展

党的十八大强调：“紧跟世界新军事革命加速发展的潮流，积极稳妥进行国防和军队改革，推动中国特色军事变革深入发展。”这是党中央站在历史与时代高度，着眼中华民族伟大复兴，为深入推进国防和军队建设作出的重大战略部署，对于加快我国军事力量建设，确保国家安全与发展，实现强国梦、强军梦具有深远历史意义和重大现实意义。

第一，坚持以真正解放思想为先导。应努力从对各种军事理论僵化和教条的理解中解放出来，努力从工业时代战争背景下的思想观念中解放出来，真正为深入推进中国特色军事变革奠定良好的思想观念基础。

第二，坚持以科学统筹为首要。应坚持革命化、现代化、正规化相统一原则，着眼中国特色军事变革发展全局，统筹军队长远建设和阶段性能力生成；统筹军队信息化建设与机械化建设；统筹武器装备、军事人才、作战理论、教育训练等诸要素协调发展，使中国特色军事变革真正进入科学发展轨道。

第三，坚持以构建新型军事力量体系为重点。应努力构建紧密联系、相互融合的支撑体系，有效保障实战、有效保障部队建设、有效保障军事改革，保障体制一体化、保障方式社会化、保障手段信息化，平战结合、军民融合的现代化后勤装备保障体系。

第四，坚持以“能打仗、打胜仗”为核心要求。以实战需求为着眼点，以提高战斗力为根本标准，以“打硬仗”军事斗争准备、维护海洋权益军事斗争准备、太空和网络空间等新型安全领域军事斗争准备为牵引，以主要战略方向和重要领域为重点，带动各军兵种、各方向、各领域战斗力水平和战备水平全面跃升。

第五，坚持以科技创新为根本推动力。应努力提高国防科技水平和武器装备科技含量，尤其是信息技术含量，加快武器装备的更新换代；不断提高官兵科技素质，尤其是信息素质，打牢建设信息化军队的人才基础；不断提高指挥体制的科技含量，真正依托科技基础实现一体化联合作战指挥；不断提高军事训练的科技含量，运用信息系统组织联合作战训练；不断提高军事理论创新的科技含量，运用高科技手段和量化分析方法丰富和拓展军事理论创新途径。

党的十八届四中全会指出，要深入推进依法治军从严治军。党对军队绝对领导是依法治军的核心和根本要求。紧紧围绕党在新形势下的强军目标，着眼全面加强军队革命化、现代化、正规化建设，创新发展依法治军理论和实践，构建完善的中国特色军事法治体系，提高国防和军队建设法治化水平。

党的十八届五中全会指出，要推动经济建设和国防建设融合发展，坚持发展和安全兼顾、富国和强军统一，实施军民融合发展战略，形成全要素、多领域、高效益的军民深度融合发展格局。

第十三节 中国特色社会主义领导核心

中国共产党的执政地位是经过长期斗争考验形成的，是历史的必然，是人民的选择。办好中国的事情，关键在党。坚持党的领导，必须改善党的领导。在新世纪新阶段，要把全体人民的意志和力量凝聚起来，全面建成小康社会，加快推进社会主义现代化，必须以加强党的执政能力和先进性为主线，建设学习型、服务型、创新型马克思主义执政党。

一、党的领导是社会主义现代化建设的根本保证

（一）中国共产党的性质和宗旨

《中国共产党党章》明确规定：中国共产党是中国工人阶级的先锋队，同时是中国人民和中华民族的先锋队，代表中国先进生产力的发展要求，代表中国先进文化的前进方向，代表中国最广大人民的根本利益。

中国共产党是中国工人阶级的先锋队，同时是中国人民和中华民族的先锋队。中国共产党成为中国工人阶级先锋队与成为中国人民和中华民族先锋队是一个统一的整体。一方面，始终成为中国工人阶级的先锋队，是我们党真正成为中国人民和中华民族先锋队的必要前提。党只有成为中国工人阶级的先锋队，自觉地把马克思主义作为根本指导思想，才真正具有当好中国人民和中华民族先锋队所必需的科学指南。另一方面，自觉成为中国人民和中华民族的先锋队，是我们党真正成为中国工人阶级先锋队的必然要求。党只有自觉地成为中国人民和中华民族的先锋队，始终坚持代表全体人民和整个民族的利益要求，才能使工人阶级先锋队的性质得以充分体现。“两个先锋队”的性质，是对我们党的性质所作的科学概括，对于我们党永葆自身的先进性和纯洁性，不断增强党的凝聚力、战斗力和号召力，具有极其重要的意义。

中国共产党的性质决定党的宗旨是全心全意为人民服务。中国共产党代表中国工人阶级的利益，同时代表着中国最广大人民和整个中华民族的利益，党除了工人阶级和最广大人民群众的利益，没有自己特殊的利益。坚持全心全意为人民服务的宗旨，是坚持马克思主义唯物史观的根本要求。为了谁、依靠谁，是否始终站在最广大人民的立场上，是区分唯物史观和唯心史观的分水岭，也是判断马克思主义政党的试金石。人民群众是历史的创造者，是推动历史进步的动力。只有为人民服务，党才有存在的意义；只有依靠人民群众，党才会有力量。

中国共产党的奋斗史，就是全心全意为人民服务的历史。中共共产党领导新民主主义革命，建立了人民民主专政的政权，实现了各族人民的利益。新时期，党领导的建设中国特色社会主义，是为了全国各族人民实现自己利益、创造美好生活的共同事业。一切从人民的利益出发，全心全意为人民服务，是中国共产党的本质特征。立党为公、执政为民，是党的根本宗旨的体现。

（二）中国共产党的执政地位是历史和人民的选择

中国的近现代历史发展充分证明了这样的道理：没有共产党，就没有新中国；有了共产党，中国的面貌就焕然一新。党的执政地位是在长期革命斗争中逐步形成的，是近现代中国历史发展的必然，是人民的选择。

十一届三中全会以来，中国共产党领导全国人民开创了建设有中国特色的社会主义的崭新事业。经过三十多年改革开放，使中国的面貌发生了巨大变化，取得了令世人瞩目的伟大成就。新的历史条件下仍然需要中国共产党的领导，党的领导是中国特色社会主义事业的根本保证。

第一，只有坚持党的领导，才能保证中国特色社会主义建设事业发展的正确方向。中国特色社会主义建设事业是以最大限度地满足人民群众的物质和文化生活需要为目的的，以发展科学技术使生产力水平不断提高、生产技术不断完善为手段的一条共同富裕的道路。

第二，只有坚持党的领导，才能保证按照社会主义建设的客观规律制定和执行正确的路线、方针和政策。中国特色社会主义现代化建设是在一个人口众多、经济文化比较落后的国家进行的，这种特殊的国情决定我们必须把马克思主义的普遍真理与我国的具体实际相结合，找到一条符合我国国情的现代化建设道路。

第三，只有坚持党的领导，我们才能正确处理各种复杂的社会矛盾，调节和协调各方面的利益关系。由于实行改革开放和发展社会主义市场经济，我国社会经济成分、组织形式、就业方式、利益关系和分配方式日益多样化，各种利益关系更加复杂，各种社会矛盾随着改革开放的深化也日渐发展，这就需要从社会整体利益的全局出发，高屋建瓴，审时度势、统筹兼顾，协调各方面的利益关系。

第四，只有坚持党的领导，才能为中国特色社会主义现代化建设事业创造一个安定团结的政治局面和社会环境。中国特色社会主义现代化是一项宏伟而又艰巨的事业，需要最大限度地调动一切积极因素，充分发挥人民群众建设社会主义现代化的积极性、主动性和创造性。

（三）坚持党的领导必须改善党的领导

要坚持党的领导，必须努力改善党的领导，坚持党的领导和改善党的领导是辩证统一的。在新的历史条件下，只有改善党的领导，才能坚持和加强党的领导，这是因为：第一，当今世界正处在历史性大变动之中，为适应国际环境的变化，必须改善党的领导。第二，中国正处在历史性的伟大变革之中，新形势、新任务对我们党提出了新的要求。第三，目前，我们党的实际状况同肩负领导社会主义现代化的光荣使命有许多不相适应的地方。

改善党的领导，应着力解决以下几个方面的问题.

第一，要正确处理党的领导和依法治国的关系。“中国共产党是领导建设有中国特色社会主义伟大事业的核心力量。工农兵学商，党是领导一切的。”① 依法治国是党领导人民治理国家的基本方略，切实实施这一方略，有助于加强和改善党的领导。党领导人民制定宪法和法律，必须要领导人民遵守、实施宪法和法律，党自身的活动也必须在宪法和法律范围内进行，并成为遵守、实施宪法和法律的模范。

第二，要改革、完善党和国家的领导体制。改革领导体制，关键是要正确处理党政关系，解决党如何善于领导的问题。执政党对国家权力系统的领导，包括政治领导、思想领导、组织领导，是通过发挥政治影响、推荐重要干部、管理好权力机构中的党组织和党员、提出有关国家重大事务的主张并使之经过法定程序变成国家意志来实现的。因此，在

①《江泽民文选》第二卷，人民出版社2006年版，第496页。

执政过程中，党政有各自的职能，不能随意混淆或合一。

第三，要进一步解决提高党的领导水平和执政水平、提高拒腐防变和抵御风险这两大历史性课题。面对形势和任务的不断变化，党必须与时俱进，不断推进民主法治建设，进一步扩大党内民主。建立最大限度地及时反映广大人民群众反映强烈的突出问题，提高做好新形势下群众工作的能力，促进党的民主和科学决策，不断提高领导水平和执政水平。为增强防腐拒变和抵御风险的能力，必须把严格执法和加强思想政治教育结合起来，建立并完善思想道德建设和党纪国法约束这两道防线。

党的十八届三中全会强调，全面深化改革必须加强和改善党的领导，充分发挥党总揽全局、协调各方的领导核心作用，提高党的领导水平和执政能力，确保改革取得成功。中央成立全面深化改革小组，负责改革总体设计、统筹协调、整体推进、督促落实。各级党委要切实履行对改革的领导责任。要深化干部人事制度改革，建立集聚人才体制机制，充分发挥人民群众积极性、主动性、创造性，鼓励地方基层和群众大胆探索，及时总结经验。

二、坚持立党为公、执政为民

（一）保持好党同人民群众的血肉联系

始终保持同人民群众的血肉联系，来自人民、植根人民、服务人民，是我们党的最大政治优势，是我们党永远立于不败之地的根本。

任何政党，都是有一定群众基础的政治集团，任何政党都存在如何处理与代表的群众的关系即党群关系问题。无产阶级政党的党群关系有着自己的独特之处，就是代表群众的广泛性和利益的一致性，代表最广大人民群众的根本利益。无产阶级政党与人民群众是同舟共济的一体，始终保持同人民群众的血肉联系，是无产阶级政党区别于其他政党的显著标志。

针对新时期党群关系中出现的新问题，党中央强调指出，能否始终保持同人民群众的血肉联系，直接关系到党的生死存亡。

第一，为了群众、相信群众、依靠群众，是马克思主义政党的本质要求。中国共产党只有始终坚持唯物史观，把尊重社会发展规律与尊重人民历史主体地位统一起来，把为崇高理想奋斗与最广大人民谋利益统一起来，才能把完成党的各项工作与实现人民利益统一起来，充分体现马克思主义政党立党为公、执政为民的本质特征。

第二，保持同人民群众的血肉联系，是党能否长期执政的关键所在。人心向背，是决定一个政党、一个政权兴衰的根本因素，只有顺民意、谋民利、得民心，才能永远立于不败之地。

第三，始终保持同人民群众的血肉联系，是中国共产党战胜各种困难和风险，不断取得事业成功的根本保证。中国最广大人民群众是建设中国特色社会主义事业的主体，是先进生产力和先进文化的创造者，是社会主义物质文明、政治文明和精神文明协调发展的推动者，是决定我国前途命运的根本力量。

（二）实现好、维护好、发展好最广大人民群众的根本利益

中国共产党来自于人民，植根于人民，服务于人民，党的一切奋斗和工作都是为了造福人民。实现好、维护好、发展好最广大人民群众的根本利益，是党和国家一切工作的出发点和落脚点。

第一，根本立足点是考虑并满足最大多数人的利益要求。中国共产党要代表中国最广大人民的根本利益，这是党在执政的条件下坚持为人民服务这一根本宗旨的必然要求。最大多数人的利益是最紧要和最具有决定性的因素，这始终关系党执政的全局、关系国家经济政治文化发展的全局、关系全国各族人民的团结和社会安定的全局。

第二，妥善处理与兼顾不同阶层、不同方面群众的利益关系。目前，我国已经不存在阶级对立，社会各阶层的根本利益是一致的。但是，也必须看到，当前我国正处于改革的攻坚阶段和现代化建设发展的关键时期，社会经济成分和经济利益的多样化，人们生活方式的多样化，就业岗位和就业形式的多样化，使得各种利益矛盾错综复杂。

第三，切实解决好事关人民群众利益的实际问题。关心群众、代表群众利益绝不是空洞的口号，必须十分具体地落实到解决群众生产和生活的实际问题上。党要求各级干部，对群众提出和反映的问题，必须满腔热情地对待和处理，绝不能漠然处之，更不能粗暴地对待群众；要到最困难的地方去，到群众意见最多的地方去，到工作推不开的地方去，同那里的干部、群众一道，努力排忧解难，化解矛盾，打开局面。

立党为公、执政为民是中国共产党宗旨的根本体现，是中国特色社会主义理论的本质要求。只有坚持立党为公、执政为民，党才能坚持人民利益至上，把实现好、维护好、发展好最广大人民群众的根本利益作为依据，尊重群众的意愿，倾听群众的呼声，反映群众的需求，制定正确的路线、方针和政策，把它们落实到党的执政活动和各项工作中去。

三、全面提高党的建设科学化水平

（一）党的建设是一项伟大的工程

坚持和加强党的领导，充分发挥党在中国特色社会主义伟大建设事业中的领导核心作用，就必须不断加强党的自身建设。党的十六大报告就新的历史时期从思想、组织、作风、制度建设等六个方面加强党的建设做出了明确的规定，是新时期党的建设的“新的伟大工程”。

第一，必须加强党的思想理论建设，提高全党的马克思列宁主义理论水平。党在思想理论上的提高，是党和国家事业不断发展的思想保证，必须把党的思想理论建设摆在更加突出的位置。

第二，加强党的执政能力建设，提高党的领导水平。加强党的执政能力建设，主要是要不断提高科学判断形势的能力、驾驭市场经济的能力、应对复杂局面的能力、依法执政的能力和总揽全局的能力，这是推进党的建设新的伟大工程的重点。

第三，坚持和加强民主集中制原则，加强党的组织建设。民主集中制是我们党一贯坚持的根本组织制度和领导制度。要进一步健全党内民主，保障党员民主权利，完善党的代

表大会制度和党的委员会制度。

第四，建设一支高素质的领导干部队伍。按照革命化、年轻化、知识化、专业化方针，建设一支能够担当重任、经得起风浪考验的高素质的领导干部队伍，特别是要注意培养造就大批善于治党治军的优秀领导人才，这是党和国家长治久安的根本大计。

第五，加强基层组织建设，增强党的阶级基础和扩大党的群众基础。党的基层组织是党的全部工作和战斗力的基础，要围绕中心，服务大局，拓宽领域，强化功能，扩大党的工作的覆盖面，不断提高党的基层组织的凝聚力和战斗力。

第六，加强党的作风建设，深入开展反腐败斗争。党的作风，关系党的形象，关系人心向背，关系党的生命。推进党的作风建设，核心是保持党同人民群众的血肉联系。

党的十八大以来，习近平总书记强调，必须以更大的决心和勇气抓好党的自身建设，确保党在发展中国特色社会主义的历史进程中，始终成为全国人民的主心骨，始终成为坚强的领导核心。这些年来，我们全面推进党的建设新的伟大工程，党的执政能力得到新的提高，党的先进性和纯洁性得到保持和发展，党的领导得到加强和改善。以习近平同志为总书记的新一届中央领导集体在各个方面都作出重要部署，采取一系列新的举措落实从严治党，全面推进党的建设新的伟大工程，增强党的自我净化、自我完善、自我革新、自我提高能力，得到全国各族人民衷心拥护。

（二）加强党的执政能力建设

党的执政能力，就是党提出和运用正确的理论、路线、方针、政策和策略，领导制定和实施宪法和法律，采取科学的领导制度和领导方式，动员和组织人民依法管理国家和社会事务、经济和文化事业，有效治党治国治军，建设社会主义现代化国家的本领。

执政能力建设是党执政后的一项根本建设，党中央领导集体对此高度重视，领导全党紧紧围绕提高领导水平和执政水平、提高拒腐防变和抵御风险的能力这两大历史性课题，着重从思想和作风、体制和机制、方式和方法、素质和本领等方面加强和改进，有力地推动了党和国家事业的发展。

加强党的执政能力建设的总体目标是：通过全党共同努力，使党始终成为立党为公、执政为民的执政党，成为科学执政、民主执政、依法执政的执政党，成为求真务实、开拓创新、勤政高效、清正廉洁的执政党，归根到底成为始终做到“三个代表”、永远保持先进性、经得住各种风浪考验的马克思主义执政党，带领全国各族人民实现国家富强、民族振兴、社会和谐、人民幸福。

加强党的执政能力建设的主要任务是：按照推动社会主义物质文明、政治文明、精神文明协调发展的要求，不断提高驾驭社会主义市场经济的能力、发展社会主义民主政治的能力、建设社会主义先进文化的能力、构建社会主义和谐社会的能力、应对国际局势和处理国际事务的能力。

全党要紧紧围绕上述任务，立足现实、着眼长远，抓住重点、整体推进，不断研究新情况、解决新问题、创建新机制、增长新本领，全面加强和改进党的建设，使党的执政方略更加完善、执政体制更加健全、执政方式更加科学、执政基础更加巩固。

（三）加强党的先进性和纯洁性建设

加强党的先进性建设，就是要通过推进党的思想建设、组织建设、作风建设和制度建设，使党的理论和路线方针政策顺应时代发展的潮流和我国社会发展进步的要求，反映全国各族人民的利益和愿望，使各级党组织不断提高创造力、凝聚力、战斗力、始终发挥领导核心和战斗堡垒作用，使广大党员不断提高自身素质、始终发挥先锋模范作用，使我们党永葆与时俱进的品质、始终走在时代前列，不断提高执政能力、巩固执政地位、完成执政使命。

加强党的先进性建设，必须准确把握时代脉搏，保证党始终与时代发展同步伐。加强党的先进性建设，必须把最广大人民的根本利益作为党全部工作的出发点和落脚点，保证党始终与人民群众共命运。加强党的先进性建设，必须使党的理论和路线方针政策不断与时俱进，保证党的全部工作始终符合实际和社会发展规律。加强党的先进性建设，必须围绕党的中心任务来进行，保证党始终引领中国社会发展进步。加强党的先进性建设，必须坚持党要管党、从严治党，保证党始终具有蓬勃生机和旺盛活力。保持和发展党的先进性，必须坚持加强和改进党的自身建设，保证党永远充满生机和活力。

2012 年 1 月 9 日，胡锦涛同志在中国共产党第十七届中央纪律检查委员会第七次全体会议上强调，我们党作为马克思主义执政党，只有不断保持纯洁性，才能提高在群众中的威信，才能赢得人民信赖和拥护，才能不断巩固执政基础，才能实现党和国家兴旺发达、长治久安。全党都要从党和人民事业发展的高度，从应对新形势下党面临的风险和挑战出发，充分认识保持党的纯洁性的极端重要性和紧迫性，不断增强党的意识、政治意识、危机意识、责任意识，切实做好保持党的纯洁性各项工作。

2012 年 5 月 21 日，在全国创先争优理论研讨会上习近平同志发表重要讲话指出，先进性和纯洁性是马克思主义政党的本质属性，贯穿于党的性质、宗旨、任务和全部工作中，体现在各级党组织和全体党员的实际行动上。这种先进性和纯洁性，不是固定不变的，而是与时俱进、随着形势和任务的发展变化而不断丰富与发展的；不是一劳永逸的，而是必须通过坚持不懈地加强党的自身建设才能保持与发展的。正反两方面历史经验深刻表明，保持、发展先进性和纯洁性始终是马克思主义政党根本的思想政治任务，关系党的生死存亡和前途命运。

党的十八大报告中提出，“党的纯洁性建设”成为“党的建设主线”内容之一，全党要增强紧迫感和责任感，牢牢把握加强党的执政能力建设、先进性和纯洁性建设这条主线，坚持解放思想、改革创新，坚持党要管党、从严治党，全面加强党的思想建设、组织建设、作风建设、反腐倡廉建设、制度建设，增强自我净化、自我完善、自我革新、自我提高能力，建设学习型、服务型、创新型的马克思主义执政党，确保党始终成为中国特色社会主义事业的坚强领导核心。

2012 年 12 月 4 日中共中央政治局在北京召开会议，会议强调，领导干部特别是高级干部作风如何，对党风政风乃至整个社会风气具有重要影响。会议一致同意关于改进工作作风、密切联系群众的八项规定。第一，要改进调查研究，到基层调研要深入了解真实情况，总结经验、研究问题、解决困难、指导工作，向群众学习、向实践学习，多同群众座谈，多同干部谈心，多商量讨论，多解剖典型，多到困难和矛盾集中、群众意见多的地方去，切忌走过场、搞形式主义；要轻车简从、减少陪同、简化接待，不张贴悬挂标语横幅，不安排群众迎送，不铺设迎宾地毯，不摆放花草，不安排宴请。第二，要精简会议活动，切实改进会风，严格控制以中央名义召开的各类全国性会议和举行的重大活动，不开泛泛部署工作和提要求的会，未经中央批准一律不出席各类剪彩、奠基活动和庆祝会、纪念会、表彰会、博览会、研讨会及各类论坛；提高会议实效，开短会、讲短话，力戒空话、套话。第三，要精简文件简报，切实改进文风，没有实质内容、可发可不发的文件、简报一律不发。第四，要规范出访活动，从外交工作大局需要出发合理安排出访活动，严格控制出访随行人员，严格按照规定乘坐交通工具，一般不安排中资机构、华侨华人、留学生代表等到机场迎送。第五，要改进警卫工作，坚持有利于联系群众的原则，减少交通管制，一般情况下不得封路、不清场闭馆。第六，要改进新闻报道，中央政治局同志出席会议和活动应根据工作需要、新闻价值、社会效果决定是否报道，进一步压缩报道的数量、字数、时长。第七，要严格文稿发表，除中央统一安排外，个人不公开出版著作、讲话单行本，不发贺信、贺电，不题词、题字。第八，要厉行勤俭节约，严格遵守廉洁从政有关规定，严格执行住房、车辆配备等有关工作和生活待遇的规定。

2013 年 5 月，中共中央发布《关于在全党深入开展党的群众路线教育实践活动的意见》。教育实践活动从 2013 年 6 月开始，自上而下、上下结合，分两批有序进行，到 2014 年 9 月底基本结束。这一活动以为民务实清廉为主要内容，贯彻“照镜子、正衣冠、洗洗澡、治治病”总要求，着力解决形式主义、官僚主义、享乐主义和奢靡之风这“四风”问题。

2014 年 3 月 9 日，习近平总书记在中华人民共和国第十二届全国人民代表大会第二次会议安徽代表团参加审议时指出，各级领导干部都要树立和发扬好的作风，既严以修身、严以用权、严以律己，又谋事要实、创业要实、做人要实。这就是“三严三实”。习近平总书记指出，严以修身，就是要加强党性修养，坚定理想信念，提升道德境界，追求高尚情操，自觉远离低级趣味，自觉抵制歪风邪气。严以用权，就是要坚持用权为民，按规则、按制度行使权力，把权力关进制度的笼子里，任何时候都不搞特权、不以权谋私。严以律己，就是要心存敬畏、手握戒尺、慎独慎微、勤于自省，遵守党纪国法，做到为政清廉。谋事要实，就是要从实际出发谋划事业和工作，使点子、政策、方案符合实际情况、符合客观规律、符合科学精神，不好高骛远，不脱离实际。创业要实，就是要脚踏实地、真抓实干，敢于担当责任，勇于直面矛盾，善于解决问题，努力创造经得起实践、人民、历史检验的实绩。做人要实，就是要对党、对组织、对人民、对同志忠诚老实，做老实人、说老实话、干老实事，胸襟坦白，公道正派。要发扬钉子精神，保持力度、保持韧劲、善始善终、善作善成，不断取得作风建设新成效。2015 年 4 月，县处级以上领导干部“三严三实”专题教育陆续展开。

2014 年 10 月 8 日，习近平在党的群众路线教育实践活动总结大会上的讲话中指出新形势下从严治党的八项主张。第一，落实从严治党责任。从严治党，必须增强管党治党意识、落实管党治党责任。第二，坚持思想建设和制度治党紧密结合。从严治党靠教育，也靠制度，二者一柔一刚，要同向发力、同时发力。第三，严肃党内政治生活。党内政治生活是党组织教育管理党员和党员进行党性锻炼的主要平台，从严治党必须从党内政治生活严起。第四，坚持从严管理干部。从严治党，重在从严管理干部。第五，持续深入改进作风。“奢靡之始，危亡之渐。”不正之风离我们越远，群众就会离我们越近。第六，严明党的纪律。“道私者乱，道法者治。”纪律不严，从严治党就无从谈起。第七，发挥人民监督作用。得民心者得天下，失民心者失天下，人民拥护和支持是党执政最牢固的根基。第八，深入把握从严治党规律。从严治党有其自身规律，对我们这样一个老党大党来说，从严治党更有其自身规律。

习近平指出，随着世情、国情、党情的不断变化，影响从严治党的因素更加复杂，提出了很多新课题。我们要深入基层、深入实际，深入研究管党治党实践，通过纵向和横向的比较，进行去伪存真、由表及里的分析，正确把握掩盖在纷繁表面现象后面的事物本质，深化对从严治党规律的认识。要注重把继承传统和改革创新结合起来，把总结自身经验和借鉴世界其他政党经验结合起来，增强从严治党的系统性、预见性、创造性、实效性，使从严治党的一切努力都集中到增强党自我净化、自我完善、自我革新、自我提高能力上来，集中到提高党的领导能力和执政能力、保持和发展党的先进性和纯洁性上来。

党的十八届四中全会指出，要加强党内法规制度建设。要依纪依法反对和克服形式主义、官僚主义、享乐主义和奢靡之风，形成严密的长效机制。完善和严格执行领导干部政治、工作、生活待遇方面各项制度规定，着力整治各种特权行为。深入开展党风廉政建设和反腐败斗争，严格落实党风廉政建设党委主体责任和纪委监督责任，对任何腐败行为和腐败分子，必须依纪依法予以坚决惩处，决不手软。

2014 年 12 月，习近平在江苏调研时将“全面从严治党”加入到“四个全面”中，指出从严治党是全党的共同任务，需要大气候，也需要小气候。各级党组织要主动思考、主动作为，通过营造良好小气候促进大气候进一步形成。

党的十八届五中全会指出，要坚持全面从严治党、依规治党，深入推进党风廉政建设和反腐败斗争，巩固反腐败斗争成果，健全改进作风长效机制，着力构建不敢腐、不能腐、不想腐的体制机制，着力解决一些干部不作为、乱作为等问题，积极营造风清气正的政治生态，形成敢于担当、奋发有为的精神状态，努力实现干部清正、政府清廉、政治清明，为经济社会发展提供坚强政治保证。

2015 年 10 月，中共中央印发《中国共产党党员领导干部廉洁从政若干准则》（简称《廉政准则》），自 2016 年 1 月 1 日实施。《廉政准则》是党中央为加强党员领导干部廉洁自律工作采取的重要举措，在禁止“利用职权和职务上的影响谋取不正当利益”等 8 个方面对党员领导干部提出了 52 个“不准”，规范了党员领导干部的廉洁从政行为，并充实完善了相应的实施与监督制度，是一部规范党员领导干部廉洁从政行为的基础性法规。《廉政准则》把近年来特别是党的十八大以来全面从严治党的实践成果上升为党内法规，转化为道德准则和纪律要求，再一次吹响了全面从严治党的号角。

党的十八大以来，我们党以“踏石留印、抓铁有痕”的坚韧行动，狠抓作风建设，从清退不合格党员到严格管理干部，从践行“八项规定”到清扫“四风”污垢，从“老虎苍蝇一起打”的高压反腐到制定“党内法规制定条例”，从身体力行倡导厉行节约的文明风尚到全党开展群众路线教育实践活动，彰显“党要管党、从严治党”的一贯理念。在中央正确领导下，各级党政领导干部自律意识和抓党风建设的责任感不断增强，做了大量卓有成效的工作，取得了明显成效。

（四）建设学习型、服务型、创新型马克思主义执政党

党的十八大报告对新形势下全面提高党的建设科学化水平作出重要部署，要求建设学习型、服务型、创新型的马克思主义执政党，确保党始终成为中国特色社会主义事业的坚强领导核心。这是对党的建设理论的新发展，贯彻了把科学发展观体现到党的建设各个方面的要求，表明我们党对自身建设规律的把握更全面、更深刻，对继续推进党的建设新的伟大工程必将产生重大而深远的影响。

以学习为兴党之要，重视学习、善于学习，是我们党的优良传统和政治优势。在当今这个以变革、调整、创新为显著特征的时代，重视和加强学习，建设学习型社会、学习型组织，已经成为世界潮流。我们党要更好地肩负起历史和时代赋予的崇高使命，就必须不断加强学习，努力成为学习型的马克思主义执政党。

以服务为执政之基，我们党是全心全意为人民服务的党，来自人民、植根人民、服务人民是我们党始终立于不败之地的根基所在。建设服务型的马克思主义执政党，是党的性质和根本宗旨的集中体现。

以创新为发展之源，当前，世情、国情、党情继续发生深刻变化，我们面对着前所未有的机遇和挑战。我们党要始终走在时代前列，有效履行执政使命，就必须努力成为创新型的马克思主义执政党。建设创新型的马克思主义执政党，既要坚定道路自信、理论自信、制度自信，又要以改革创新精神发展党的理论、丰富党和人民的实践、完善党和国家的制度。

学习、服务、创新三者是相互联系、相互沟通、相互促进的。学习是基础，只有通过持续有效的学习，才能把全党的思想认识统一到服务人民、改革创新上来，坚定服务人民的立场，增强改革创新的意识，不断提高服务水平和创新能力。服务是目的，为人民当家做主提供服务是服务型政党的根本任务。服务型政党的提出，回答了“学习为了什么、创新为了什么”的问题。学习成效和创新成果必须通过更好地服务人民来体现，不断改善人民生活是学习服务创新的重要结合点。创新是动力，只有不断改革创新才能探索出学习型、服务型政党建设的新思路、新举措。通过建设创新型政党，以改革创新的精神加强党的建设，必然有利于推动学习型服务型政党的发展。总之，学习型、服务型、创新型三者相辅相成，体现了党永葆生机和活力的开拓进取精神。

第四章 安全生产基本理论

第一节 安全生产理论概述

安全生产理论的形成伴随着我国经济社会的发展和进步，是在深刻总结国内外安全生产实践的基础上产生的。党和国家高度重视安全生产工作，围绕安全生产的重大理论和实践问题，进行了多方面的研究和探索，并从我国基本国情出发，借鉴工业革命以来世界各国安全生产的经验教训，建立了以“安全发展”科学理念为核心的安全生产理论体系，成为科学发展观和社会主义和谐社会理论的重要组成部分，有力地推进了安全生产法律、法规、政策、监管的创新，促进了安全生产形势的稳定好转。

一、安全生产理论的发展过程

安全生产理论体系是安全发展的理论指南，是我国安全生产发展过程中经验教训的积累，伴随着我国经济的发展而逐渐形成和发展起来的。

新中国成立后，党和国家逐渐意识到安全生产的重要性。1952 年 12 月，劳动部召开了第二次全国劳动保护工作会议。这次会议，着重传达、讨论了毛泽东主席对劳动部 1952 年下半年工作计划的批示。劳动部部长李立三根据这一批示，提出了“安全与生产要同时搞好”的指导思想。在这次会议上，明确提出了安全生产方针，即：“生产必须安全、安全为了生产”的安全生产统一的方针。1957 年，周恩来总理为中国民航题词：“保证安全第一，改善服务工作，争取飞行正常”，首次提出“安全第一”。1959 年，周恩来总理视察河南省井陉煤矿时指示：“在煤矿，安全生产是主要的，生产和安全发生矛盾时，生产要服从安全”，着重强调了安全生产的重要性。1960 年，我国第一艘万吨运轮“跃进”号在航运中触礁沉没，周恩来总理再次强调要做到安全第一。这些思想为日后我国安全生产理论的发展奠定了最初的基础。

改革开放之后，安全生产工作的重要地位进一步凸显，在继承以前的安全生产思想的基础上，安全生产理论进一步得到发展。

1979 年，当时的航空工业部在一份工作文件中正式把“安全第一、预防为主”作为安全工作的指导思想。1983 年 5 月 18 日，国务院发布了文件，进一步明确“安全第一、预防为主”的指导思想。1987 年 3 月 26 日，国家劳动部在全国劳动安全监察工作会议上，正式决定将“安全第一、预防为主”作为我国安全生产工作的方针。2002 年《中华人民共和国安全生产法》（简称《安全生产法》）第一次以法律的形式将“安全第一、预防为主”方针予以确定，称为“八字方针”，标志着我国安全生产方针的基本形成。

进入新世纪新阶段，以胡锦涛同志为总书记的党中央不断深入开展安全生产实践活动，不断深化对安全生产规律的科学认识。

2005 年 8 月，胡锦涛总书记在河南、江西、湖北三省考察工作时，第一次提出了“安全发展”科学理念。同年 10 月，党的十六届五中全会在总结我国安全生产工作经验的基础上，正式提出了“安全第一、预防为主、综合治理”的工作方针，并通过《中共中央关于制定国民经济和社会发展第十一个五年规划的建议》，第一次把“安全发展”理论写进了党的文件，标志着“安全发展”理念的初步形成。

2006 年 3 月 18 日，第十届全国人民代表大会第四次会议批准通过《国民经济和社会发展第十一个五年规划纲要》再次重申了“安全第一、预防为主、综合治理”的安全生产工作方针。3 月 27 日，在中央政治局第 30 次集体学习会上，胡锦涛总书记再次强调，“把‘安全发展’作为一个重要理念纳入我国社会主义现代化建设的总体战略，这是我们对于科学发展观认识的深化”，首次明确“安全发展”理念是对科学发展观的深化。2006 年 10 月，党的十六届六中全会召开，会议把“安全第一、预防为主、综合治理”的安全生产方针定为构建社会主义和谐社会的重要措施，并第一次把“安全生产”定位在社会管理之中，标志着我国安全生产“十二字”方针正式确立，也标志着“安全发展”科学理念在全社会形成了基本共识。

2007 年 10 月，党的十七大会议强调：“坚持安全发展，强化安全生产管理和监督，有效遏制重特大安全事故”。2008 年 10 月，党的十七届三中全会中进一步指出：“能不能实现安全发展，是对我们党执政能力的一个重大考验”。2010 年 7 月，国务院下发《关于进一步加强企业安全生产工作的通知》（国发〔2010〕23 号），要求“深入贯彻落实科学发展观，坚持以人为本，牢固树立安全发展的理念，切实转变经济发展方式，调整产业结构，提高经济发展的质量和效益，把经济发展建立在安全生产有可靠保障的基础上”。2011 年 12 月，国务院发布《国务院关于坚持科学发展安全发展促进安全生产形势持续稳定好转的意见》（国发〔2011〕40 号），深刻阐述了坚持“科学发展”“安全发展”的重大意义，要求牢固树立以人为本、安全发展的理念，始终把保障人民群众生命财产安全放在首位，大力实施安全发展战略，标志着我国“安全发展”科学理念的形成。

2012 年 11 月，党的十八大明确要求“强化公共安全体系和企业安全生产基础建设，遏制重特大安全事故”，工作重点由立足于强化“管理和监督”向立足于强化“基础建设”转变，这是党中央在科学把握安全生产形势基础上所做出的重大战略决策。

党的十八大以来，以习近平同志为总书记的新一届中央领导集体，彰显“以人为本、关注民生”的执政理念，高度重视安全生产工作，适应新形势、新任务，作出一系列重大决策部署，推动安全生产理论不断创新发展。

2013 年 6 月 6 日，吉林“6·3”特别重大火灾事故发生之后，习近平总书记就做好安全生产工作做出重要指示，明确提出人命关天，发展决不能以牺牲人的生命为代价，这必须作为一条不可逾越的红线，并强调，要始终把人民生命安全放在首位，以对党和人民高度负责的精神，完善制度、强化责任、加强管理、严格监管，把安全生产责任制落到实处，切实防范重特大安全生产事故的发生。这是首次提出安全生产红线观点，安全生产红线观点是安全生产理论创新的一大建树，它体现的是党的根本宗旨，遵循的是党的群众路线，代表的是科学发展观的核心立场，弘扬的是“生命至上”的价值理念，也是国家治理现代化的重要标志。2013 年 7 月 18 日，中央政治局第 28 次常委会召开，习近平做了关于安全生产工作的重要讲话，明确提出四点要求。一是要强化各级党委和政府的安全监管职责；二是要强化中央企业的安全生产责任；三是要严格事故调查，严肃责任追究；四是要抓好安全生产大检查。2013 年 11 月，习近平在听取青岛黄岛经济开发区中石化黄潍输油管线泄漏引发重大爆燃事故汇报后指出，各级党委和政府、各级领导干部要牢固树立“安全发展”理念，始终把人民群众生命安全放在第一位，抓紧建立健全安全生产责任体系，党政一把手必须亲力亲为、亲自动手抓，要把安全责任落实到岗位、落实到人头，坚持管行业必须管安全、管业务必须管安全，加强督促检查、严格考核奖惩，全面推进安全生产工作。此外，还要求所有企业都必须认真履行安全生产主体责任，做到安全投入到位、安全培训到位、基础管理到位、应急救援到位，确保安全生产。

2014 年 1 月，习近平总书记在听取青岛“11·22”事故查处情况汇报时针对安全生产作出六个方面的论述。一是牢牢坚守生命红线，大力实施安全发展战略；二是抓紧建立健全“党政同责、一岗双责、齐抓共管”的安全生产责任体系；三是强化企业主体责任落实，推动企业尽职尽责；四是推进安全生产工作的改革创新，改进安全监管方式方法；五是全面构建长效机制，监察标本兼治、重在治本；六是领导干部要敢于担当勇于负责，提升建设安全红线、促进安全发展的能力。习近平总书记关于安全生产的系统论述进一步丰富了安全生产红线观点。

2014 年 8 月 31 日，第十二届全国人大常委会第十次会议审议通过《全国人民代表大会常务委员会关于修改〈中华人民共和国安全生产法〉的决定》，新修订《安全生产法》提出：“安全生产工作应当以人为本，坚持安全发展，坚持安全第一、预防为主、综合治理的方针，强化和落实生产经营单位的主体责任，建立生产经营单位负责、职工参与、政府监管、行业自律和社会监督的机制。”这是对安全生产理论的进一步发展，将安全发展理念、安全生产方针、强化落实主体责任、安全生产工作机制等以立法形式加以确定，明确了安全生产的重要地位、主体任务和实现安全生产的根本途径，反映了我们党对安全生产规律的新认识，对于指导新时期安全生产工作具有重大而深远的意义。

2015 年 5 月 29 日，中共中央政治局第 23 次集体学习。习近平强调牢固树立切实落实安全发展理念，确保广大人民群众生命财产安全。指出，公共安全连着千家万户，确保公共安全事关人民群众生命财产安全，事关改革发展稳定大局。要牢固树立安全发展理念，自觉把维护公共安全放在维护最广大人民根本利益中来认识，扎实做好公共安全工作，努力为人民安居乐业、社会安定有序、国家长治久安编织全方位、立体化的公共安全网。

2015年8月15日，天津港“8·12”特别重大火灾爆炸事故发生后，习近平指出，确保安全生产、维护社会安定、保障人民群众安居乐业是各级党委和政府必须承担好的重要责任。明确要求血的教训极其深刻，必须牢牢记住。各级党委和政府要牢固树立安全发展理念，坚持人民利益至上，始终把安全生产放在首要位置，切实维护人民群众生命财产安全。要坚决落实安全生产责任制，切实做到党政同责、一岗双责、失职追责。要健全预警应急机制，加大安全监管执法力度，深入排查和有效化解各类安全生产风险，提高安全生产保障水平，努力推动安全生产形势实现根本好转。各生产单位要强化安全生产第一意识，落实安全生产主体责任，加强安全生产基础能力建设，坚决遏制重特大安全生产事故发生。

2015年10月29日，党的十八届五中全会通过《中共中央关于制定国民经济和社会发展第十三个五年规划的建议》，又进一步提出牢固树立安全发展观念，坚持人民利益至上，加强全民安全意识教育，健全公共安全体系。完善和落实安全生产责任和管理制度，实行党政同责、一岗双责、失职追责，强化预防治本，改革安全评审制度，健全预警应急机制，加大监管执法力度，及时排查化解安全隐患，坚决遏制重特大安全事故频发势头。实施危险化学品和化工企业生产、仓储安全环保搬迁工程，加强安全生产基础能力和防灾减灾能力建设，切实维护人民生命财产安全。

安全生产理论是我国安全生产发展过程中经验教训的积累，随着我国经济的不断发展壮大，安全生产理论体系将得到不断完善和健全，必能为我国安全生产发展提供有效保障。

二、安全生产理论的主要内容

安全生产管理理论，就是针对人们在安全生产过程中的安全问题，运用有效的资源，发挥人们的智慧，通过人们的努力，进行有关决策、计划、组织和控制等活动，实现生产过程中人与机器设备、物料环境的和谐，达到安全生产的目标。安全生产管理理论是企业保障安全生产的基础理论，是科学开展安全生产工作的理论保障。

安全生产监督管理理论，是依托我国现有安全生产监督管理体制，政府层面上，在国家、省、市、县乡等不同层级设置不同级别的安全监督管理机构，企业内部设置安全生产管理机构，通过政府的安全监督、企业的安全管理等手段进一步加强企业安全生产，为企业安全生产提供机制保障。

安全生产应急管理理论，是指政府及其他公共机构在安全生产突发事件的事前预防、事发应对、事中处置和善后恢复过程中，通过建立必要的应对机制，采取一系列必要措施，应用科学、技术、规划与管理等手段，保障公众生命、健康和财产安全；促进社会和谐健康发展的有关活动。安全生产应急管理是安全生产工作的重要组成部分，做好安全生产应急管理工作，是深入落实科学发展观的内在要求，是履行政府职能、加强社会管理的具体体现，是应对安全生产严峻形势的现实需要。

安全生产教育培训理论，是通过培训教育活动提高各类从事安全生产工作人员的安全意识和安全操作能力，提升企业的安全管理水平和防止事故的发生，从而实现企业的最终安全生产。安全生产教育培训是把安全工作关口前移，是安全控制工作的重要环节。

安全生产经济学理论，是研究和解决安全生产经济问题的，它以安全工程技术活动为特定的应用领域，研究安全生产活动与经济活动关系规律。既是以经济科学理论为基础，又是以安全生产领域为阵地，为安全生产经济活动提供理论指导和实践依据。旨在通过研究安全生产的经济（利益、投资、效益）形式和条件，通过对人类安全活动的合理组织、控制和调整，达到人、技术、环境的最佳安全生产效益。

安全生产文化理论，就是安全生产理念、安全生产意识以及在其指导下的各项安全生产行为的总称，主要包括安全生产观念、行为安全、系统安全、工艺安全等。安全生产文化的核心是以人为本，将安全生产责任落实到企业全员的具体工作中，通过培育员工共同认可的安全生产价值观和安全生产行为规范，营造自我约束、自主管理和团队管理的安全生产文化氛围，最终建立安全生产长效机制的目标。

三、安全生产理论的历史地位

安全生产理论充满着战略思维、辩证思维和底线思维，是运用马克思主义世界观、方法论创新的优秀结果，是指导我国新形势下安全生产工作强大的精神动力和思想理论武器，为我国做好安全生产工作，实现安全生产形势的根本好转指明了方向，提供了根本遵循依据。

安全生产理论是以科学发展观和社会主义和谐社会理论为基础，以解决新世纪新阶段安全生产问题为着眼点，对世界工业革命以来和中华人民共和国成立六十多年来安全生产实践经验的科学概括和理论升华，提出了一系列具有内在联系的、完整的理论观点，丰富和深化了科学发展观、构建社会主义和谐社会理论的内涵。

安全生产理论既是对以往国内外安全生产实践经验的总结，又是对未来探索的新起点。随着我国经济社会发展和安全生产实践的不断深入，安全生产理论必将更加成熟、丰富、系统，必将对实现安全生产形势稳定好转、进而实现根本好转发挥巨大作用。

第二节　安全生产管理理论

安全生产管理是针对人们在安全生产过程中的安全问题，运用有效的资源，发挥人们的智慧，通过人们的努力，进行有关决策、计划、组织和控制等活动，实现生产过程中人与机器设备、物料环境的和谐，达到安全生产的目标。

一、安全生产管理理论概述

系统科学是研究系统结构、系统普遍规律和系统优化方法的科学，它以系统论、信息论、控制论为指导，在社会科学和自然科学领域发挥着极大的作用。近几十年，很多专家学者都在探索系统科学在实践中的应用问题，并把它引入安全生产管理方面，用系统论指导认识安全生产管理的本质、要素和规律，用信息论研究安全生产管理的对象、方法和目标，用控制论指导安全管理的策略和过程。通过研究安全生产管理系统的要素和规律，有利于政府和生产经营单位提高安全管理水平。将系统原理引入安全生产管理领域，就是想用系统科学的方法对安全生产管理进行系统分析研究，实现系统的优化。

（一）安全系统论

人们在长期的社会发展和社会实践中总结归纳出了系统的概念。著名科学家钱学森认为系统是由相互作用和相互依赖的若干组成部分结合成的具有特定功能的有机整体，系统是极其复杂的研究对象，一个系统本身往往又是另一个更大系统的组成部分。一般系统论的创始人贝塔朗菲认为系统是处于一定的相互关系中，并与环境发生关系的各组成部分的有机总体。尽管各位学者对系统定义的表述不同，但基本内涵是相同的，即系统是具有特定功能的、相互间具有有机联系的许多要素所构成的一个整体。

系统分类标准不同，类型也就不同。按照组成来源可分为自然系统、社会系统、人工系统等；按照系统与环境的交互关系可分为封闭系统、开放系统和孤立系统；按照系统与时间的依赖关系可分为动态系统和静态系统；按照系统的构成可分为简单系统和复杂系统；按照系统的功能可分为环境系统、教育系统、军事系统、安全系统等。

系统通常具有整体性、动态性、自适应性、目的性、关联性、有序性这六个基本特征。①整体性，是指系统的构成要素不同，功能也不同，但只有通过综合协同才能让系统作为一个整体来发挥效力，可以说系统的观点是一种整体观，是综合的思想方法；②动态性，是指系统的各个要素以及系统外界的环境条件都是随时间不断变化的，没有一成不变的系统；③自适应性，是指系统内部要素或子系统的运动总会使系统趋于某一稳定状态，系统会根据内外部条件的改变选择保持内部秩序不变或经过调整保持内外均衡稳定；④目的性，是指任何系统都具有一定的功能，系统保持内部性质不变或者不断调整以达到均衡状态都是为了最终实现某种目的，发挥其应有的功能；⑤关联性，是指构成系统的各个要素之间、要素与子系统之间、系统与环境之间广泛的有机联系及相互依赖、相互作用关系；⑥有序性，是指系统内部要素组合的层次性及系统发展的时序性。

从安全生产管理系统的特性和组成看，安全生产管理系统是人、社会、技术、环境、经济等因素构成的庞大协调系统，需要多因素协调才能实现系统的动态稳定。安全生产管理系统的主要功能是保障系统中人类生活和社会生产的安全，同时，促进社会经济发展。因此，安全生产活动需要技术和经济等资源支撑，它既是消费活动也是投资活动，只有控制好安全生产管理系统中人、机、环境、管理这些要素的协调互动，才能规范好人的行为，保障好设备的正常运行，维护好人与环境的关系，整顿好整个管理秩序，使系统不断优化，实现系统功能。

（二）安全信息论

信息是现代社会发展的产物，信息科学的迅猛发展极大地推动了科学技术进步和社会经济发展。随着社会的发展，人们从不同学科角度对信息进行了阐释，揭示了信息的内涵和外延，对人们认识信息、交换信息、理解信息产生了很大作用。

安全信息是安全生产活动的一项资源，反映安全生产活动及参与到活动中的人、机、环境和管理等因素之间的差异、互动及变化。安全科技的发展、安全管理水平的提升都离不开安全信息在这些过程中的应用。安全信息可以分为一次安全信息和二次安全信息两种类型。一次安全信息即原始信息，是指生产、生活过程中人、机、环境的客观安全性；二次安全信息及经过加工处理的信息，是指通过研究分析、总结归纳出的安全法律法规、条例、标准，安全科学理论、技术，安全生产案例、经验总结、分析报告等。对安全信息的认识和加工过程也反映了人类认识社会和改造社会的过程。安全信息能够反映企业和社会的安全生产状况，为企业和政府部门编制安全生产管理制度、方案提供依据，为人们预防事故、控制事故间接地提供依据。

（三）安全控制论

一般管理控制论认为，管理控制活动包含四个要素：控制者、被控对象、控制工具和手段、控制的成果。控制者即领导者和管理者，前者执行职权性控制和非常规控制，后者执行程序性控制和常规控制；被控对象包含范围较广，包括管理系统中的人、财、物、环境、时间等资源，也包括整个系统结构；控制工具和手段包括管理的组织机构、制度规定以及可借助的信息技术手段等；控制的成果即控制的目标、控制的阶段性效果和最终效果。从控制的过程看，可分为事前控制、事中控制和事后控制。

根据控制论原理，可将安全管理的一般控制原则归纳为：①闭环控制原则，即安全生产管理要讲究目的性和效果性，对安全管理全程作出评价；②动态控制原则，即系统与外部环境的信息交换是持续的，因此无论从管理上还是技术上都应实现自适应性；③分层控制原则，即安全的管理和技术的实现要讲究协调性和层次性，循序渐进；④分级控制原则，即管理和控制要分主次，可以细化管理层级，实现问题单项解决或从低层级起逐级解决；⑤反馈原则，即任何系统在输入输出过程中都应实现自检、评价和修正，安全管理系统也不例外；⑥等同原则，即无论从人的角度还是物的角度，控制因素的功能都要高于和大于被控制因素的功能。

二、安全生产管理基本概念

安全生产管理作为生产的重要组成部分，在其长期的发展历程中形成了一些基本概念。

（一）安全和危险

安全与危险是相对的概念，它们是人们对生产、生活中是否可能遭受健康损害和人身伤亡的综合认识，按照安全系统工程的认识论，无论是安全还是危险都是相对的。

1. 危险

根据安全系统工程的观点，危险是指系统中存在导致发生不期望后果的可能性超过了人们的承受程度。从危险的概念可以看出，危险是人们对事物的具体认识，必须指明具体对象。如危险环境、危险条件、危险状态、危险物质、危险场所、危险人员、危险因素等。

一般用危险度来表示危险的程度。在安全生产管理中，危险度用生产系统中事故发生的可能性与严重性给出。

2. 安全

顾名思义，安全为“无危则安，无缺则全”，安全意味着不危险，这是人们传统的认识。按照安全系统工程的观点，安全是指生产系统中人员免遭不可承受危险的伤害。安全条件是指，在生产过程中，不发生人员伤亡、职业病或设备、设施损害或环境危害的条件。安全状况是指，不因人、机、环境的相互作用而导致系统失效、人员伤害或其他损失。

（二）危险源和重大危险源

1. 危险源

从安全生产角度，危险源是指可能造成人员伤害、疾病、财产损失、作业环境破坏或其他损失的根源或状态。

2. 重大危险源

为了对危险源进行分级管理，防止重大事故发生，提出了重大危险源的概念。广义上说，可能导致重大事故发生的危险源就是重大危险源。但各国政府部门为了对重大危险源进行安全生产监察，对重大危险源作出了规定。

我国标准《危险化学品重大危险源辨识》（GB 18218—2009）和《中华人民共和国安全生产法》（简称《安全生产法》）对重大危险源分别作出了明确的规定。《安全生产法》第一百一十二条的解释是：是指长期地或者临时地生产、搬运、使用或者储存危险物品，且危险物品的数量等于或者超过临界量的单元（包括场所和设施）。

在标准《危险化学品重大危险源辨识》中，作为举例给出了爆炸性物质、易燃物质、活性化学物质和有毒物质等危化品生产场所和贮存区的临界量。各国政府对重大危险源的定义、规定的临界量是不同的。无论是重大危险源的范围，还是重大危险源临界量，都是为了防止重大及以上事故发生，从国家的经济实力、人们对安全与健康的承受水平和安全生产监督管理的需要出发，随着人们生活水平的提高和对事故控制能力的增强，重大危险源的规定也会发生改变。

（三）事故和事故隐患

1. 事故

在《现代汉语词典》中对事故的解释是，事故多指生产、工作上发生的意外损失或灾祸。企业生产中，发生有毒有害气体泄漏，造成意外的人员伤亡，发生了安全生产事故。

在生产过程中，事故是指造成人员死亡、伤害、职业病、财产损失或其他损失的意外事件。从这个解释可以看出，事故是意外事件，是人们不希望发生的，并产生了违背人们意愿的后果。如果事件后果是人员死亡、受伤或身体的损害就称为人员伤亡事故，如果没有造成人员伤亡就是非人员伤亡事故。

事故有很多种分类方法，我国在工伤事故统计中，按照导致事故发生的原因，将工伤事故分为20类，分别是物体打击、车辆伤害、机械伤害、起重伤害、触电、淹溺、灼烫、火灾、高处坠落、坍塌、冒顶片帮、透水、放炮、瓦斯爆炸、火药爆炸、锅炉爆炸、容器爆炸、其他爆炸、中毒和窒息、其他伤害等。

2. 事故隐患

《现代汉语词典》对隐患的解释是，隐患是潜藏着的祸患，即隐藏不露、潜伏的危险性大的事情或灾害。事故隐患泛指生产系统中可导致事故发生的人的不安全行为、物的不安全状态和管理上的缺陷。在生产过程中，凭着对事故发生与预防规律的认识，为了预防事故的发生，制定生产过程中物的状态、人的行为和环境条件的标准、规章、规定、规程等，如果生产过程中物的状态、人的行为和环境条件不能满足这些标准、规章、规定、规程等，就可能发生事故。

事故隐患分类非常复杂，它与事故分类有密切关系，但又不同于事故分类。本着尽量避免交叉的原则，综合事故性质分类和行业分类，考虑事故起因，可将事故隐患归纳为21类，即火灾、爆炸、中毒和窒息、水害、坍塌、滑坡、泄漏、腐蚀、触电、坠落、机械伤害、煤与瓦斯突出、公路设施伤害、公路车辆伤害、铁路设施伤害、铁路车辆伤害、水上运输伤害、港口码头伤害、空中运输伤害、航空港伤害、其他类隐患等。

（四）本质安全

本质安全是指设备、设施或技术工艺含有内在的能够从根本上防止发生事故的功能。具体包括三方面的内容：

（1）失误——安全功能。指操作者即使操作失误，也不会发生事故或伤害，或者说设备、设施和技术工艺本身具有自动防止人的不安全行为的功能。

（2）故障——安全功能。指设备、设施或技术工艺发生故障或损坏时，还能暂时维持正常工作或自动转变为安全状态。

（3）上述两种安全功能应该是设备、设施和技术工艺本身固有的，即在他们的规划设计阶段就被纳入其中，而不是事后补偿的。

本质安全是安全生产管理预防为主的根本体现，也是安全生产管理的最高境界。实际上由于技术、资金和人们对事故的认识等原因，到目前还很难做到本质安全，只能作为我们为之奋斗的目标。

（五）安全生产、劳动保护和职业安全卫生

1. 安全生产

安全生产（Work Safety）是在生产经营活动中，为避免造成人员伤害和财产损失的事故而采取相应的事故预防和控制措施，以保证从业人员的人身安全，保证安全生产经营活动得以顺利进行的相关活动。《辞海》中将“安全生产”解释为：为预防生产过程中发生人身、设备事故，形成良好劳动环境和工作秩序而采取的一系列措施和活动。《中国大百科全书》中将“安全生产”解释为：旨在生产过程中保护劳动者安全的一项方针，也是企业管理必须遵循的一项原则，要求最大限度地减少劳动者的工伤和职业病，保障劳动者在生产过程中的生命安全和身体健康。后者将安全生产解释为企业生产的一项方针、原则

和要求，前者则解释为企业生产的一系列措施和活动。根据现代系统安全工程的观点，上述解释只表达了一个方面，都不够全面。综上，安全生产可以定义为使生产过程在符合物质条件和工作秩序要求下进行的，防止发生人身伤亡和财产损失等生产事故，消除或控制危险、有害因素，保障人身安全与健康、设备和设施免受损坏、环境免遭破坏的总称。

安全与生产是一对矛盾统一体，生产过程中必然有安全问题，安全贯穿于生产的始终。安全对生产起着既制约又促进的作用。安全工作搞不好，事故频发，不仅会造成巨大的经济损失，增加生产成本，而且容易造成恶劣的社会影响，从而阻碍生产的发展。同时，安全生产保护“人”这个生产力中最积极、最活跃的因素，故而从根本上保护生产力。换言之，搞好安全工作，改善劳动条件，可以调动职工的生产积极性；减少职工伤亡，可以减少劳动力的损失；减少财产损失，可以增加企业效益，无疑会促进生产的发展；而生产必须安全，则是因为安全是生产的前提条件，没有安全就无法生产。因此，安全生产是安全与生产的统一，其宗旨是安全促进生产，生产必须安全。

2. 劳动保护

仅从字面上理解，劳动保护是指保护劳动者在生产过程中的安全与健康。很明显，劳动保护的对象是从事生产的劳动者。更广泛地说，劳动保护是依靠科学技术和管理，采取技术措施和管理措施，消除生产过程中危及人身安全和健康的不良环境、不安全设备和设施、不安全环境、不安全场所和不安全行为，防止伤亡事故和职业危害，保障劳动者在生产过程中的安全与健康的总称。劳动保护是站在政府的立场上，强调为劳动者提供人身安全与身心健康的保障。

3. 职业安全卫生

职业安全卫生是安全生产、劳动保护和职业卫生的统称，它是以保障劳动者在劳动过程中的安全和健康为目的的工作领域以及在法律法规、技术、设备与设施、组织制度、管理机制、宣传教育等方面所有措施、活动和事物。目前职业安全卫生与劳动安全卫生可以作为同义词使用。

对于企业，职业安全卫生涉及企业生产、管理的方方面面。如目前很多国家正在推行职业安全卫生管理体系，包括了企业的安全、卫生和管理，涉及企业内部和进入企业的外部的生产设备、设施、环境和场所以及企业员工和相关方面。

（六）安全生产管理

安全生产管理是管理的重要组成部分，是安全科学的一个分支。安全生产管理的目标是减少和控制危害，减少和控制事故，尽量避免生产过程中由于事故所造成的人身伤害、财产损失、环境污染以及其他损失。安全生产管理包括安全生产法制管理、行政管理、监督检查、工艺技术管理、设备设施管理、作业环境和条件管理等。

安全生产管理的基本对象是企业的员工，涉及企业中的所有人员、设备设施、物料、环境、财务、信息等各个方面。安全生产管理内容包括：安全生产管理机构和安全生产管理人员、安全生产责任制、安全生产管理规章制度、安全生产策划、安全培训教育、安全生产档案等。

三、现代安全生产管理理论

安全生产管理随着安全科学技术和管理科学发展而发展，安全系统工程原理和方法的出现，使安全管理的原理、内容和方法都有了很大的拓展。

（一）安全生产管理原理与原则

安全生产管理作为管理的主要组成部分，遵循管理的普遍规律，它既服从管理的基本原理与原则，也有特殊性的原理与原则。

原理是对客观事物实质内容及其基本运动规律的表述，原理与原则实质内容之间存在内在的、逻辑对应关系。安全生产管理原理是从生产管理的共性出发，对生产管理工作的实质内容进行科学的分析、综合、抽象与概括所得出的生产管理规律。

原则是根据对客观事物基本规律的认识引发出来的，需要人们共同遵循的行为规范和准则。安全生产原则是指在生产管理原理的基础上，指导生产管理活动的通用规则。

原理与原则的本质与内涵是一致的。一般来说，原理更基本，更具普遍意义；原则更具体，对行动更有指导性。

1. 系统原理

1）系统原理的含义

系统原理是现代管理学的一个最基本原理。它是指人们在从事管理工作时，运用系统观点、理论和方法，对管理活动进行充分的系统分析，以达到管理的优化目标，即用系统论的观点、理论和方法来认识和处理管理中出现的问题。

所谓系统是由相互作用和相互依赖的若干部分组成的有机整体。任何管理对象都可以作为一个系统，系统可以分为若干个子系统，子系统可以分为若干个要素，即系统是由要素组成的。按照系统的观点，管理系统具有六个特征，即集合性、相关性、目的性、整体性、层次性和适应性。

安全生产管理系统是生产管理的一个子系统，它包括各级安全管理人员、安全防护设备与设施、安全管理规章制度、安全生产操作规范和规程以及安全生产管理信息等。安全贯穿生产活动的方方面面，安全生产管理是全方位、全天候和涉及全体人员的管理。

2）运用系统原理的原则

第一，动态相关性原则。动态相关性原则告诉我们，构成管理系统的各要素是运动和发展的，它们相互联系又相互制约。显然，如果管理系统的各要素都处于静止状态，就不会发生事故。

第二，整分合原则。高效的现代安全生产管理必须在整体规划下明确分工，在分工基础上有效综合，这就是整分合原则。运用该原则，要求企业管理者在制定整体目标和宏观决策时，必须将安全生产纳入其中，资金、人员和体系都必须将安全生产作为一项重要内容考虑。

第三，反馈原则。反馈是控制过程中对控制机构的反作用。反馈原则是指成功的高效管理，离不开灵活、准确、快速的反馈。企业生产的内部条件和外部环境在不断变化，所以必须及时捕获、反馈各种安全生产信息，及时采取行动。

第四，封闭原则。在任何一个管理系统内部，管理手段、管理过程等必须构成一个连续封闭的回路，才能形成有效的管理活动，这就是封闭原则。封闭原则告诉我们，在企业安全生产中，各管理机构之间、各种管理制度和方法之间，必须具有紧密的联系，形成相互制约的回路，才能有效。

2. 人本原理

1）人本原理的含义

在管理中必须把人的因素放在首位，体现以人为本的指导思想，这就是人本原理。以人为本有两层含义，一是一切管理活动都是以人为本展开的，人既是管理的主体，又是管理的客体，每个人都处在一定的管理层面上，离开人就无所谓管理；二是管理活动中，作为管理对象的要素和管理系统各环节，都是需要人掌管、运作、推动和实施。

2）运用人本原理的原则

第一，动力原则。推动管理活动的基本力量是人，管理必须有能够激发人的工作能力的动力，这就是动力原则。对于管理系统，有三种动力，即物质动力、精神动力和信息动力。

第二，能级原则。现代管理认为，单位和个人都具有一定的能量，并且可按照能量的大小顺序排列，形成管理的能级，就像原子中电子的能级一样。在管理系统中，建立一套合理能级，根据单位和个人能量的大小安排其工作，才能发挥不同能级的能量，保证结构的稳定性和管理的有效性。

第三，激励原则。管理中的激励就是利用某种外部诱因的刺激调动人的积极性和创造性。以科学的手段，激发人的内在潜力，使其充分发挥积极性、主动性和创造性，这就是激励原则。人工作动力来源于内在动力、外部压力和工作吸引力。

3. 预防原理

1）预防原理的含义

安全生产管理工作应该做到预防为主，通过有效的管理和技术手段，减少和防止人的不安全行为和物的不安全状态，这就是预防原理。在可能发生人身伤害、设备或设施损坏和环境破坏的场合，事先采取措施，防止事故发生。

2）运用预防原理的原则

第一，偶然损失原则。事故后果以及后果的严重程度，都是随机的、难以预测的。反复发生的同类事故，并不一定产生完全相同的后果，这就是事故损失的偶然性。偶然损失原则告诉我们，无论事故损失大小，都必须做好预防工作。

第二，因果关系原则。事故的发生是许多因素互为因果连续发生的最终结果，只要事故的因素存在，发生事故是必然的，只是时间或迟或早而已，这就是因果关系原则。

第三，3E 原则。造成人的不安全行为和物的不安全状态的原因可归结为四个方面，即技术原因、教育原因、身体和态度原因以及管理原因。针对这四方面的原因，可以采取三种防治对策，即工程技术（Engineering）对策、教育（Education）对策和法制（Enforcement）对策，即所谓3E原则。

第四，本质安全化原则。本质安全化原则是指从一开始和从本质上实现安全化，从根本上消除事故发生的可能性，从而达到预防事故发生的目的。本质安全化原则不仅可以应用于设备、设施，还可以应用于建设项目。

4. 强制原理

1）强制原理的含义

采取强制管理的手段控制人的意愿和行为，使个人的活动、行为等受到安全生产管理要求的约束，从而实现有效的安全生产管理，这就是强制原理。所谓强制就是绝对服从，不必经被管理者同意便可采取控制行动。

2）运用强制原理的原则

第一，安全第一原则。安全第一就是要求在进行生产和其他活动时把安全工作放在一切工作的首要位置。当生产和其他工作与安全发生矛盾时，要以安全为主，生产和其他工作要服从安全，这就是安全第一原则。

第二，监督原则。监督原则是指，在安全工作中，为了使安全生产法律规律得到落实，必须设立安全生产监督管理部门，对企业生产中的守法和执法情况进行监督。

（二）事故致因理论

事故发生有其自身的发展规律和特点，只有掌握事故发生的规律，才能保证安全生产系统处于安全状态。前人站在不同的角度，对事故进行了研究，给出了很多事故致因理论，下面简要介绍几种。

1. 事故频发倾向理论

1919年，英国的梅林伍德和伍兹把许多伤亡事故发生次数按照泊松分布、偏倚分布和非均等分布进行了统计分析发现，当发生事故的概率不存在个体差异时，一定时间内事故发生次数服从泊松分布。一些工人由于存在精神或心理方面的毛病，如果在生产操作过程中发生过一次事故，当再继续操作时，就有重复发生第二次、第三次事故的倾向，符合这种统计分布的主要是少数有精神或心理缺陷的工人，服从偏倚分布。当工厂中存在许多特别容易发生事故的人时，发生不同次数事故的人数服从非均等分布。

在此研究基础上，1939年，法默和查姆勃等人提出了事故频发倾向理论。事故频发倾向是指个别容易发生事故的稳定的个人内在倾向。事故频发倾向者的存在是工业事故发生的主要原因，即少数具有事故频发倾向的工人是事故频发倾向者，他们的存在是工业事故发生的原因。如果企业中减少了事故频发倾向者，就可以减少工业事故。

2. 海因里希因果连锁理论

1931年，美国的海因里希在《工业事故预防》一书中，阐述了工业安全理论，该书的主要内容之一就是论述了事故发生的因果连锁理论，后人称其为海因里希因果连锁理论。

海因里希把工业伤害事故的发生发展过程描述为具有一定因果关系事件的连锁，即人员伤亡的发生是事故的结果，事故的发生原因是人的不安全行为或物的不安全状态，人的不安全行为或物的不安全状态是由于人的缺点造成的，人的缺点是由于不良环境诱发或者是由先天的遗传因素造成的。

海因里希将事故因果连锁过程概括为以下五个因素：遗传及社会环境，人的缺点，人的不安全行为或物的不安全状态，事故，伤害。海因里希用多米诺骨牌来形象地描述这种事故因果连锁关系。在多米诺骨牌系列中，一颗骨牌被碰倒了，则将发生连锁反应，其余的几颗骨牌相继被碰倒。如果移去中间的一颗骨牌，则连锁被破坏，事故过程被中止。他认为，企业安全工作的中心就是防止人的不安全行为，消除机械的或物的不安全状态，中断事故连锁的进程而避免事故的发生。

3. 能量意外释放理论

1961 年，吉布森提出了事故是一种不正常的或不希望的能量释放，各种形式的能量是构成伤害的直接原因。因此，应该通过控制能量或控制作为能量达及人体媒介的能量载体来预防伤害事故。

1966 年，在吉布森的研究基础上，哈登完善了能量意外释放理论，提出“人受伤害的原因只能是某种能量的转移”。并提出了能量逆流于人体造成伤害的分类方法，将伤害分为两类：第一类伤害是由于施加了局部或全身性损伤阈值的能量引起的；第二类伤害是由影响了局部或全身性能量交换引起的，主要指中毒窒息和冻伤。哈登认为，在一定条件下某种形式的能量能否产生伤害造成人员伤亡事故取决于能量大小、接触能量时间长短和频率以及力的集中程度。根据能量意外释放论，可以利用各种屏蔽来防止意外的能量转移，从而防止事故的发生。

4. 系统安全理论

在 20 世纪 50 年代到 60 年代，美国研制洲际导弹的过程中，系统安全理论应运而生。系统安全理论包括很多区别于传统安全理论的创新概念：

第一，在事故致因理论方面，改变了人们只注重操作人员的不安全行为，而忽略硬件的故障在事故致因中作用的传统观念，开始考虑如何通过改善物的系统可靠性来提高复杂系统的安全性，从而避免事故。

第二，没有任何一种事物是绝对安全的，任何事物中都潜伏着危险因素，通常所说的安全或危险只不过是一种主观的判断。

第三，不可能根除一切危险源，可以减少来自现有危险源的危险性，宁可减少总的危险性而不是只彻底去消除几种选定的风险。

第四，由于人的认识能力有限，有时不能完全认识危险源及其风险，即使认识了现有的危险源，随着生产技术的发展，新技术、新工艺、新材料和新能源的出现，又会产生新的危险源。安全工作的目标就是控制危险源，努力把事故发生概率减到最低，即使万一发生事故时，也把伤害和损失控制在较轻的程度上。

（三）事故预防与控制的基本原则

事故预防与控制包括两部分内容，即事故预防和事故控制，前者是指通过采用技术和管理手段使事故不发生，后者是通过采取技术和管理手段使事故发生后不造成严重后果或使后果尽可能减小。对于事故的预防与控制，应从安全技术、安全教育、安全管理等三方面入手，采取相应措施。

安全技术对策着重解决物的不安全状态问题。安全教育对策和安全管理对策则主要着眼于人的不安全行为问题。安全教育对策主要使人知道，在哪里存在危险源、如何导致事故、事故的可能性和严重程度如何，对于可能的危险应该怎么做。安全管理措施则是要求必须怎么做。

四、我国安全生产管理概述

（一）我国安全生产工作现状

1. 安全生产事故情况

近年来，党中央、国务院高度重视安全生产工作。党的十八大和十八届三中、四中全会把安全生产作为全面深化改革、实施依法治国的重要内容，提出了明确要求；全国人大常委会对安全生产工作历来十分重视，曾专门听取安全生产法实施、道路交通安全和消防工作情况报告，研究提出审议意见，有力推动了全国安全生产工作；国务院和国务院安委会持续加强安全生产法规制度建设，研究制定了一系列政策措施；各地区、各部门认真贯彻落实党中央、国务院的重要决策部署，按照国务院相关要求，狠抓各项工作措施落实，有力促进了安全生产形势持续稳定好转，实现了事故总量、重特大事故、主要相对指标三个大幅度下降，安全生产整体水平明显提升。通过近几年的努力，我国安全生产事故实现了“三个下降、一个好转”。一是事故总量近几年持续下降；二是重特大事故近几年持续下降，起数和死亡人数持续下降；三是重点行业领域事故近几年持续下降，煤矿、非煤矿山、化工和危险化学品、烟花爆竹、建筑施工、铁路交通、水上交通、民航、渔业船舶和消防等行业领域事故持续下降；四是各地区安全生产状况近几年持续好转。但是，我国安全生产事故发生率还高于美国、英国、日本等工业化国家，需要进一步提升安全生产水平，持续改进安全生产现状。

2. 安全生产法律法规体系建设情况

改革开放以来，我国制定并颁布了近20部有关安全生产方面的法律和行政法规，如《中华人民共和国矿山安全法》《中华人民共和国海上交通安全法》《中华人民共和国消防法》《中华人民共和国煤炭法》《中华人民共和国铁路法》《中华人民共和国公路法》《中华人民共和国民用航空法》和《中华人民共和国建筑法》等。这些法律和行政法规对依法加强安全生产管理工作发挥了重要作用，促进了安全生产法制建设。为了适应我国安全生产发展形势，2011年，国家正式启动《安全生产法》的修订工作，经过近四年的努力，于2014年8月31日第十二届全国人大常委会第十次会议审议通过，并于2014年12月1日施行。新《安全生产法》的施行将进一步促进我国安全生产法制体系的建设和完善，并最终形成以《安全生产法》为核心，包括法律、行政法规、部门规章和地方性安全生产法规和规章的我国安全生产法律法规体系。

3. 安全生产监督管理情况

近年来，我国相继建立了国家、省（自治区、直辖市）、地（市）、县级安全生产监督管理机构，建立了安全生产监督、监察管理机构体系。《安全生产法》对各级政府的安全生产职责进行了明确，第八条规定：国务院和县级以上地方各级人民政府应当根据国民经济和社会发展规划制定安全生产规划，并组织实施。安全生产规划应当与城乡规划相衔接。国务院和县级以上地方各级人民政府应当加强对安全生产工作的领导，支持、督促各有关部门依法履行安全生产监督管理职责，建立健全安全生产工作协调机制，及时协调、解决安全生产监督管理中存在的重大问题。乡、镇人民政府以及街道办事处、开发区管理机构等地方人民政府的派出机关应当按照职责，加强对本行政区域内生产经营单位安全生产状况的监督检查，协助上级人民政府有关部门依法履行安全生产监督管理职责。针对中央企业安全生产问题，国务院国有资产监督管理委员会令印发了《中央企业安全生产监督管理暂行办法》，督促中央企业全面落实安全生产主体责任，建立安全生产长效机制。

4. 安全生产技术情况

随着我国经济能力的增强，国家已经规定淘汰了多批落后设备。企业按照产品升级换代的需要，也逐渐淘汰了一些落后的工艺和设备。自主开发和引进了一些先进的安全检测、监测仪器设备。国家整体安全生产技术水平在逐年提高。但是，总体安全技术水平仍然较低，特别是安全监测技术设备、应急救援技术装备远远落后于工业化国家。

5. 安全生产管理情况

近年来，国家安全生产监管监察机构针对安全生产工作出台了系列政策法规，开展了系列活动，一些生产经营单位在安全生产中，也相应号召在管理中引入了“以人为本”“持续改进”的理念，建立了系统化、科学化的安全管理体系。2013 年，全国安全生产战线广大干部职工组织开展了彻底的安全大检查，排查治理隐患 681. 5 万项，整改率 97. 9%；强力实施煤矿安全“双七条”，全年关闭小煤矿 700 余处，瓦斯事故下降 20. 8%；深入开展重点行业领域安全专项整治和安全生产重点县指导监控，全国关闭了 9000 余座金属与非金属矿山、关闭转产和搬迁危化品企业 855 家、关闭退出烟花爆竹生产企业 308 家、治理了 790 个无主尾矿库；持续开展“打非治违”，全国共查处典型非法违法行为 112. 5 万起，治理纠正违规违章行为 222. 8 万起，查处结案重特大事故 44 起，649 人受到纪律处分、299 人移交司法机关；安全科技、安全生产标准化、应急救援、教育培训等基础工作进一步加强。全国安全生产形势稳定好转，各类事故起数和死亡人数同比分别下降 8. 2% 和 3. 5%，较大事故下降 17. 8% 和 17. 2%，重特大事故下降 16. 9% 和 5. 9%，其中煤矿事故起数和死亡人数同比下降 22. 5% 和 22. 9%，较大以上事故下降 31% 和 24. 8%。全国亿元 GDP 事故死亡率下降 12. 7%，工矿商贸十万就业人员事故死亡率下降 7. 3%，道路交通万车死亡率下降 8%，煤矿百万吨死亡率下降 23%。全国 25 个省份事故总量下降、14 个省份重特大事故下降，天津、内蒙古、辽宁、浙江、海南、西藏、青海、宁夏、新疆兵团等 9 个省级单位没有发生重特大事故。

（二）安全生产方针

1949—2009 年，我国安全生产方针在逐渐演变，这种演变随着我国政治和经济的发展在渐进。我国安全生产方针大体可以归纳为三次变化，即，“生产必须安全、安全为了生产”“安全第一、预防为主”“安全第一、预防为主、综合治理”。从我国安全生产方针的演变，可以看到我国安全生产工作不同时期的不同目标和工作原则。

2014 年 8 月 31 日修订完成的《安全生产法》正式以立法形式明确了安全生产工作应当坚持“安全第一、预防为主、综合治理”的方针。

“安全第一”，是在生产经营活动中，在处理保证安全与生产经营活动的关系上，要始终把安全放在首要位置，优先考虑从业人员和其他人员的人身安全，实行“安全优先”的原则。在确保安全的前提下，努力实现生产的其他目标。

“预防为主”，是说对安全生产的管理，主要不是在发生事故后去组织抢救，进行事故调查、处理和分析，而是按照系统化、科学化的管理思想，按照事故发生的规律和特点，千方百计预防事故的发生，做到防患于未然，将事故消灭在萌芽状态。虽然人类在生产活动中还不可能完全杜绝安全生产事故的发生，但只要思想重视，预防措施得当，事故是可以大大减少的。

“综合治理”，是一种新的安全管理模式，它是保证“安全第一、预防为主”的安全管理目标实现的重要手段。贯彻党的安全生产方针，必须坚持标本兼治，重在治本。安全生产是生产力发展水平和社会公共管理水平的综合反映。造成目前重点行业领域重特大事故多发、安全生产形势依然严峻的原因是多方面的，必须坚持标本兼治，在采取断然措施遏制重特大事故的同时，探寻和采取治本之策。综合运用经济手段、法律手段和必要的行政手段，从发展规划、行业管理、安全投入、科技进步、经济政策、教育培训、安全立法、激励约束、企业管理、监管体制、社会监督以及追究事故责任、查处违法违纪等方面着手，解决影响制约安全生产的历史性、深层次问题，建立安全生产长效机制。

第三节 安全生产监督管理理论

我国对安全生产的国家监察和群众监督工作非常重视，安全生产的监察、监督理论和实践得到了发展。省、市、县形成了一套崭新的管理机构体系，把我国的安全生产工作摆到更加突出的位置，为我国的安全生产工作开创了新的局面。

一、我国安全生产监督管理体制

（一）发展历程

新中国成立以来，我国安全生产监督管理体制经历了诸多变化。大致可分为三个时期：1949—1978 年，为改革开放前的安全生产监督管理体制；1978—1998 年，为改革开放时期的安全生产监督管理体制；1998 年以后，为探索适应社会主义市场经济的安全生产监督管理体制。

1. 改革开放前的安全生产监督管理体制

新中国建立后成立了劳动部，劳动部下设劳动保护司，地方各级人民政府劳动部门下设劳动保护处、科、股，具体负责工矿企业的劳动保护（安全生产）监督管理工作。各产业部在其生产或人事部门设立了专管生产安全（包括卫生）工作的机构。全国总工会和地方各级工会都设立了劳动保护部，工会基层组织一般都设立了劳动保护委员会，以加强对企业劳动保护工作的监督。

在此期间，劳动部门在劳动保护工作方面的职责主要是拟订综合性政策法规，提出指导性工作意见，对工矿企业组织不定期的安全检查，组织重大事故调查等。具体的劳动保护和安全生产工作任务主要由产业主管部门按隶属关系组织实施。

“文化大革命”时期，劳动保护工作被迫停顿，劳动部被撤销，降格为国家计委劳动局。1975 年成立国家劳动总局，仍归国家计委领导。

2. 改革开放时期的安全生产监督管理体制

改革开放时期，国家注重锅炉压力容器和矿山安全监察工作，分别成立了锅炉压力容器安全监察局、矿山安全监察局。1982 年组建劳动人事部，有关劳动保护和安全监察工作由劳动人事部劳动保护局、矿山安全监察局、锅炉压力容器安全监察局分别承担，为建立新的安全生产监督管理体制迈出了重要一步。

1985 年，经国务院批准，全国安全生产委员会成立，由国家经委等十七个部门领导同志任委员，国务委员、国家经委主任张劲夫同志兼任主任，办公室设在劳动人事部。各地各级安全生产委员会也相继组成。安全生产委员为非常设机构，主要定期研究安全生产形势，协调和指导各部门开展安全生产工作。

3. 探索适应社会主义市场经济的安全生产监督管理体制

1998 年政府机构设置及其职责调整后，由劳动部承担的安全生产综合管理、职业安全监察和矿山安全监察职能，及原工业部门承担的安全生产行业管理职能，全部交由国家经贸委新成立的安全生产局承担；劳动部承担的职业卫生监察（包括矿山卫生）职能，交由卫生部承担；锅炉压力容器安全监察职能，交由国家质量技术监督局承担。

2000 年成立国家安全生产监督管理局，与国家煤矿安全监察局实行“一个机构、两块牌子”。综合管理全国安全生产工作、履行国家安全生产监督管理和煤矿安全监察职能，隶属国家经贸委。2003 年国家安全生产监督管理局改为国务院直属机构，2005 年升格为国务院国家安全生产监督管理总局，为正部级，国务院直属机构；国家煤矿安全监察局单独设立，为副部级，由国家安全生产监督管理总局管理。

（二）监管格局

目前，我国安全生产监督管理的体制是：综合监管与行业监管相结合、国家监察与地方监管相结合、政府监督与其他监督相结合的格局。

1. 综合监管与行业监管

国家安全生产监督管理总局是国务院主管安全生产综合监督管理的直属机构，依法对全国安全生产实施综合监督管理。公安、交通、铁道、民航、水利、电监、建设、国防科技、邮政、信息产业、旅游、质检、环保等国务院有关部门分别对道路交通、铁路、民航、水利、电力、建筑、国防工业、邮政、电信、旅游、特种设备、消防、核安全等行业和领域的安全生产工作负责监督管理，即行业监管。

2. 国家监察与地方监管

除了综合监督管理与行业监督管理之外，针对某些危险性较高的特殊领域，国家为了加强安全生产监督管理工作，专门建立了国家监察机制。如煤矿，国家专门建立了垂直管理的煤矿安全监察局，省级煤矿安全监察局下设分局。交通部门的水上监管，一方面交通部海事局设立垂直监管机构，如长江等重要水域都设立港务局，直接由海事局领导；另一方面有些水上监管机构，行政上归地方政府领导，业务上归海事局指导，实行垂直与分级相合的监管方式。

3. 政府监督与其他监督

政府方面的监督主要有安全生产监督管理部门和其他负有安全生产监督管理职责的部门、监察部门。

其他方面的监督主要有社会公众的监督，工会的监督，新闻媒体的监督，居民委员会、村民委员会等组织的监督。

（三）监管职责

根据《安全生产法》的规定，各级政府的安全监管职责，可概括为以下六条：

第一，国务院和县级以上地方各级人民政府应当根据国民经济和社会发展规划制定安全生产规划，并组织实施。安全生产规划应当与城乡规划相衔接。

第二，国务院和县级以上地方各级人民政府应当加强对安全生产工作的领导，支持、督促各有关部门依法履行安全生产监督管理工作职责，确保有关安全生产法律、法规和国家关于安全生产的方针、政策得以有效贯彻实施。

第三，建立健全安全生产工作协调机制，及时协调、解决安全生产监督管理工作中存在的重大问题。

第四，县级以上地方政府有权组织有关部门严格按照安全生产的法律、法规和国家标准或行业标准，检查生产经营单位的安全生产状况，对发现的事故隐患要责令其采取有效措施及时处理；对本地区存在超出其管辖权限的重大事故隐患，应及时向有管辖权的上级政府或其有关部门报告。

第五，县级以上地方政府应当结合本行政区域内安全生产的实际情况，确定容易发生安全生产事故的地区、行业和单位，分析可能导致发生事故的原因，组织有关部门有针对性地制定应急救援预案。

第六，乡、镇人民政府以及街道办事处、开发区管理机构等地方人民政府的派出机关应当按照职责，加强对本行政区域内生产经营单位安全生产状况的监督检查，协助上级人民政府有关部门依法履行安全生产监督管理职责。

（四）监管原则

安全生产监督管理部门和其他负有安全生产监督管理职责的部门对生产经营单位实施

监督管理职责时，遵循以下基本原则：

1. 坚持“有法必依、执法必严、违法必究”的原则

有法必依，包括执行和遵守两个方面。首先表现在劳动安全卫生监察机构和人员在工作中要严格遵守法律，依法办事。对司法机关来说，就是审理案件时必须依照以事实为依据、以法律为准绳的原则。对用人单位和劳动者来说，就是必须严格遵守劳动安全卫生法律、法规和制度。

执法必严，就是指执法机关和执法人员都必须严格地依照法律规定办事，维护法律的尊严和权威。对司法机关来说，就是在审理案件中，在定罪量刑、刑罚轻重等方面，都必须严格依照法律的规定办事。执法必严的另一层意思是不受其他行政机关、团体或个人对判定活动的非法干涉。

违法必究，就是对一切违法犯罪行为都必须认真究查，依法惩处。任何人都不得凌驾于法律之上或超越于法律之外，谁也不能享受法律规定以外的特权。坚持违法必究、法律面前人人平等，是一项重要的社会主义法制原则。只有严格地执行这一原则，才能有效地保证社会主义法制的统一性和严肃性。

2. 坚持以事实为依据，以法律为准绳的原则

违法事实是进行处理或处罚的客观依据。在对检查或举报的案例进行监察和执法时，必须深入调查、收集可靠证据，查清事实。实事求是地查明、核对违法事实，使认定的违法事实有充分的证据，经得起历史的检验。

法律法规的规定是处罚的唯一准绳。劳动安全卫生监察部门在处罚时，必须依据法律法规的具体条款，准确、适当的处罚。

劳动安全卫生监察部门在执法过程中，必须尊重客观事实，同时严格依照法律规定进行正确执法。

3. 坚持行为监察与技术监察相结合的原则

国家劳动安全卫生监察工作，不仅实施行为监督（监督检查用人单位及其领导人员的管理行为，包括各项规章制度和管理活动是否符合安全生产法规的要求），而且实施技术监督，就是凭借技术手段，深入监督检查生产工艺过程、设备、原材料和劳动环境的安全卫生状况及其防护技术条件。只有把行为监督和技术监督结合起来，突出行为监督的作用，才能在科学技术不断进步的条件下，通过法制手段，有效地实现劳动安全卫生国家监督的目的。

4. 坚持监察与服务相结合的原则

劳动安全卫生监察机构既要严肃认真地进行监督检查，及时提出强化预防措施的要求，揭露和纠正劳动安全卫生的缺陷和偏差，又要满腔热情地帮助用人单位进行宣传教育和技术培训，提供有关信息和科技情报，指导和帮助用人单位做好劳动安全卫生工作，以实现安全与生产的统一。

5. 坚持教育与惩罚相结合的原则

惩罚与教育相结合的原则的含义是：处罚不仅是惩治违法的武器，同时也起着教育作用。它的教育作用主要是一方面通过学习，理解和掌握法律；另一方面，通过对违法责任的处罚，达到教育别人不犯同类违法行为及当事人重犯类似违法行为的目的。

二、安全生产监管监察机构及其职责

（一）国务院安全生产委员会

国务院安全生产委员会由一名副总理任安委会主任，副主任分别由国家安全监管总局局长、公安部常务副部长和国务院副秘书长担任，成员由各部委副部长、副局长等参加。

主要职责包括：在国务院领导下，负责研究部署、指导协调全国安全生产工作；研究提出全国安全生产工作的重大方针政策；分析全国安全生产形势，研究解决安全生产工作中的重大问题；审定和下达年度安全生产控制考核指标；研究提出煤炭行业管理中涉及安全生产的法规、重大方针政策和标准，推动指导煤炭行业加强安全管理和科技进步等基础工作，协调解决相关问题；必要时，协调总参谋部、公安部和武警总部调集军队和武警参加特大生产安全事故应急救援工作；完成国务院交办的其他安全生产工作。

国务院安委会下设办公室，作为安委会的办事机构，办公室设在国家安全生产监督管理总局。

安委会办公室主要职责：

（1）研究提出安全生产重大方针政策和重要措施的建议。

（2）监督检查、指导协调国务院有关部门和各省、自治区、直辖市人民政府的安全生产工作。

（3）组织国务院安全生产大检查和专项督查。

（4）参与研究有关部门在产业政策、资金投入、科技发展等工作中涉及安全生产的相关工作。

（5）研究拟定年度安全生产控制考核指标。

（6）负责组织国务院特别重大事故调查处理和办理结案工作。

（7）组织协调特别重大事故应急救援工作。

（8）指导协调全国安全生产行政执法工作。

（9）承办安委会的会议和重要活动，督促、检查安委会会议决定事项的贯彻落实情况。

（10）承担安委会协调煤炭行业管理涉及安全生产方面的工作，督促检查各项工作和措施的落实情况。

（11）承担安委会交办的其他事项。

（二）国家安全生产监督管理总局

主要职责包括：重点加强对全国安全生产工作综合监督管理和指导协调职责；对有关部门和地方政府安全生产工作监督检查职责。

（1）组织起草安全生产综合性法律法规草案，拟订安全生产政策和规划，指导协调全国安全生产工作，分析和预测全国安全生产形势，发布全国安全生产信息，协调解决安全生产中的重大问题。

（2）承担国家安全生产综合监督管理责任，依法行使综合监督管理职权，指导协调、监督检查国务院有关部门和各省、自治区、直辖市人民政府安全生产工作，监督考核并通报安全生产控制指标执行情况，监督事故查处和责任追究落实情况。

（3）承担工矿商贸行业安全生产监督管理责任，按照分级、属地原则，依法监督检查工矿商贸生产经营单位贯彻执行安全生产法律法规情况及其安全生产条件和有关设备（特种设备除外）、材料、劳动防护用品的安全生产管理工作，负责监督管理中央管理的工矿商贸企业安全生产工作。

（4）承担中央管理的非煤矿矿山企业和危险化学品、烟花爆竹生产企业安全生产准入管理责任，依法组织并指导监督实施安全生产准入制度；负责危险化学品安全监督管理综合工作和烟花爆竹安全生产监督管理工作。

（5）承担工矿商贸作业场所（煤矿作业场所除外）职业卫生监督检查责任，负责职业卫生安全许可证的颁发管理工作，组织查处职业危害事故和违法违规行为。

（6）制定和发布工矿商贸行业安全生产规章、标准和规程并组织实施，监督检查重大危险源监控和重大事故隐患排查治理工作，依法查处不具备安全生产条件的工矿商贸生产经营单位。

（7）负责组织国务院安全生产大检查和专项督查，根据国务院授权，依法组织特别重大事故调查处理和办理结案工作，监督事故查处和责任追究落实情况。

（8）负责组织指挥和协调安全生产应急救援工作，综合管理全国生产安全伤亡事故和安全生产行政执法统计分析工作。

（9）负责综合监督管理煤矿安全监察工作，拟订煤炭行业管理中涉及安全生产的重大政策，按规定制定煤炭行业规范和标准，指导煤炭企业安全标准化、相关科技发展和煤矿整顿关闭工作，对重大煤炭建设项目提出意见，会同有关部门审核煤矿安全技术改造和瓦斯综合治理与利用项目。

（10）负责监督检查职责范围内新建、改建、扩建工程项目的安全设施与主体工程同时设计、同时施工、同时投产使用情况。

（11）组织指导并监督特种作业人员（煤矿特种作业人员、特种设备作业人员除外）的考核工作和工矿商贸生产经营单位主要负责人、安全生产管理人员的安全资格（煤矿矿长安全资格除外）考核工作，监督检查工矿商贸生产经营单位安全生产和职业安全培训工作。

（12）指导协调全国安全生产检测检验工作，监督管理安全生产社会中介机构和安全评价工作，监督和指导注册安全工程师执业资格考试和注册管理工作。

（13）指导协调和监督全国安全生产行政执法工作。

（14）组织拟订安全生产科技规划，指导协调安全生产重大科学技术研究和推广工作。

（15）组织开展安全生产方面的国际交流与合作。

（16）承担国务院安全生产委员会的具体工作。

（17）承办国务院交办的其他事项。

（三）国家煤矿安全监察局

主要职责包括：

（1）拟订煤矿安全生产政策，参与起草有关煤矿安全生产的法律法规草案，拟订相关规章、规程、安全标准，按规定拟订煤炭行业规范和标准，提出煤矿安全生产规划。

（2）承担国家煤矿安全监察责任，检查指导地方政府煤矿安全监督管理工作。对地方政府贯彻落实煤矿安全生产法律法规、标准，煤矿整顿关闭，煤矿安全监督检查执法，煤矿安全生产专项整治、事故隐患整改及复查，煤矿事故责任人的责任追究落实等情况进行监督检查，并向地方政府及其有关部门提出意见和建议。

（3）承担煤矿安全生产准入监督管理责任，依法组织实施煤矿安全生产准入制度，指导和管理煤矿有关资格证的考核颁发工作并监督检查，指导和监督相关安全培训工作。

（4）承担煤矿作业场所职业卫生监督检查责任，负责职业卫生安全许可证的颁发管理工作，监督检查煤矿作业场所职业卫生情况，组织查处煤矿职业危害事故和违法违规行为。

（5）负责对煤矿企业安全生产实施重点监察、专项监察和定期监察，依法监察煤矿企业贯彻执行安全生产法律法规情况及其安全生产条件、设备设施安全情况，对煤矿违法违规行为依法做出现场处理或实施行政处罚。

（6）负责发布全国煤矿安全生产信息，统计分析全国煤矿生产安全事故与职业危害情况，组织或参与煤矿生产安全事故调查处理，监督事故查处的落实情况。

（7）负责煤炭重大建设项目安全核准工作，组织煤矿建设工程安全设施的设计审查和竣工验收，查处不符合安全生产标准的煤矿企业。

（8）负责组织指导和协调煤矿事故应急救援工作。

（9）指导煤矿安全生产科研工作，组织对煤矿使用的设备、材料、仪器仪表的安全监察工作。

（10）指导煤炭企业安全基础管理工作，会同有关部门指导和监督煤矿生产能力核定和煤矿整顿关闭工作，对煤矿安全技术改造和瓦斯综合治理与利用项目提出审核意见。

（11）承办国务院及国家安全生产监督管理总局交办的其他事项。

（四）地方煤矿安全监管机构

地方煤矿安全监管机构的主要职责：

（1）贯彻落实国家煤矿安全生产法律法规、标准。

（2）对本地区煤矿安全进行日常性的监督检查，对煤矿违法违规行为依法作出现场处理或实施行政处罚。

（3）监督煤矿企业事故隐患的整改并组织复查。

（4）依法组织关闭不具备安全生产条件的矿井。

（5）负责组织煤矿安全专项整治。

（6）参与煤矿事故调查处理。

（7）对煤矿职工培训进行监督检查。

（五）地方安全生产监督管理部门

根据最新修订的《安全生产法》第八条、第九条和第四章的规定，负有安全生产监督管理职责的部门应履行以下职责：

（1）安全生产规划制定及组织实施职责。

（2）安全监督管理部门的监督检查职责。

（3）安全监督管理部门的现场处置职责。

（4）安全监督管理部门的复查职责。

（5）安全监督管理部门的建议、报告职责。

（6）安全监督管理部门的行政处罚职责。

（7）安全监督管理部门的告知及说明理由的职责。

（8）安全监督管理部门的事故报告和调查处理职责。

（9）安全监督管理部门的行政复议职责。

（10）负责受理和查处有关安全生产方面的投诉、举报事宜。

（六）生产经营单位安全生产管理部门

1. 生产经营单位领导小组

小组是由单位“一把手”任组长，单位各部门主要负责人和一定比例的职工代表组成的专门研讨单位安全生产工作的组织。其主要职责是：

（1）根据国家安全生产的法律、政策和上级有关指示，负责建立相应安全管理机构，根据单位性质、规模配备安全管理专（兼）职管理人员；批准单位安全生产规章制度。

（2）负责对公司的安全卫生工作进行监督、检查。以“事故为零”为目标，检查工作现场，发现并推动事故隐患的治理和劳动条件的改善，为职工创造安全舒适的工作环境；定期召开安委会会议。

（3）领导小组的议题主要包括：宣传学习国家、当地人民政府和上级下达的安全生产法律法规和文件精神，明确单位实施落实措施；工伤事故、事故原因分析、研讨防止事故再发措施的合理性和可操作性，明确实施完成时间、负责人和验收标准；上期会议后，查隐患、抓治理落实情况报告；职业危害场所强度或浓度检测、现场检查情况报告；消防安全事宜报告；其他安全卫生事项；讨论发言；领导小组组长总结，提出下一步改善要求。

2. 生产经营单位安全生产管理部门的职责

（1）负责综合管理本单位的安全生产工作和安全生产管理体系认证工作。

（2）贯彻执行国家的安全生产的方针、政策、法令、法规和上级指示。组织制定和颁发本单位的安全生产管理规定、制度。编制本单位安全卫生工作的长远规划及实施细则，并对执行情况进行监督和检查。

（3）审查设备动力部汇总提出的安全技术改善计划项目，并监督、检查有关部门按期完成。

（4）组织并参加新产品、新技术、新工艺、新设备和新建、改建、扩建及设备大修等工程项目的“三同时”有关安全部分的方案申报、审批，审定、试运转工作和竣工验收。

（5）及时提出本单位需要解决的劳动保护问题，协助有关部门开展劳动保护方面的科学研究和技术改造。

（6）负责制订公司安全健康教育计划，并组织实施。

（7）协助领导组织专业性和季节性的安全检查。

（8）做好职业卫生工作。

（9）按照有关规定，编制本单位劳动防护用品的发放标准，并对劳动保护用品的质量情况进行监督。

（10）组织或参加工伤事故的调查和处理。

（11）负责定期进行危险源辨识、风险评价和风险控制，对于评价出来的重要危险源制定管理方案并组织实施。

（12）负责抢救和重大责任事故的协调处理等。

三、安全生产综合监督管理理论概述

（一）安全生产综合监督管理职责

1. 概念

综合监管是指按照分级、属地原则，各级人民政府安全生产监督管理部门依法对同级人民政府负有安全生产监督管理职责的部门和下级人民政府安全生产工作实施宏观指导、综合协调和监督检查。这是《安全生产法》赋予各级安全监管部门的一项重要职能。在我国现行体制下，对各有关部门、各地区安全生产工作实施宏观管理和有效监督，是保证安全生产法律法规、方针政策和安全发展的指导原则得到全面贯彻落实的必要手段，是保障人民群众生命财产安全，促进经济社会发展的重要举措。

2. 综合监管工作职责

（1）加强地方法规和标准体系建设。研究提出本行政区域内安全生产方针、政策、法规草案及意见和建议，制定、修订相关安全生产规章制度和安全技术标准、规范，指导有关行业和领域安全生产法规和标准、规范的制定、修订工作等。

（2）推动本行政区域内安全生产发展规划实施。研究制定和组织实施本行政区域内中长期安全生产规划和安全科技发展规划，提高安全管理的科技水平，对安全生产工作和安全科技发展进行宏观指导。推动地方政府和有关部门将安全生产规划目标、主要任务和重点工程等相关内容，纳入地方政府规划纲要、有关行业和领域发展规划，实现安全生产与经济社会同步规划、同步实施、同步发展。

（3）实施安全生产目标责任考核。研究制定和实施安全生产控制指标考核体系，建立激励约束机制。实行“一岗双责”，将有关部门和下级人民政府分解并落实安全生产控制指标情况考核结果纳入地方政府、有关部门政绩、业绩考核内容，并将考核结果予以通报，推动有关部门和下级人民政府落实安全生产责任。

(4) 组织开展安全生产专项整治。研究部署、协调督促有关部门和下级人民政府开展安全生产专项整治、隐患排查治理，组织安全生产综合性检查，指导协调、监督检查有关部门和下级人民政府落实安全生产专项整治各项工作，对发现的重大隐患和突出问题，跟踪督促有关部门和下级人民政府进行整改。

(5) 加强指导协调和监督检查。指导协调、监督检查有关部门和下级人民政府贯彻落实党和国家安全生产方针政策、法律法规和党中央、国务院关于安全生产重大工作部署的情况，监督检查有关部门和下级人民政府安全生产的履职和责任落实情况，并进行评估和通报。

(6) 严格事故调查和责任追究。依法组织开展生产安全事故调查处理和结案工作，监督事故查处、责任追究和防范措施的落实情况，对事故查处情况及时向社会公布，强化行政问责和社会监督；按照分级、属地原则，对重大和典型事故相关单位负责人进行约谈，深刻分析事故原因，以事故教训推动工作，防范事故发生。

(7) 推进行政执法监督工作。依法开展对有关行业和领域生产经营单位安全生产和作业场所职业健康行政执法监督工作，严肃查处违法违规行为，推进事故预防和作业场所职业健康监管工作。

(8) 综合分析和把握安全生产形势。对各类生产安全事故进行统计分析和评估，研究分析安全生产的倾向性、规律性问题和深层次矛盾，及时掌握安全生产动态，研判、预测安全生产形势及发展趋势，提出重大对策措施和建议等。

(9) 协调解决安全生产重大问题。组织、协调解决本行政区域内有关行业和领域特别是跨部门、跨行业和领域、跨地区的安全生产重大问题，并监督落实。

(10) 指导协调安全生产相关工作。指导协调有关部门在产业政策、发展规划、行业调整、科技进步、资金投入、技术改造、企业管理等工作中涉及安全生产的相关工作，推进安全生产标准化工作，推广安全生产先进技术，加强重大危险源监控，推动安全发展。

(11) 指导监督建设项目安全设施“三同时”工作。组织实施或督促指导开展有关行业和领域建设项目特别是高危行业、较大风险行业建设项目安全设施“三同时”监督管理工作，对有关部门发放安全生产许可证情况进行监督，严格安全准入，提高企业本质安全水平。

(12) 加强安全生产应急管理工作。掌握各类应急资源，组织指挥和指导协调安全生产应急救援工作，指导有关部门和生产经营单位安全生产应急预案的编制、演练和人员培训，指导协调、监督检查有关行业和领域的安全生产应急机构、平台和应急救援基地、队伍建设等工作。

(13) 开展安全生产宣传教育和培训工作。充分发挥社会力量的作用，加强安全生产宣传教育工作，利用“安全生产月”和“安全生产万里行”等活动平台，开展安全生产法律、法规和知识的宣传教育。有针对性地开展对政府和企业有关负责人的安全培训，提高安全管理能力，强化对从业人员特别是农民工的安全培训，提高其安全生产意识和技能。

（二）安全生产综合监管工作的指导思想与基本原则

1. 指导思想

深入贯彻落实《国务院通知》精神，以事故多发、易发的道路交通、水上交通、建筑施工、消防、民用爆炸物品等重点行业（领域）为重点，以有效遏制重特大事故为目标，指导督促相关行业管理部门进一步强化安全监管，切实落实企业主体责任，努力推进、加快实现重点行业（领域）安全生产状况的根本好转。

2. 基本原则

行业主管，各司其职。道路交通、水上交通、铁路交通、消防、建筑施工、农业、渔业、农机、电力、教育、旅游、民爆物品和特种设备等有主管部门的相关行业安全生产工作实行“谁主管、谁负责”体制，安全生产综合监管应当建立在各有关部门依法履行对职责范围安全生产工作有效监管、分工负责的基础之上。

分级负责，属地监管。县（区）政府、市（县、区）安全监管部门和有关部门根据职责分工，对直接监管企业安全生产工作实行分级负责，承担行政责任，并按行政区域划分，对当地企业包括中央、省属、市属企业实行严格的安全生产监督检查和管理，落实安全监管责任。安全生产综合监管应当注重明确并推进分级负责和属地监管责任落实。

区别对待，分类指导。有关行业和领域的安全生产工作有其自身法律规范和运行特点，安全生产综合监管工作应当注重将安全生产法律法规的贯彻和有关道路交通、水上交通、铁路交通、消防、建筑施工、市政工程、农业、渔业、农机、电力、教育、旅游、民爆物品和特种设备等专业安全生产法规的落实相结合，区别不同行业特点，分类指导，支持配合。

综合协调，监督检查。安全生产综合监管工作应当明晰工作思路，突出对涉及安全生产全局的重大举措，对需要政府和有关部门配合的工作，对涉及跨部门、跨行业和领域、跨地区重大问题的综合协调，加强对安全生产法规政策、重大决策执行和安全监管职责履行的督促检查，做到指导有思路，协调有权威，监督有力度，检查有效果，不断提高综合监管效能。

（三）安全生产综合监管方法措施

1. 实行安全生产目标管理责任制

基层人民政府每年根据安全生产形势任务和上级人民政府下达的安全生产控制指标，向下级人民政府和本级人民政府有关部门、有关直接监管的企业单位下达年度安全生产控制考核指标，制定并发布安全生产目标管理考核标准。层层分解安全生产控制考核指标，建立安全生产控制考核指标台账，监督检查并定期通报本部门、本单位安全生产指标控制和安全生产情况，强化目标管理，确保各项工作目标和控制考核指标的完成。

2. 严格责任追究

安全监管部门和有关部门未按有关规定履行职责，造成事故或形成重大事故隐患的，应当依法追究其行政责任；对安全监管工作配合不力、突破安全生产控制指标、存在重大事故隐患不积极整改的县（区）、乡镇人民政府和有关责任部门，应当视情节轻重分别给予通报批评、行政警告、“一票否决”或其他行政处分。

3. 安全生产会议制度

一是开好安全生产工作会议，通过会议，总结工作、表彰先进、部署任务。二是建立安全生产综合监管联席会议制度，由安全监管部门（安全生产委员会办公室）负责召集。明确参会单位、主要任务、会议周期、联络员，制发会议纪要，反馈办理情况。三是建立安全生产专题协调会议制度。对涉及本行政区域内安全生产全局的重大举措，对需要本级人民政府和有关部门配合的工作，对涉及跨部门、跨行业和领域、跨地区的重大问题、难点问题和突出问题，安全监管部门应及时召开有关部门负责人参加的专题协调会议，协调组织各方力量，予以妥善解决。

4. 实行安全生产情况通报

应建立安全生产情况通报制度，由安全监管部门定期向有关部门通报一次本区域安全生产形势及主要工作部署落实情况，及时向有关部门抄送安全生产方面的重要文件、典型经验和事故通报，适时组织有关部门安全管理人员学习、借鉴安全生产工作创新经验。

5. 强化安全生产事故信息报送统计

通过建立安全生产事故信息报送统计制度，规范各级人民政府和各有关部门接报和处置各类安全事故信息，并将事故信息报告情况纳入安全生产目标管理考核和行政责任追究内容。

6. 加强事故调查分工协作

按照《生产安全事故报告和调查处理条例》的相关规定，明确安全生产一般事故调查规定，建立事故调查分工协作制度，落实有关部门牵头组织的事故调查报告应当报送安全监管部门备案规定。

7. 严格安全生产事故查处挂牌督办

县（市、区）人民政府安全生产委员会应建立安全生产事故查处挂牌督办制度，设定本行政区域各类事故挂牌督办标准，明确事故名称、督办事项、办理期限、督办解除方式及程序等内容，严格督办考核。

8. 实行安全生产事故及重大安全隐患整治联合约谈

建立安全生产事故及重大安全隐患整治联合约谈制度。凡发生生产安全事故，或生产安全事故死亡人数超过控制考核指标，或对乡镇以上人民政府及其安全生产委员会挂牌的安全隐患拒不整改或逾期未整改的，安全监管部门应当会同行政监察等部门对责任单位及其有关主管部门主要负责人及有关负责人进行联合约谈。必要时提请同级人民政府负责人进行约谈。

9. 严格安全生产执法监督检查

充分运用安全生产法律法规赋予安全监管部门的监督检查权和行政处罚权，组织或支持配合有关部门开展安全专项整治、隐患排查治理、安全生产检查、专项督查抽查、联合执法等，对发现的突出问题和重大隐患，安全监管部门应及时提请并督促有关部门和下级人民政府采取整改措施。对涉及部门职能交叉的部分，牵头有关部门开展专项检查、督查。

10. 实行重大事故隐患治理挂牌督办

地方人民政府应建立重大事故隐患治理挂牌督办制度，实行隐患整治，分级挂牌督办，指导、监督主管领域生产经营单位按照有关法律、法规、规章、标准和规程的要求，建立健全事故隐患排查治理制度，定期排查治理事故隐患。安全监管部门和有关部门通过下达《重大事故隐患整改指令书》，严格隐患整治，落实督办责任。

11. 建立和完善综合监管工作制度

一是建立和完善工作通报制度，对涉及本行政区域内安全生产全局的重大举措，对需要地方各级人民政府和有关部门配合的工作，对涉及跨部门、跨行业和领域、跨地区的重大问题、难点问题和突出问题，充分发挥协调枢纽作用，协调组织各方力量，予以妥善解决。二是建立和完善考核评估制度，研究对下级人民政府、有关部门安全生产工作综合考核评估办法，对安全生产工作成效明显的单位和个人予以表彰奖励，引导激励地方各级人民政府、有关部门和生产经营单位主动抓好安全生产工作。三是建立和完善形势分析制度，定期与有关部门分析安全生产工作运行的特点及规律，研究阶段性重点区域、重点企业、重点环节和重点工作，把握安全生产工作主动权。四是建立和完善监督检查制度，充分运用《安全生产法》等法律法规赋予安全监管部门的监督检查权和行政处罚权，组织或支持配合有关部门开展安全专项整治、隐患排查治理、安全生产检查、专项督查抽查、联合执法等。对发现的突出问题和重大安全隐患，提请并督促有关部门和下级人民政府采取整改措施。

第四节 安全生产应急管理理论

安全生产应急管理是安全生产工作的重要组成部分，做好安全生产应急管理工作，是深入落实科学发展观的内在要求，是履行政府职能、加强社会管理的具体体现，是应对安全生产严峻形势的现实需要。

一、安全生产应急管理内涵

根据风险控制原理，风险大小是由事故发生的可能性及其后果严重程度决定的。事故发生的可能性越大，后果越严重，则该事故的风险就越大。因此，控制事故风险的根本途径有两条：第一条是事故预防，防止事故的发生或降低事故发生的可能性，从而达到降低事故风险的目的。然而，由于受技术发展水平、人的不安全行为以及自然客观条件（乃至自然灾害）等因素影响，要将事故发生的可能性降至零，即做到绝对安全，是不现实的。事实上，无论事故发生的频率降至多低，事故发生的可能性依然存在，而且有些事故一旦发生，后果将是灾难性的，如印度柏博尔事件、苏联切尔诺贝利核电站泄漏等。那么，如何控制这些发生概率虽小、后果却非常严重的重大事故风险呢？无疑，管理成为第二条重要的风险控制途径。

安全生产应急管理工作首先立足于防范事故的发生。从安全生产应急管理的角度，着重做好事故预警、加强预防性安全检查、搞好隐患排查整改等工作。

一是要加强风险管理、重大危险源管理和事故隐患的排查整改工作。各地区、各有关部门和各类生产经营单位通过建立预警制度，加强事故灾难预测预警工作，对重大危险源和重点部位定期进行分析和评估，研究可能导致安全生产事故发生的信息，并及时进行预警。

二是要坚持“险时搞救援，平时搞防范”的原则，建立应急救援队伍参与事故预防和隐患排查的工作机制，尤其组织矿山、危险化学品和其他救援队伍参与企业的安全检查、隐患排查、事故调查、危险源监控以及应急知识培训等工作。各类救援队伍把参与事故预防工作作为自己的基本职责之一，积极主动地参与并做好这方面的工作。

三是应对事故发生后迟报、漏报、瞒报等问题。国务院办公厅和国家安全生产监督管理总局对信息报告工作作出了明确的规定，各地区、各部门、各单位要认真贯彻执行，并与气象、水利、国土资源等部门加强工作联系和衔接，对重特大事故灾难信息、可能导致重特大事故的险情，或者其他自然灾害和灾难可能导致重特大安全生产事故灾难的重要信息，各级安全生产监督管理部门、其他有关部门和各生产经营单位要及时掌握、及时上报并密切关注事态发展，做好应对、防范和处置工作。

四是要强化现场救援工作。发生事情的单位要立即启动应急预案，组织现场抢救，控制险情，减少损失。事故现场救援必须坚持属地为主的原则，在各级政府的统一领导下，建立严密的安全生产事故应急救援的现场组织指挥机构和有效的工作机制，加强部门间的协调配合，快速组织各类应急救援队伍和其他救援力量，调集救援物资与装备，科学制定抢救方案，精心有力地开展应急救援工作，做到及时施救、科学施救、安全施救、有效施救。各级安全生产监督管理部门及其应急救援机构要会同有关部门搞好联合作战，充分发挥好作用，给政府当好参谋助手。

五是要做好善后处置和评估工作。通过评估，及时总结经验，吸取教训，改进工作，以提高应急管理和应急救援工作水平。

二、安全生产应急管理基本概念

（1）突发公共事件：是指造成或者可能造成重大的人员伤亡、财产损失、生态环境破坏和其他严重危害，影响、威胁局部或全国经济社会稳定和政治安定的，需要由政府组织动员社会各方面力量应对的突发事件。一般包括自然或者人为因素引发的自然灾害、事故灾难、公共卫生和社会安全事件等类型。

（2）紧急状态：是指应对特别重大突发公共事件过程中，采取常规措施无法有效控制和消除其严重危害时，有关国家机关按照法定权限和程序宣布在特定地域甚至全国采取临时性非常规措施、行使紧急立法权的一种严重危机状态。

（3）应急状态：是指为应对已经发生或者可能发生的突发公共事件，在某个地区或者全国范围内，政府组织社会各方力量在一段时间内依据有关法律法规和应急预案采取紧急措施所呈现的状态。

（4）次生、衍生事件：指某一突发公共事件所派生或者因处置不当而引发的其他事件。

（5）耦合事件：是指在同地区、同一时段内发生的两个以上相互关联的突发公共事件。

（6）应急预案：针对可能发生的突发公共事件，为迅速、有效、有序地开展应急行动，而预先制定的方案。用以明确事前、事发、事中、事后的各个进程中，谁来做，怎样做，何时做以及相应的资源和策略等。

（7）总体预案（综合预案）：是指国家或者某个地区、部门、单位为应对所有可能发生的突发公共事件而制定的综合性应急预案。总体预案主要阐述事故的应急方针、政策，应急组织结构及相关应急职责，应急行动、措施和保障等基本要求和程序，是应对各类事故的综合性文件。

（8）专项预案：是指国家或者某个地区、部门、单位为应对某类突发公共事件或者为发挥某项重要功能而制定的应急预案。专项预案通常作为总体预案的组成部分。专项预案应按照综合应急预案的程序和要求组织制定，并作为综合应急预案的附件。专项应急预案应制定明确的救援程序和具体的应急救援措施。

（9）部门预案：是指政府的有关部门根据其职责分工为应对突发公共事件而制定的应急预案。部门预案分为总体应急预案、专项应急预案。

（10）单项预案：是指国家或者某个地区、部门、单位，针对某个具体活动或者项目，为应对其实施中可能发生的突发公共事件而制定的应急预案。如重大活动应急预案，应急演练应急预案等。

（11）现场处置方案（操作程序）：现场处置方案是针对具体的装置、场所或设施、岗位所制定的应急处置措施。现场处置方案应具体、简单、针对性强。现场处置方案应根据风险评估及危险性控制措施逐一编制，做到事故相关人员应知应会，熟练掌握，并通过应急演练，做到迅速反应、正确处置。

（12）应急操作手册：是指为便于应急响应人员掌握和快速查阅有关职责、程序、规程、通讯方式以及人力资源等关键内容而编写的简明文本。

（13）应急管理：是指政府、部门、单位等组织为有效地预防、预测突发公共事件的发生，最大限度减少其可能造成的损失或者负面影响，所进行的制订应急法律法规、应急预案以及建立健全应急体制和应急处置等方面工作的统称。

（14）应急准备：针对可能发生的事故，为迅速、有序地开展应急行动而预先进行的组织准备和应急保障。

（15）应急响应：事故发生后，有关组织或人员采取的应急行动。

（16）应急救援：在应急响应过程中，为消除、减少事故危害，防止事故扩大或恶化，最大限度地降低事故造成的损失或危害而采取的救援措施或行动。

（17）应急联动：指在突发公共事件应急处置过程中，市、县市区人民政府及其部门联合行动，必要时，与军队、武警部队联动，互相支持，社会各方面密切配合、各司其职、协同作战，全力以赴做好各项应急处置工作的应急工作机制。

（18）一案三制：是指为应对突发公共事件所制订的应急预案和建立的应急体制、应急机制、相关法律制度的简称。

（19）监测：是指通过各种方式、方法收集突发公共事件的相关信息并进行分析处理、评估预测的过程。

（20）预警：是指根据监测结果，判断突发公共事件可能或即将发生时，依据有关法律法规或应急预案相关规定，公开或在一定范围内发布相应级别的警报，并提出相关应急建议的行动。

（21）防灾：是指为了防止灾害的发生所采取的各项措施和部门间联运机制等的总称。

（22）救灾：是指在突发公共事件发生后，政府、社会组织及公民为救助生命、维持基本生存需要和保护财产等所采取的各种直接措施。

（23）恢复：是指突发公共事件的影响得到初步控制后，政府、社会组织和公民，为使生产、工作、生活、社会秩序和生态环境尽快恢复到正常状态而采取的各种行动。

（24）事件前兆阶段：是指从预示突发公共事件可能发生的各种征兆开始出现到突发公共事件实际发生之前的阶段。

（25）事件发生阶段：是指突发公共事件从发生到其危害和影响得到基本控制的阶段。

（26）事后阶段：是指从突发公共事件的危害和影响得到基本控制到生产、工作、生活社会秩序和生态环境等得到基本恢复的阶段。

（27）先期处置：是指突发公共事件发生后在事发地第一时间内所采取的紧急措施。

（28）应急处置：是指突发公共事件发生后所采取的一系列的应急响应措施。

（29）应急保障：是指为保障应急处置的顺利进行而采取的各项保证措施。一般按功能分为：人力、财力、物资、交通运输、医疗卫生、治安维护、人员防护、通讯与信息、公共设施、社会沟通、技术支撑以及其他保障。

（30）后期处置：是指突发公共事件的危害和影响得到基本控制后，为使生产、工作、生活、社会秩序和生态环境恢复正常状态所采取的一系列行动。

（31）预警分级：是指根据突发公共事件发生的可能性、严重性、紧急程度所划定的警报等级。发布时一般依次用红色（Ⅰ级）、橙色（Ⅱ级）、黄色（Ⅲ级）和蓝色（Ⅳ级）表示。

（32）应急响应分级：是指根据突发公共事件的等级、影响的范围、严重程度和事发地的应急能力所划定的应急响应等级。

（33）应急能力评估：是指对某一地区、部门或者单位以及其他组织应对可能发生突发公共事件的综合能力的评估。评估内容包括预测与预警能力、社会控制效能、行为反应能力、工程防御能力、灾害救援能力和资源保障能力等。

（34）应急后评估：是指在突发公共事件应急工作结束后，为了完善应急预案、提高应急能力，对各阶段应急工作进行的总结和评估。

三、我国安全生产应急管理体系概况

（一）我国安全生产应急管理现状

党中央、国务院高度重视安全生产应急管理工作，国家“十一五”发展规划将安全生产应急救援体系建设纳入公共服务重点工程项目进行推进，在各级党委政府、社会各方面和广大人民群众的共同努力，安全生产应急管理工作以“一案三制”（预案，体制、机制和法制）为重点，加强安全生产应急管理和应急救援体系建设、队伍建设、装备建设，现已取得很大进展，有效促进了全国安全生产形势稳定好转。

1. 安全生产应急预案体系逐步完善

安全生产应急预案体系建设是应急救援体系建设的一项基础性工作，是完善应急准备，提高防范事故和处置事故能力，减少事故损失和社会影响的重要措施。国家安全生产应急救援指挥中心成立后，认真履行职责，依据国家有关法律法规和国务院文件，加强应急预案编制工作指导，强化应急预案编制管理，建立了比较完善的安全生产应急预案体系。

一是做好应急预案编制和指导工作。生产安全事故灾害种类多，事故频率高。针对可能发生或引发的各类重大生产安全事故，安全监管总局先后编制印发了10项部门应急预案。针对地方各级安全监管部门应急预案不规范，相互不衔接等问题，安全监管总局印发了《地方安全监管部门应急预案框架指南》。针对生产经营单位应急预案要素不全和不会编等问题，安全监管总局印发了《生产经营单位安全生产应急预案编制导则》安全行业标准。为指导不同行业（领域）企业编制应急预案，国家安监总局组织设置了10多个不同行业（领域）企业应急预案编制视频讲座，放在国家安监总局网站供大家学习，并优选了不同类型的应急预案范本推荐给企业供参考。经过多年的努力，各级政府、各有关部门和企业全部编制了不同类型的应急预案，解决了应急预案有的问题。据统计，高危行业企业预案覆盖率达100%，其他类型企业应急预案覆盖率达到92%以上。

二是加强应急预案评审和备案管理。在解决应急预案的基础上，国家安监总局及时印发了《生产安全事故应急预案管理办法》和《生产经营单位生产安全事故应急预案评审指南（试行）》，规范生产安全事故应急预案评审和备案管理工作，依据国务院有关行政规章将高危行业纳入安全生产许可条件进行管理。各省级安全监管部门围绕应急预案管理都出台了相应的应急预案管理办法或实施细则，并将生产经营单位的应急预案编制管理列入了安全监管的重要内容，指导企业做好应急预案评审和备案审查工作。推动了应急预案编制质量的提高。

三是扎实推进应急预案演练工作。为提高应急预案的针对性和实用性，国家安监总局印发了《生产安全事故应急演练指南》安全行业标准，规范应急演练程序和内容，强化应急预案演练评估工作。为推动安全生产应急预案演练工作的开展，国家安监总局每年在全国安全生产月期间组织“应急预案演练周”活动，注重总结各地区、各部门和中央企业应急预案演练成果，会同地方政府组织不同形式的重大事故应急演练，指导全国开展安全生产应急预案演练活动。应急预案演练检验了预案、锻炼了队伍，完善了应急准备，提高了事故防范和应急处置能力。

2. 应急管理体制机制基本建立

形成了以国务院安全生产委员会为核心，由国家安全生产监督管理总局（国务院安委会办公室）、国务院有关部门和省级人民政府共同构成的安全生产应急救援协调指挥和领导决策层。

国家安全生产应急救援协调指挥执行机构已经建立。2005 年 5 月，中央机构编制委员会批准成立国家安全生产应急救援指挥中心，于 2006 年 2 月 21 日正式挂牌。国家安全生产应急救援指挥中心在国务院安委会办公室的领导下，具体履行全国安全生产应急救援综合监督管理的行政职能，协调、指挥生产安全事故灾难应急救援工作。地方安全生产应急管理机构基本建立。截至目前，全国 32 个省级、304 个市级、1133 个县级单位建立了应急管理工作机构，54 家中央企业建立了应急管理组织。制定出台实施了一批规范应急准备、事故处置的政策制度标准规范；建立了覆盖各行业、领域的五级安全生产应急预案体系；国家、地方、企业专兼职安全生产应急救援队伍体系基本建成。

在推进应急管理机构建设的同时，注重应急联动机制建设，充分发挥各部门的优势，提高应急响应能力。一是在安全生产委员会框架下建立了安全生产应急救援联络员会议制度，定期通报信息和交流，相互支持，互相配合；二是与气象、海洋、地震、环保、总参等部门签订了应急联动协作机制，国家安监总局根据气象、海洋等部门的预报预警，研判自然灾害可能引发生产安全事故的风险，及时发布预警信息和明电，有效防范自然灾害引发生产安全事故；三是省级以下安全生产应急工作协调机制进一步健全，省级安全监管部门充分发挥各级安委会及其办公室的综合协调作用，加强了与同级人民政府其他相关部门的合作，建立健全了信息研判、应急联动及应急管理机构与救援队伍之间顺畅的工作机制。

3. 应急管理法制得到加强

首先，《突发事件应对法》的颁布实施，极大地推动了安全生产应急管理工作的开展，在有关法律、行政法规和在各部门有关规定中都对安全生产应急管理工作进行了规范，提出了明确要求，应急管理法制建设得到了加强。新修订的《安全生产法》明确建立事故预防和应急救援的制度，把加强事前预防和事故应急救援作为一项重要内容，并做了以下规定。一是生产经营单位必须建立生产安全事故隐患排查治理制度，采取技术、管理措施及时发现并消除事故隐患，并向从业人员通报隐患排查治理情况的制度；二是政府有关部门要建立健全重大事故隐患治理督办制度，督促生产经营单位消除重大事故隐患；三是对未建立隐患排查治理制度、未采取有效措施消除事故隐患的行为，设定了严格的行政处罚；四是赋予负有安全监管职责的部门对拒不执行执法决定、有发生生产安全事故现实危险的生产经营单位依法采取停电、停供民用爆炸物品等措施，强制生产经营单位履行决定；五是国家建立应急救援基地和应急救援队伍，建立全国统一的应急救援信息系统。生产经营单位应当依法制定应急预案并定期演练。参与事故抢救的部门和单位要服从统一指挥，根据事故救援的需要组织采取告知、警戒、疏散等措施。《危险化学品安全管理条例》将事故应急救援作为一章进行规范，《生产安全事故报告和调查处理条例》《建筑工程安全生产管理条例》《道路交通安全监管条例》等条例都对应急救援工作提出明确要求。

其次，围绕法律法规的贯彻实施，国务院各部门、地方政府及其有关部门出台了相关管理办法和标准。例如，《生产安全事故应急预案管理办法》《矿山救护队管理暂行规定》《高速公路交通应急管理程序规定》《突发环境事件应急预案管理办法》《电力企业应急预案管理办法》《生产经营单位安全生产事故应急预案编制导则》《突发事件应急演练指南》等部门规章和标准重点从应急预案和应急救援队伍管理方面进行了规范；《北京市应对生产安全突发事件联动响应管理办法》《北京市矿山救护队资质认定管理办法》《北京市矿山危化企业安全生产应急救援队伍建设管理规定》《北京市生产经营单位生产安全事故应急演练管理办法》等办法标准对地方安全生产应急救援工作做了进一步的细化和规定。

另外，国务院有关文件对安全生产应急管理工作提出了明确要求。如《国务院关于全面加强应急管理工作的意见》《国务院办公厅关于加强基层应急队伍建设的意见》《国务院关于进一步加强安全生产工作的通知》等文件，规范了安全生产应急管理工作，推动了安全生产应急管理体系建设。

4. 应急救援能力明显增强

在党中央、国务院的高度重视和各级党委政府的直接领导下，各地区、各部门、各生产经营单位加快应急救援能力建设，加强事故应急救援的组织和现场施救工作，安全生产应急救援队伍的能力明显增强。截至 2014 年底，全国共有安全生产专兼职矿山和危险化学品应急救援队伍 954 支，共计 6.8 万余人。形成以国家队为核心、行业队为骨干、企（事）业队为基础的专兼结合、优势互补、功能综合的应急救援队伍体系，是安全生产，尤其是危险化学品和矿山安全生产应急救援队伍建设的中坚力量。

一是国家、区域矿山应急救援队应急救援能力明显增强。按照《国家矿山应急救援队建设总体方案》，国家安全监管总局依托国有大矿建立了开滦、大同、鹤岗、淮南、平顶山、芙蓉、靖远 7 支国家矿山应急救援队。国家投资 8 亿多元重点购置了处理重特大、复杂矿山事故所需的大型专用设备，企业投资 7.5 亿多元用于办公用房、训练场馆、演习巷道、装备库室等基础设施和基本救援装备。目前，7 支队伍建设已全部完成，形成了全国矿山应急救援的中坚力量，极大地提升了矿山事故应急救援能力。为完善国家矿山应急救援队伍体系，国家安全监管总局按照我国煤矿生产布局，依托山西焦煤集团公司等 14 家单位建立了 14 个区域矿山应急救援队。利用中央财政预算投资 8 亿多元重点购置了处理重特大、复杂矿山事故所需的应急救援大型专用设备，提高矿山区域快速应急救援能力。

二是中央企业应急救援能力明显提升。为贯彻落实《国务院关于进一步加强企业安全生产工作的通知精神》，切实加强中央企业安全生产应急保障能力建设，尽快提升中央企业安全生产水平和应急救援能力，中央财政在中央国有资本经营预算内设立了安全生产保障能力建设专项资金，支持中央企业加快安全生产应急保障能力建设。中央国有资本经营预算投入专项资金 19.73 亿元，支持煤矿、非煤矿山、危险化学品、油气田开采、隧道施工、水上搜救、旅游等行业的 23 家中央企业 30 支应急救援队伍、18 家培训演练基地以及 1 个应急救援技术指导中心建设。在中央财政大力支持下，各中央企业加大配套资金投入和基地建设，安全生产应急救援能力得到明显提升。

三是相关重点行业（领域）专业救援队伍建设得到了加强。海上搜救在交通部海上搜救中心和救助打捞局下设 3 个打捞局、3 个救助局、4 个救助飞行队，建有 4 个综合救援基地和 18 个分基地；铁路方面在全国按铁路局设置应急救援队伍，各铁路局在规定地点设特等、一等救援列车，在无救援列车的二等以上车站或较大中间站设事故救援队，现有 4300 多人。民航方面在全国建立民航指挥协调和搜寻救援队伍及以机场管理机构为主体的地面救援队伍。全国现有民航公安警察、空中警察、消防队员和医疗救护人员约 7000 人。电力方面建立了在国家、地方电力调度机构和电力企业及重要用户构成的全国电力安全应急救援协调指挥体系，在各发电、供电和送变电企业内部设立了 1000 多支专兼职应急救援队伍。

在党中央、国务院正确领导下，各有关部门和地方党政、相关单位密切配合、通力协作，组织成功处置了多起重大、特别重大生产安全事故。2006—2014 年，全国矿山救护队共参与事故救援 28631 起，抢救遇险被困人员 61400 多人，其中经救护队直接抢救生还 11755 人；2008—2014 年，全国危险化学品救援队伍共参与事故救援 67815 起，抢救遇险被困人员 174747 人，其中经救援队伍直接抢救生还 7640 人。

在处置生产安全事故的同时，应急救援队伍在自然灾害抢险方面也做出了较大贡献。汶川地震中，国家安监总局派出 1218 人的矿山、危险化学品救援队和医疗救护队，抢救生还人员 1113 人，转移被困人员 1.49 万人，诊治伤病人员 1.36 万人。玉树地震中，国家安监总局派出 512 人的救援队，抢救生还人员 46 人，转运伤员 241 人。芦山地震中，国家安监总局派出 37 支，共计 872 人的救援队，救出被埋群众 39 人。

（二）我国安全生产应急管理的发展趋势

《国务院关于坚持科学发展安全发展促进安全生产形势持续稳定好转的意见》（国发〔2011〕40 号）提出，要加强应急救援队伍和基地建设、完善应急救援机制和基础条件、加强预案管理和应急演练；安全生产“十二五”规划也将完善应急救援体系，提高事故救援和应急处置能力列为“十二五”时期六大主要任务之一，将应急救援体系建设工程列为九项重点工程之一。

1. 进一步加强安全生产应急救援队伍建设

一是加快矿山应急救援体系建设步伐。按照有关规定和要求，积极推动 14 支国家区域矿山应急救援队建设，推动国家（区域）矿山应急救援队所在地区给予大力支持和密切配合，完善管理制度快速推进国家（区域）队建设。依据有关规定，推动各地区依托大中型企业建设地方骨干应急救援队，督促指导所有矿山企业按照救援队建设标准，建设相应的专兼职应急救援队，尽快形成完善的矿山应急救援体系。

二是加快危险化学品、油气田等应急救援体系建设步伐。积极争取国家有关部门支持，采取政企共同出资方式，依托现有中央石油、石化、建筑施工、航运等企业的应急救援队，推进建设国家（区域）危险化学品应急救援队、区域油气田应急救援队和隧道施工、水上交通应急救援队建设。推动各地区、各单位采取有力措施加快各专业、各层级应急救援队建设，健全体系、提升能力、满足经济社会发展的需要。

三是加快相关行业（领域）专业应急救援体系建设步伐。按照《安全生产应急管理“十二五”规划》和国务院有关通知要求，大力推进公路交通、铁路运输、海上搜救、船舶溢油、渔业船舶等行业（领域）专业应急救援体系建设，会同有关部门解决好合理布局、健全体系、提升能力等问题。

2. 进一步加强安全生产应急管理体制建设

一是切实加强应急管理（救援指挥）机构建设。各地区要进一步推动所有市（地）和重点县（市、区）建立安全生产应急工作机构；已经建立的省级和市级安全生产应急机构，切实做到机构、编制、职责、人员和经费“五落实”，有效发挥综合监管和事故救援指挥、指导、协调作用；其他基层和组织要落实专门机构或人员负责安全生产应急工作。经过努力，不断完善安全生产应急管理体系。

二是切实加强应急管理机制建设。各地区要进一步强化生产安全事故信息沟通机制和应急救援快速协调机制建设；进一步完善安全生产应急管理综合监管与行业监管的协作机制、区域间协同应对重特大生产安全事故的应急联动机制，以及各级安全生产应急工作机构与有关应急救援队伍之间的工作机制。要深化与有关部门的预警和应急协作。

三是支持和引导社会力量参与安全生产应急救援工作。要通过专题研讨、调研和试点等工作探索支持和引导社会力量参与安全生产应急救援工作的机制。通过出台相关政策和指导意见，鼓励和引导社会力量参与安全生产应急救援工作。要通过技术培训和服务，为社会力量参与安全生产应急救援和管理工作创造条件，借鉴国内外典型做法，结合工作实际，将能够参与安全生产应急救援工作的社会团体、民间组织以及具有专业技能的志愿者组织纳入安全生产应急救援体系，明确各类社团和志愿者组织参与安全生产应急管理和应急救援工作的范围和内容，完善安全生产应急管理体系。

3. 进一步加强安全生产应急预案建设

一是进一步完善应急预案体系，提高预案质量。要督促指导各类企业完善应急预案，做到所有重大危险源都有专项应急预案，使应急预案标准化、简明化、牌板化，易懂好记。要加强预案修订工作，指导企业根据情况变化和预案演练，及时修订相关安全生产预案，切实提高应急预案的科学性、实用性和可操作性，完善应急准备，提高应急能力。要全面推广煤矿、危险化学品等重点行业现场处置方案，更好地发挥应急预案的事故预防功能，切实提高事故初期第一时间应急能力。

二是强化应急预案管理。要严格执行预案审查和备案制度，进一步强化对实行安全生产许可企业的监督监察，依法将应急预案纳入行业准入的条件，重点加强对矿山、危险化学品等高危行业企业的应急预案备案管理，没有生产安全事故应急预案或预案未通过专家评审的，不得颁发安全生产许可证。

三是加强应急预案演练。根据《生产安全事故应急预案管理办法》，指导各地积极开展应急预案演练，增强应急预案的科学性、针对性、实效性，督促企业建立应急预案演练制度，定期组织开展综合应急演练或专项应急演练，使应急预案演练实现常态化管理。

4. 进一步加强安全生产应急保障能力建设

一是努力推动应急救援技术装备产业发展。要加强同有关部门的沟通协调，争取将大型应急救援装备、关键应急救援技术的研发纳入国家振兴装备制造业规划发展体系，加大国家对应急救援技术进步的推动力。要大力支持有条件、有基础的地区培育应急救援专用设备制造产业，建设具备研发、生产能力的应急救援装备制造产业园区。要大力扶持在应急救援领域拥有自主知识产权和核心技术的重点单位进行应急救援新技术、新材料、新装备的研发，尽快形成一批科技创新能力强、技术先进、产品适用的安全生产应急救援装备设备科研制造产业集团。

二是努力推动应急装备技术创新。要积极推广应用经过实践检验、能显著提高救援效果的应急救援适用技术，不断提高应急救援装备科技水平。以煤矿、金属非金属矿山、危险化学品等高危行业领域为重点，优先推广应用紧急避险、现场救援、逃生报警等先进适用技术和装备。不适应救援需要、不符合相关标准、性能不高、损害救援人员身体健康的落后救援技术装备要列入国家产业结构调整指导目录，予以强制淘汰。要鼓励、引导和推动企业采用先进适用的应急救援装备，加快应急救援关键技术装备的换代升级。要积极采用国际、国内领先的应急救援装备，重点引进高效快速（自动纠偏）救援钻机、大功率高扬程大型排水设备、大型清障支护设备以及人员避险、搜寻、定位等装备、仪器，切实提高应急救援能力。

三是努力推动安全生产应急平台体系建设。要尽快建立健全省（区、市）、市（地）和重点县（市、区）三级安全生产应急平台体系，开发和完善应急保障、模拟推演、监测预警、辅助决策、指挥调度等应用系统；指导企业充分利用和整合调度指挥、监测监控、办公自动化系统等现有信息系统建立应急平台。要建立完善各类应急资源数据库，为应急平台开展应急救援工作提供技术支持。

四是努力推动应急物资储备体系建设。要积极配合其他有关部委，指导各地区和企业按照国家储备与地方储备相结合、重点储备与区域储备相结合、实物储备与生产能力储备相结合、应急储备与市场储备相结合、政府储备与企业储备相结合、社会化储备与专业化储备相结合的原则做好储备工作，形成规模适度、结构科学、布局合理的应急资源储备网络。针对易发事故的特点，依托大型企业储备必要的应急装备物资和指定相关应急装备、物资生产企业储备一定的生产能力，并建立专门的应急装备物资储备网点。在国家（区域）应急救援队储备一定的大型特种救援装备和相关物资。努力形成多层次的应急救援装备和物资储备体系，确保应对各种事故，尤其是重特大且救援复杂、难度大的生产安全事故应急救援的装备和物资需要。要督促企业针对本企业事故特点加大应急救援装备及物资储备力度，尤其是重点工艺流程中应急物料、应急器材、应急装备和物资的准备。

5. 进一步加强应急培训和宣传教育工作

安全生产应急知识培训是安全生产应急管理工作的重要环节，是消除事故隐患、减少事故发生、提高事故处置能力、降低事故损失的重要举措。按照《国务院安委会关于进一步加强安全培训工作的决定》（安委〔2012〕10号）的要求，全面加强安全生产应急管理培训工作，为安全生产应急管理和应急救援工作提供人才保障和智力支持。

加强安全生产应急宣传教育工作，充分利用现有各类培训教育资源和网络、电视、远程教育等手段，通过编制预案简本、科普读本、影像资料、知识讲座、典型案例分析等多种形式，依托大中专院校和安全生产培训机构广泛开展培训工作。借鉴国内外现代教育培训理论与方法，采用案例教学、情景模拟、交流研讨、案例分析、应急演练、对策研究等方式，提高学员学习的自主性、参与性，提高培训质量和效果。

第五节 安全生产教育培训理论

安全是生产赖以正常进行的前提，安全生产教育培训是把安全工作关口前移，是安全控制工作的重要环节，安全生产教育培训的目的是提高全员的安全意识和安全操作能力，提升企业的安全管理水平和防止事故的发生，从而实现安全生产。

一、安全生产教育培训内涵及发展历程

国家安全生产监督管理总局2011年12月31日颁发的《安全生产培训管理办法》中明确规定，安全培训是指以提高安全监管监察人员、生产经营单位从业人员和从事安全生产工作的相关人员的安全素质为目的的教育培训活动，将安全培训的对象归纳为各级安全监管监察人员、生产经营单位从业人员和从事安全生产工作的相关人员。安全培训工作的实施主要依托安全培训机构。安全培训教育与职业卫生、劳动保护相对独立，也分别属不同的部门管理。

我国的“安全培训”与其他国家在名称上略有区别，所包含的内容也不完全一致。对应于我国的“安全培训”，国外相类似的称谓是“职业安全培训”“职业健康与安全培训”“劳动保护”等，在安全培训内容之外，还包含了职业卫生和劳动保护的内容，内容更全面。我国的“安全培训”与“职业卫生”“劳动保护”是相对独立的，有不同的职能部门分别实施。

通过研究分析美国、澳大利亚、英国、日本等发达国家对安全教育培训所做的工作，发现有如下共同特点：

一是从法律层面看。英国《职业安全健康管理法》、日本《劳动安全健康法》、澳大利亚《宪法》等法律规定，都明确规定企业要对新的工人或工人的进行工作场所培训和

技能培训，更加符合实际。

二是从制度层面看。各国都有一套完整培训制度及完善的培训教育体系。如：美国在职业安全健康监察局专门设立培训教育司负责安全教育培训工作，并建立了三类培训机构具体实施培训教育工作。

三是从资金保证层面看。各国都有充分的资金保证。如美国《矿山安全健康法》授权矿山安全健康局向各州提供培训拨款，每个财政年度达1000万美元；职业安全与健康局提供基金，支持非营利机构开展职业安全和健康培训。

四是从培训的目标看。着重提高雇主和雇员的安全意识和防范能力。如：日本由国家制定有针对性的职业安全健康教育基本方针、长期计划、年度计划及教学计划，相关人员须通过相关安全培训考核合格后方可上岗。澳大利亚监察人员培训6个月，一边培训一边实践，师傅还要带徒弟1年，才能独立工作。

美国、澳大利亚、英国、日本等发达国家所建立的安全教育培训体系各具特色，对于我国安全培训教育的发展和安全培训机构体系的建设有很大的借鉴意义。

自新中国成立以来，我国始终高度重视安全教育培训工作，把安全教育培训摆在重要的位置，回顾我国安全培训工作的发展历程，大致可分为四个阶段。

（1）发展初期（1949—1980年）。面对工矿企业职工队伍安全知识和技能差、各类伤亡事故经常发生的状况，我国一方面组织全国安全卫生大检查，另一方面推广苏联经验，推动工矿企业职工劳动保护知识普及和教育活动。

（2）发展中期（1980—1994年）。全国建立了近80个劳动保护教育中心，7000余个企业的劳动保护宣传教育室，三级教育制度得以完善，特殊工种的教育培训制度建立起来，将厂长、经理职业安全卫生培训纳入了法制轨道，并推行了资格认证制度。

（3）发展制度化期（1994—2002年）。《劳动法》把职工享受劳动卫生保护，接受职业安全卫生教育和培训当成一种权利。随后，劳动部依据《劳动法》，颁发了《企业职工劳动安全卫生教育管理规定》等规章，对安全教育培训有关问题做出了明确规定。

（4）发展科学化期（2002年至今）。安全教育培训工作逐步进入法制化、科学化、制度化阶段。以《安全生产法》的颁布实施为标志，从政府、生产经营单位、从业人员三方的权利和义务入手，加大了培训力度，建立了合理的培训网络，拥有专职教师队伍，形成比较完善安全教育培训体系。

二、安全生产教育培训的必要性及作用

安全生产是社会文明和进步的重要标志，是国民经济稳定运行的重要保障，是全面建设小康社会的重要内容。从国内外有关安全事故的统计和分析来看，导致安全事故发生的原因各种各样，归纳起来不外乎四个方面：一是环境的不安全条件；二是管理上存在的缺陷；三是物或机器的不安全状态；四是人的不安全行为。对于事故的预防和控制，就是消除或改变环境的不安全条件、管理上的缺陷，消除物或机器的不安全状态和人的不安全行为，因此，应从工程技术、管理控制和培训教育入手，采取相应对策。其中工程技术对策

着重解决物的不安全状态问题，管理控制对策着重解决的是管理上存在的缺陷，培训教育对策着重解决的是人的不安全行为问题，其中任何一项措施的改进都将有助于事故的预防和控制。

与此相对应的是，消除事故发生就是消除或改变环境的不安全条件、管理上的缺陷，消除物或机器的不安全状态和人的不安全行为。其中，人的因素至关重要。根据有关统计表明，大约有 80% 以上的事故是由于人的不安全行为引起的。同时，人又往往是事故的受害者和承担者。科学研究表明，人的某种行为的发生与人的性别、年龄、性格、所处环境、受教育或培训程度有密切的关系。而大量事故案例证明，减少或消除人的不安全行为最直接、最有效的方式就是通过加强安全培训，引导树立正确的安全意识和安全理念，增强人的安全技能，改善不良的安全习惯，达到避免和减少各类生产安全事故发生的目的。因此，加强安全培训成为贯彻落实“以人为本”科学发展观的重要措施，是实现安全发展的重要基础性工作，也是新时期我国安全生产工作的重要内容之一。

近年来，安全培训工作的重要性在我国安全生产管理工作中的地位日益突出，国家在颁布实行的一系列安全生产法律法规中，对加强安全生产知识宣传和安全培训，提高职工安全生产意识有明确规定。如《中华人民共和国安全生产法》第十一条规定：“各级人民政府及其有关部门应当采取多种形式，加强对有关安全生产的法律、法规和安全生产知识的宣传，增强全社会的安全生产意识。”国家安全生产监督管理局先后颁布实施有关安全生产培训的法律法规和许多省市制定的地方性法规对安全生产培训也做出了明确规定和要求。随着安全培训工作的不断深入与加强，我国安全生产事故总量和伤亡人数呈现逐年下降趋势，安全培训在新时期安全生产工作中的地位和作用正日益显现，成为防范和减少事故的重要手段之一。

安全教育培训的作用主要表现在：

第一，安全教育培训是《安全生产法》等法律法规赋予各级政府和生产经营单位的重要职责。《安全生产法》明确要求企业对员工进行安全教育，如果企业没有按照法律法规的规定履行职责，将会受到法律的制裁。又如《建设工程安全生产管理条例》规定，施工单位应当对管理人员和作业人员每年至少进行一次安全生产教育培训，其教育培训情况记入个人工作档案。安全生产教育培训考核不合格的人员，不得上岗。

第二，安全教育培训是企业生存发展的需求。在市场经济条件下，尤其是在加入 WTO，在全球职业安全卫生标准一致化的背景下，我国企业在安全方面的问题越来越突出，劳动者素质低，技术水平不高，生产条件差，管理落后，安全欠账多，安全投入不够等，与显示安全生产的要求不相称，严重地制约了企业的发展，有些还面临被市场淘汰的危险。而这都与安全教育与培训有关，是摆在企业安全教育与培训面前的突出问题。因此，企业从自身生存发展的角度考虑，也必须通过安全教育培训来提高员工的安全素质，为生产经营活动的安全进行创造条件。

第三，安全教育培训是员工自我保护的需要。员工在进入企业后，对企业的生产经营状况和生产工艺原理不甚了解：企业的危险源在哪里？生产中存在的危险因素有多少？这些危险因素是怎样产生的？有什么防护措施？自己将要去的岗位有什么危险？万一发生事故，如何采取应急措施？这些都要求员工在正式上岗前就有所了解。因此，员工必须接受安全教育培训，了解和掌握企业概况，提高自己的安全意识，获得安全操作技能，掌握处理和应对紧急情况的本领，从而预防和避免在生产过程发生事故，保障自身安全和生产的正常进行。

三、我国安全生产教育培训体系概况

（一）安全培训体系建设总体思路

牢固树立“培训不到位是重大安全隐患”理念；以全面落实持证上岗和先培训后上岗制度为核心；坚持依法培训、科学施教，从严考试，严格追责原则；深入加强安全培训责任体系、教学体系、执法体系和信息管理体系建设；深入实施全覆盖、多手段、高质量的安全培训。

（二）安全培训体系建设基本原则

坚持“安全第一、预防为主、综合治理”的方针，体现“科学发展、以人为本”指导思想；坚持统一规划，归口管理，分级实施，分类指导，教考分离的原则；坚持服务基层、方便企业；发挥各级政府、行业部门作用，各司其职，齐抓共管；充分利用高等院校、科研院所和中介机构等培训资源，实现资源优化配置；与时俱进，开拓创新，不断完善安全教育培训体系。主要做到如下五点：

（1）坚持为安全生产大局服务，为干部职工成长成才服务的工作方向。做到安全生产事业需要什么，就培训什么；各类人员履行安全生产职责需要什么，就培训什么。

（2）树立培训不到位就是重大安全隐患的理念。安全培训是保障人的生命安全重要基础工作，要把安全培训作为安全生产治理体系和治理能力现代化重要内容，减少事故源头性、根本性对策，最具潜力、最可靠、最有益的安全投入；把安全培训不到位作为重大安全隐患来对待，重大隐患去查处追责。

（3）坚持依法治训、重点治乱。运用法治思维和法治方式推动安全培训工作，使责任单位和责任者受到震动、付出代价，使持证上岗和先培训后上岗制度成为不能碰、不敢碰的“高压线”。

（4）使市场在安全培训资源配置中起决定性作用，并更好发挥政府作用。顺应审批做减法、监管做加法历史趋势，办培训向管方向、管制度、管考核和监督培训转变；树立竞争择优理念，以竞争盘活安全培训资源，以择优提升安全培训质量。

（5）做到培训规模、质量、效益相统一。企业每发展一步，安全培训就跟进一步；把安全培训质量作为安全培训生命线；将提高从业人员安全能力贯穿于培训考试全过程；做到继承与创新相结合，不断推动培训理念内容创新、方法创新。

（三）安全培训体系服务对象

（1）政府公务人员。主要包括政府领导干部、安全监管人员、煤矿安全监察人员、行业管理部门相关人员。

（2）生产经营单位从业人员。主要包括生产经营单位主要负责人、安全生产管理人员、特种作业人员、煤矿班组长、一般从业人员等。

（3）安全生产专业服务机构从业人员。主要包括安全培训机构师资、危险化学品登记机构的登记人员、承担安全评价、咨询、检测、检验的人员及注册安全工程师等。

（4）其他需要培训的人员。

（四）安全生产教育培训体系主要构成

1. 建成安全培训责任体系

安全生产关键在于责任落实。主要表现在企业落实主体责任，政府部门落实监管责任，培训考试机构落实保障培训质量责任。

1）安全培训法律制度

（1）全员培训制度。用人单位应当对所有从业人员进行安全培训，各地应当普及安全法律法规和安全常识。

（2）持证上岗制度。高危企业主要负责人和安管人员应当经培训合格后方可任职；特种作业人员取得特种作业操作资格证书后，方可上岗作业；煤矿实行井下人员全员持证上岗；安全监管监察人员必须持有行政执法证后，才能执法。

（3）从业人员准入制度。必须具备相应的安全生产知识和管理能力，具有必要的安全专业知识和安全工作经验；高危行业实行从业人员资格制度。

（4）教考分离制度。安全培训机构从业行为要具有专业性、独立性和客观性；安全考试机构不得组织相关培训。

（5）经费保障制度。安全费用可用于安全培训支出；按比例足额提取教育培训经费，新上项目须安排员工技术培训经费；工伤保险基金可用于工伤预防的宣传培训。

（6）责任追究制度。对培训违法违规行为，可给予责令限期整改、罚款，责令停产停业整顿、关闭等处罚；对有关责任人员可以罚款、剥夺终身从事该职业的权利，依法追究行政或刑事责任。

2）企业安全培训主体责任

（1）组织领导责任。把安全培训纳入企业发展整体规划，明确责任机构和人员；将安全培训与生产经营活动同部署、同检查、同考核。

（2）持续培训责任。安全培训制度和计划；先持证后上岗，新员工岗前三级教育和师傅带徒弟训练；班组长轮训，“四新”培训；劳务派遣工接受同等安全培训。

（3）经费保障责任。一般企业按照工资总额1.5%提取；重点企业及高危行业按照工资总额2.5%提取，企业新上项目要专门安排培训经费；足额提取使用安全培训专项经费；足额支付员工参加培训期间的工作和必要费用。

（4）督促检查责任。健全安全培训考试档案；加强安全培训检查和考核；自觉接受监管和社会监督。

3）部门安全培训监管职责

（1）宏观指导职责。制定中长期安全培训规划，解决安全培训新情况新问题，制修订相关法规标准，编印安全培训教材。

（2）协调服务职责。纳入国名教育、各级党校教育、就业技能和阳光培训范畴，帮助企业解决安全培训问题，组织讲师团为中小企业提供服务。

（3）考核发证职责。建立考试机构，开发“三项岗位”人员考试题库，严格从业人员资格准入审核，做好考核、发证和证件复审工作。

（4）市场规范职责。各类培训机构平等竞争培训项目，加强培训办班行为监管。

（5）监督检查职责。纳入日常检查重点内容，专项检查；细化检查内容、方法和程序；对培训违法违规行为依法严肃处理。

（6）培训干部职责。加强对县乡分管安全领导、市县安监局长专题培训；加强安监干部执法资格和业务培训。

（7）经费筹措职责。推动各地政府把应承担的安全培训经费纳入财政统筹；推动提取部分工伤保险，安全生产责任险，建筑意外伤害险资金。

4）安全培训机构责任

（1）健全质量控制制度，严格按照全国统一的培训大纲进行培训。

（2）要认真落实中组部和总局关于加强学员管理规定。

（3）建立培训档案，严格收费管理，加强师资队伍建设和资金投入，持续改善培训条件，不断提高培训质量。

5）安全资格考试机构责任

严格落实安全资格考试制度；管理维护考试题库；规范考生报名，审查考试资格；健全考务工作制度，严格监考。

2. 建成安全培训教学体系

教学体系是保障培训质量的关键所在；解决培训什么、谁来培训、怎么培训的问题。

1）安全培训大纲和教材建设

要定期制修订各类人员安全培训大纲；按照“看得懂、用得上、记得住”原则，组织编写安全培训教材；加强教材编写、出版、发行、使用管理；建立教材推广信息网络，定期推荐教材。

2）安全培训师资队伍建设

建立国家和省级师资库；探索建立安全培训师职业；定期开展业务研讨交流和讲课示范。

3）安全培训机构建设

突出实际操作和体验培训，建设一批示范培训机构，综合实训基地；坚持开放办学，构建竞争充分，规范有序的安全培训市场。

4）网络培训平台建设

推动优质资源共享和网络学习；建成课程“超市”和数字图书馆；推行自主选学，建立累计学时学分制；拓展电视、微博、微视培训等形式；鼓励有条件单位面向社会提供远程培训。

5）安全培训模式建设

推广师傅带徒弟、班前安全培训等制度；推行“变招工为招生”；支持小微企业与培训机构签订合作协议。

3. 建成安全培训考试体系

考试时确保培训质量的重要关口，对从业人员自学和培训机构都具有导向作用；加快构建考试体系，使安全资格证书成为政府、企业保护从业人员生命的证书。

1）严格落实考试持证制度

高危行业企业主要负责人和安管人员必须经考试合格持安全资格证上岗；特种作业人员必须经考试合格持特种作业操作资格证书上岗；煤矿工人持证上岗考试首先要在50个重点县试点；安全监管监察人员上岗1年内必须参加执法资格培训考试，持执法证可独立执法。

2）统一考试标准和题库

已印发各类人员安全资格考试标准；基本完成安全生产资格国家考试题库开发；组建命题专家库，建立题库建设工作机制；严格执行80分合格标准，将一次通过率由目前的90%以上逐步回归到合理水平。

3）加快推进考试点建设

在各市（地）和重点县（区）规范设置一批考试点；协调发改、财政等部门，明确安全资格考试费用收取标准。

4）大力推行计算机考试

安全资格考试实行计算机无纸化考试；总局组织开发安全资格计算机考试系统；加快实行统一计算机考试；组织开发特种作业人员实操模拟考试系统。

5）严肃考风考纪

警惕考试题库统一、考试难度加大后问题；抓紧建立严格的考务制度；加大远程实时监控系统建设，考试全程录音、录像；对违法违规行为，严肃追究有关人员责任。

4. 安全培训执法体系建设

全面推进依法治国、必须坚持严格执法；把严格执法作为安全培训工作的重要着力点，在安全培训方面推动形成不能违法、不敢违法的法制环境。

1）加大安全培训执法力度

各地要列入日常执法检查重要内容和年度执法计划，每年至少开展两次专项执法；国家总局和煤监局每年将对全国安全培训工作进行1～2次专项监督检查；建立安全培训执法统计制度，定期统计并通报安全培训执法情况。

2）落实安全培训执法内容

对下级政府及其有关部门重点检查五个内容，主要包括：安全培训安排部署情况；安全知识进学校、党校和职业技能培训等情况；建立培训考试体系情况；依法查处培训违法违规行为情况；培训地方政府分管领导和安全监管监察根部情况。

对企业重点检查五个方面，主要包括：安全培训责任体系、制度、计划；培训经费提取、使用和落实从业人员培训期间工资待遇；持证上岗和先培训后上岗制度；知识更新和转岗培训制度；建立档案并如实记录安全培训考核工作。

对培训机构检测四个方面内容，主要包括按大纲组织教学；考试通过率；强化学员管理；建立培训档案。

对考试机构检测严格执行考务制度情况。

3）加大行政处罚和责任追究健全力度

下发责任追究办法，解决培训违法违规成本问题；对培训违法违规行为从严处罚；建立黑名单制度，公开曝光形成震慑；发挥事故警示作用，组织摄制专题片。

5. 安全培训信息管理体系建设

1）开发安全培训信息管理系统

全国全面实现培训计划网上备案、培训报名网上办理、发证材料网上审核、培训档案网上生产；推动实现安全培训管理工作制度化、流程化和标准化。

2）完善安全培训数据库

按照谁发证、谁采集、谁上报原则，建立各类人员和机构数据库；强化数据统计、分析、运移，为安全生产决策提供依据。

3）加快实现证书全关联网查询

安全资格证书式样和编号由总局统一规定；建成管理系统，实现证书信息共享和查询；2015年起，不能网上查询证书将视为伪证；逐步实现手机、专用终端等多方式查询证书。

（五）安全培训工作制度

我国安全生产教育培训坚持五项工作制度，分别是安全培训目标管理考核制度、暗查抽考制度、挂牌督办制度、通报公告制度、责任倒查制度。

（1）目标管理考核制度：每年制定安全培训具体工作目标，制定工作绩效考核指标体系；每季度检查小结，半年专项检查，年底考核总结；考核结果纳入安全生产综合考核内容。

（2）暗查抽考制度：把“四不两直”“暗查暗访”作为安全培训执法主要方式；通过现场随机抽查考试，检查安全培训考试工作落实情况和效果。

（3）挂牌督办制度：对监督检查中发现的安全培训重大问题实行挂牌督办；对挂牌单位要落实整改措施；对未按要求整改到位的，依法严肃处理。

（4）通报公告制度：建立安全培训权利清单制度；定期公开并按照培训合格率排名；强化企业安全培训重点信息公开。

（5）责任倒查制度：现场执法发行培训流于形式，倒查施教机构、考试机构责任；对于较大以上事故主要责任人，倒查培训和考试、发证机构责任。

第六节　安全生产经济学理论

安全生产经济学就是从经济学角度探讨安全问题，就是用经济学的分析方法，为获得最佳安全效益（包括经济效益和非经济效益），确定最优安全水平，以及为解释现实生活中常常偏离最优安全水平找出经济学上的理由，提供解决对策，从而为搞好安全生产服务。

一、安全生产效益及利益规律

（一）安全效益的含义及分类

“效益”是现代经济社会中运用十分广泛的一个概念，它是“价值”概念的进一步发展。从词义上讲，价值是指事物的用途或积极作用，而效益则是泛指事物对社会的效果与利益。从经济学的角度看，效益是价值的实现，或是价值的外在表现，因此从这种意义上讲，效益就是价值。“价”是指物质生产中的商品交换和商业活动。“值”是相当的意思，是说人们在交换时要求双方所得相等，公平交易。随着社会生产的发展，人们对“价值”有了进一步的认识，凡是人所参与的对社会发展起一定推动作用的活动，无论是物质生产，还是非物质生产，都具有“价值”。于是“价值”这一概念应用到社会生活的非物质生产领域。价值是一种关系范畴，它在人和客观世界的关系中，揭示了自然和社会对人所具有的肯定或否定的意义。价值只有在人与客观世界以及人与人的关系中才表现出来，它表现了主体与客体之间的关系体系。

安全价值或安全效益是指安全条件的实现，对社会（国家）、对集体（企业）、对个人产生的效果和利益。从安全效益的表现形式看，安全的直接效益是人的生命安全、身体健康的保障和财产损失的减少，这是安全的减轻生命与财产损失的功能；安全的另一个重要效益是维护和保障系统功能（生产功能、环境功能等）得以充分发挥，这是安全的“价值增值能力”。从安全效益的层次上说，安全效益可分为宏观效益和微观效益，对国家、社会的安全作用和效果是安全的宏观效益，对企业和个人的安全作用和效果是安全的微观效益。就安全效益的性质来划分，安全效益又分为经济效益和非经济效益。例如，无益消耗和经济损失的减轻，以及对经济生产的增值作用是安全的经济效益；而生命与健康的保障、自然环境和社会环境的安全与安定是安全的非经济效益。对安全效益的评价，不仅要重视经济效益的方面，也要重视非经济效益的方面；在讲求社会效益的同时，也必须按经济规律办事。马克思曾指出：“真正的财富在于用尽量少的价值创造出尽量多的使用价值，换句话说，就是在尽量少的劳动时间里创造出尽量丰富的物质财富。”① 从这个意义上说，安全效益的实质就是：用尽量少的安全投资，提供尽量多的符合全社会需要和人民要求的安全保障。安全活动在满足安全需要的基本前提下，所用的活劳动和物化劳动消耗越少，安全的经济效益就会越高。因此，安全专业机构或部门一定要在提高安全社会效益的前提下，努力提高安全经济效益。

（二）利益规律

所谓利益规律，就是人们总是根据利益行事，进行思维和发表言论。换句话说，人们的行动、思想和言论与利益相联系，受利益支配。

---

①《马克思恩格斯全集》第二十六卷，人民出版社 1974 年版，第 281 页。

这里所说的利益包括社会利益。因为在社会领域中既有个体利益又有社会利益，而社会利益是个体利益实现的前提，离开了一定的社会利益，个体利益的实现就失去条件和环境。所以，社会利益（包括阶级、国家等利益）有重大的作用，尤其在非常时期如战争、社会革命期间有巨大的动员、鼓舞和推动作用。同时应该看到，社会利益是在个体利益的发展中内在地成长起来的，它的使命就是保障个体利益的实现。没有个体利益，谈不上有社会利益，个体利益是社会利益的基础。所以，这里所说的利益也包括个体利益。在一般情况下，个体利益作为基本的利益单位，它的实现与否直接关系到个体的生存和发展，所以个体利益对个体起直接的重大的推动作用。马克思、恩格斯作为彻底的唯物论者曾指出："对于每个个人来说，出发点总是他们自己"，因为"这不仅为了达到自主活动，而且一般说来是为保证自己生存"①。人类社会存在着多层次的利益系统，这就是个人、家庭、小集团（包括单位）、阶级、民族、国家、全球等利益系统。这里，利益元素与利益系统是相对而言的，所以，个体利益与社会利益也是相对的。在这个多层次的"星体"利益系统中，在一般情况下，层次越低，其物质利益对个人的作用就越大。换句话说，从物质利益看，其作用与距离平方成反比。所以很明显，社会也受"万有引力"支配，不过这个"力"不是自然物体的引力，而是利益派生的"力"。

同时，利益是一个广泛的社会范畴，它不仅包括物质利益，还包括精神文化利益。在阶级社会中还有政治利益。在物质利益中除了包括物质生活资料的利益外，还有增殖、繁衍后代的利益；在精神文化利益中，除有接受科学、文化教育的利益、文化生活的利益，精神道德的利益外，还有认知、审美、创造以及人的全面发展，人的潜能的全面发挥等利益。精神文化利益是随着人们的物质利益的初步实现的基础上成长起来的，随着社会生产力的发展，以及科学文化水平的提高，精神文化利益在人们生活中的地位和作用不断增强。马克思说："人们不仅为生存而斗争，而且为享受，为增加自己的享受而斗争，准备为取得高级享受而放弃低级的享受。"② 现代人本心理学从大量材料统计中得出类似结论。认为人们的利益是从低级向高级发展的，而人的利益要求的全面实现（包括低级利益）才能形成健全的品格。而实现过低级利益（包括生理和安全的利益要求）的人，有些可以为实现高级利益（包括精神、道德利益，认知、审美、创造等利益），可以放弃部分低级利益。我国十一届三中全会后，随着经济的发展，精神文化生活产品如照相机、录音机、电视机价格虽高，但供不应求，就是例证。但是，无论如何，物质利益始终起决定的作用。因为，物质生活是人们能够生存和发展的根本条件，这个利益实现不了，就谈不上生存和繁衍；人们的物质利益也随着生产的发展而发展，古人曰："耳欲极声色之好，口欲穷刍豢之味。"这是改变不了的。20 世纪 80 年代的世界工业产品，以过去六倍之高速更新换代，就是人们物质利益要求不断发展的反映。恩格斯曾说过："人类需要的绝大部

①《马克思恩格斯选集》第一卷，人民出版社 1995 年版，第 74 页。

②《马克思恩格斯文集》第十卷，人民出版社 2009 年版，第 412 页。

分是靠物质手段实现。”① 人类精神文化利益的实现也需要一定的物质为基础。严格地说：“追求幸福的欲望只有微小的一部分靠理想的权利来满足。”② 所以物质利益在历史中的作用是带有根本性的。这里所说的利益主要是物质利益。

二、安全生产经济学原理

（一）安全基本原理

安全经济理论和方法首先从属于安全，所以遵循依照安全固有属性所概括出的基本原理。

1. 避免事故或危害有限性原理

这一原理包括两层含义：

第一，各种生产和生活活动过程中的事故或危害事件虽然可以避免但很难完全或绝对避免。

第二，各种事故或危害事件的不良作用、后果及影响可能避免，但难以完全或绝对避免。

2. 安全的相对性原理

安全经济学就是要根据社会生产技术水平和客观经济能力，以及相应的社会对危险、危害的承受能力，为不同的生产、生活环境或产业过程提供和确认这一“最低”安全值，作为制定安全标准的依据。从另一侧面理解，可以认为安全的相对性是指免除风险（或危险）和损失的相对状态或程度。

3. 安全的极向性原理

这一原理包含如下三层含义：

第一，安全科学的研究对象（事故、危害）是一种“零无穷小”事件、“小概率”事件或称“稀少事件”。即事故或危害事件具有如下特点：一是事故发生的可能性很小（趋向零，小概率），而后果十分严重（趋向无穷大）；二是危害事件的作用强度很小，但危害涉及的范围或人数却广而多。

第二，描述安全特征的两个参量——安全性与危害性具有互补关系。即“安全性 = 1 - 危害性”，当安全性趋于无穷大时，危害性趋于最小值，反之亦然。

第三，人类从事的安全活动，总是希望以最小的投入获得最大的安全。

上述三对极向矛盾运动，是安全经济学发展的基础和动力。换言之，安全经济学根本的重要基础命题就是要使这三对矛盾达到最合理的状态。

安全经济学的实用意义之一在于指导安全经济决策，确定最佳的安全投入，即用较少的人力、物力、财力、时间和空间获取较大的成果或收益，把稀缺资源配置到各种不同的和相互竞争的需要上，并使它们得到最大满足。后面将介绍用于安全投资合理性评价的安

---

①《马克思恩格斯选集》第四卷，人民出版社 1972 年版，第 235 页。

②《马克思恩格斯选集》第四卷，人民出版社 1995 年版，第 239 页。

全成本的优化分析、安全经济投入最优化原理、安全经济投入的合理评价及安全的效用原理。

（二）安全经济学基本原理

规则是人为规定的、规范人类行为的伦理道德、规章制度、法律条例、标准规范等的总和。按照所规范的人类行为特征的不同，规则可以分为社会规则、经济规则、技术规则和安全规则四类。社会规则是调节和规范人们的社会关系和社会行为，使人类社会活动有序化的规则的总和，主要由风俗、习惯、时尚、道德、纪律、规章制度、法律法规等组成。经济规则是规范人们经济关系和经济行为，使人类经济关系和经济活动有序化的规则的总和，主要由生产关系、市场规范等组成。技术规则是规范人类技术行为的规则，主要有行业技术标准、产品质量标准、工艺规范等。安全规则是规范人类安全行为的规则，主要有各行业安全操作规程。自然规律也叫自然法则，是一种由大自然“制定”，物质世界非智力行为的规则，它与社会、经济、技术、安全等规则一起组成与五类规律相对应的五类规则。

在多种规律联合作用的情况下，为了实现既定目标，显然需要找到一种使得相关规律的作用都成为协同者的途径。人类在实现重大战略目标的过程中，往往同时受到五类规律的作用，因此必须探索这样的途径，使五类规律的作用都成为协同者，从而成为实现战略目标的动力，这种状态称为“五律协同”。

1. 安全与经济双赢原理

安全决策者所制定的安全经济政策必须取得安全规律与经济规律的协同才能实现安全与经济的双赢，称之为安全与经济双赢原理。

规则与规律都制约着人类的行为，彼此之间既有联系又有区别。人类实践已反复证明，偏离规律的规则往往是事物发展的离心力，背离规律的规则常常是发展的阻力，只有顺应规律的规则才是发展的动力。例如，市场是配置资源的有效手段，计划经济体制偏离了这一基本规律，制约了经济发展；而市场经济体制顺应了这一规律，将促进经济发展。安全经济政策作为一种规则，同样适合这一结论：只有同时顺应安全规律与经济规律，才能成为发展的动力，取得安全与经济双赢的效果。

2. 安全状态转换原理

属于共有态的安全资源需要通过政府引导最大限度地进入市场态或公共态，称之为安全状态转换原理。

总的来说，经济中的物品按人类对其管理的状态大致可分为三类：第一类是市场态物品，它们由市场进行配置，如粮食、衣服、电视机、洗衣机等；第二类是公共态物品，它们主要由政府提供，人们不必直接付费即可享用，如国防、桥梁、教育等；第三类是共有态物品，由自然界提供（没有人主动愿意提供），如海洋生物、矿藏、河流、大气、森林、土地等安全资源。市场态与公共态的物品由于具备可持续的供给与可持续的需求，运行效果良好。共有态的物品虽然具备可持续的需求，但由于人类过度地利用往往缺乏可持续的供给能力，出现“共有地的悲剧”。因此，通过政府宏观调控政策的引导，改变安全资源的原有状态，将其最大限度地转入市场态，由市场进行配置，或者使之进入公共态，由政府协助配置，从而避免“共有地的悲剧”，这是解决安全问题的有效途径。例如，为了控制事故的发生，一个重要方面就是制定相应的政策来指导（如要求企业建立安全生产责任制），甚至（如高危险行业的企业必须取得安全生产许可证才能生产经营）强制人们在生产和生活中的安全行为，促使企业在进行产品生产之前，首先进行安全产品（更确切的是安全环境的创造）的生产。

3. 安全内在化原理

市场的安全外部性要最大可能地内在化，称之为安全内在化原理。

外部性是指市场双方交易产生的福利结果超出了原先的市场范围，给市场外的其他人带来了影响。外部性多种多样，与安全有关的外部性特别是负外部性（企业损失低于事故损失）的存在是安全经济学产生的直接原因之一。

在一些安全产生外部负效应的市场中，经济活动产生的安全成本（或收益）并没有在市场价格中体现出来，因此，某些安全产品和服务的价格其实是被低估了。例如，由于事故赔偿的市场价格远远低于它造成的损失成本（如给员工家庭造成的损失），造成企业损失低于真实的事故损失，而企业作出经济决策都以市场信号为指导，从而导致安全变得越来越糟糕。又如，对员工在生产中创造安全环境的行为没有给予正确的评价与激励，安全奖励不足，弱化了员工注意安全行为、遵循操作规程的积极性，结果促使“三违”行为不断发生。还有另外一种情况，安全产生正外部性。例如，重视安全培训的企业的员工的安全素质比较高，不但企业的安全事故少、造成的损失小，而且使职工在日常生活中也养成了很强的安全意识，结果促使员工在上下班途中遵守交通规则，从而交通事故率下降。但市场对企业安全培训的评价远小于安全产生的益处，于是，企业安全培训的积极性有可能降低，使这些对安全很有好处的培训慢慢地变少。

为了对这种状况进行补救，就必须尽可能使市场产生的安全外部性最大可能地内在化，从而使企业、组织及个人生产或消费更少的对安全有外部负效应的产品，提供更多的对安全有正外部性的产品。办法是将外部费用引进到价格之中。例如，对事故频发的企业，征收事故税，加入到现行的企业税负中去；科学地评估事故给受害者造成的损失并加以赔偿；也可以对重视安全培训、安全投资大、生产无事故的企业进行补贴。这些经济措施将激励市场中的买卖双方进行理性选择，生产或购买更接近社会最优的安全量，纠正外部性的效率偏差，给社会经济及安全生产带来益处。

4. 安全生产力原理

安全也是生产力，称之为安全生产力原理。

生产力是推动人类文明、社会进步和经济发展的根本动力，而安全正成为一种新兴的生产力。随着人们对安全生产质量、安全生活质量的要求的提高，安全不仅是支撑经济系统发展的物质基础，而且正成为扩大国际贸易、促进社会经济发展的重要因素。

目前，我国的区域经济发展已进入一个以创造良好的“大安全”为中心的新的竞争阶段，企业间的竞争主要是安全生产科技的竞争。作为企业对外的“名片”，安全生产是企业竞争力的重要体现，它所产生的安全效益、品牌效益和经济效益可转换为促进企业发展的直接成分和重要因素。所以，就企业层面而言，尤其是致力于发展外向型经济的企业而言，安全是品牌，安全是效益，安全是竞争力，安全是实现可持续发展的持久动力，一言以蔽之，安全也是生产力。

三、安全生产经济投入的评价原理及方法

（一）安全经济投入最优化原理

安全经济投入的最优化准则有两种：一是安全经济消耗最低，二是安全经济效益最大。前者要求“最低消耗”，后者是讲“最大效益”。

1. 安全经济投入最低消耗原理

安全涉及两种经济消耗：事故损失和安全成本（这里仅包含安全主动性的支出）。两者之和表明了人类的安全经济负担总量，用安全负担表示，它反映了安全经济总消耗。安全经济投入最优化的一个目标是使安全负担达到最小值。

2. 安全投资最大效益原理

安全效益函数 $E(S)$ 表达了安全效益的规律。在 S_0 点处有 $E=E_{max}$，此时的 S_0 可由下式求得：

$$dE(S)/ds=0$$

上式中，在 S_1、S_2 两点处，无安全效益，说明安全性较低或较高，系统总体效益均不高。但两点的安全水平有显著的不同。根据最大效益原理，可将安全性取值划分为三个范围：

①$S<S_1$，投入小，但损失大，综合效益差，需要改善安全技术，提高效益；

②S 在 S_1 和 S_2 之间，接近 S_0 点有较好的安全综合效益，是优选范围；

③$S>S_2$，虽然损失小，但安全成本高，综合效益也较差，需要在力求保持安全性的前提下，降低成本，取得较高的综合效益。

（二）安全经济投入的合理评价方法

1. 机会成本评价法

安全的稀缺性决定了人们必须进行选择，选择的原则是最优化，而衡量最优化的标准是机会成本。机会成本是作出一项决策时所放弃的其他可供选择的各种用途的最高收益。

为了实现避免或减少事故损失的目标，人们就必须付出一定的经济代价，但这种代价是否会肯定避免或减少相应的事故损失又取决于多种因素，尤其是事故本身。在很多情况下，我们待解决的事情是要进行选择，因此可以运用机会成本法进行优先。

对企业而言，事故造成的损失不仅会使其付出物质财富代价，还会波及其生产、市场等。企业要想稳定自己的生产经营，一般向保险公司投保各种财产保险，通过交付一定的保险费来换取保险公司对事故损失进行补偿的保障，但这种代价的付出，可能因事故的发生而换取保险公司的赔款，也可能因事故未发生在保险有效期内或发生的事故不属于保险责任范围而得不到保险公司的补偿。所以，对于有限的资源（自然资源、人力资源、时

间资源等），企业如何选择以实现机会成本最小化，将是判断安全经济投入最大化的重要方法。

2. “功能（效益）—成本”评价法

基于价值工程原理，安全投资项目的合理性和有效性也可用投资方案的“功能—成本”比或“效益—成本”比来评价。评价模型如下：

$$SIRD_j = \sum P_i L_i R_i / C_j$$

式中　$SIRD_j$——第 j 种方案安全投资合理度；

P_i——投资系统中第 i 种危险的发生概率；

L_i——投资系统中第 i 种危险的最大损失后果；

R_i——投资后对第 i 种危险的消除程度；

C_j——第 j 种方案的安全工程总投资。

上式中的 $\sum P_i L_i R_i$ 表示安全投资后的总效果，其中 $P_i L_i$ 是系统危险度，分母 C_j 表示安全投资。

鉴于不同的投资方案具有不同的安全效果和投资额，从而具有不同的投资合理度。于是，依据 *SIRD* 值的大小进行排序可选出最优方案，实现方案优选。

第七节　安全生产文化理论

安全生产是构建和谐社会的重要组成部分，人们运用安全生产文化理论在安全生产的体制、机制和法制建设上进行大胆探索和改革创新，在安全生产的投入上也得到了明显的加强，促进安全生产形势趋于稳定和好转。

一、安全文化的历史与发展

（一）安全文化的起源与演变

安全文化是人类生存和社会生产过程中的主观与客观存在，因此，安全文化伴随人类的产生而产生，伴随人类社会的进步而发展。但是，人类有意识地发展安全文化，仅仅是近 20 余年的事。这是由现代科学技术发展和现代生产、生活方式的需要所决定的。具体而言，最初提出安全文化的概念和要求，起源于 20 世纪 80 年代的国际核工业领域。1986 年国际原子能机构召开的“切尔诺贝利核电站事故后评审会”认识到“核安全文化”对核工业事故的影响。当年，美国 NASA 机构把安全文化应用到航空航天的安全管理中。1988 年在其“核电的基本原则”中将安全文化的概念作为一种重要的管理原则予以落实，并渗透到核电厂以及相关的核电保障领域。其后，国际原子能机构在 1991 年编写的“75 - INSAG - 4”评审报告中，首次定义了“安全文化”的概念，并建立了一套核安全文化建设的思想和策略。

我国核工业总公司不失时机地跟踪国际核工业安全的发展，把国际原子能机构的研究成果和安全理念介绍到我国。1992 年《核安全文化》一书中文版出版。1993 年我国原劳动部部长李伯勇同志指出"要把安全工作提高到安全文化的高度来认识"。在这一认识基础上，我国的安全科学界把这一高技术领域的思想引入传统产业，把核安全文化深化到一般安全生产与安全生活领域，从而形成一般意义上的安全文化。安全文化从核安全文化、航空航天安全文化等企业安全文化，拓宽到全民安全文化。

（二）安全文化发展阶段及特点

依其历史学，人类客观的安全文化伴随人类的生存与发展。从这一角度，人类的安全文化可分为四大发展阶段。17 世纪前，人类安全观念是宿命论的，行为特征是被动承受型的，这是人类古代安全文化的特征。17 世纪末期至 20 世纪初，人类的安全观念提高到经验论水平，行为方式有了"事后弥补"的特征。这种由被动式的行为方式变为主动式的行为方式，由无意识变为有意识的安全观念，不能说不是一种进步。20 世纪 50 年代，随着工业社会的发展和技术的不断进步，人类的安全认识论进入了系统论阶段，从而在方法论上能够推行安全生产与安全生活的综合型对策，进入了近代的安全文化阶段。20 世纪 50 年代以来，人类的高技术的不断应用，如宇航技术、核技术的利用、信息化社会的出现，人类的安全认识论进入了本质论阶段，超前预防型成为现代安全文化的主要特征，这种高技术领域的安全思想和方法论推进了传统产业和技术领域的安全手段和对策的进步。不同发展阶段的安全文化特征见表 7－1。

表 7－1　人类安全文化的发展脉络及特点

时代的安全文化	观 念 特 征	行 为 特 征
古代安全文化	宿命论	被动承受型
近代安全文化	经验论	事后型，亡羊补牢
现代安全文化	系统论	综合型，人机环对策
发展的安全文化	本质论	超前、预防型

二、安全文化理论常识

1986 年，国际核安全检查咨询组（INSAG）首先提出安全文化的概念。两年后，INSAG 在其核安全的基本原则中把安全文化（safety culture）的概念作为一种基本的管理原则，提出安全的目标必须渗透到核电厂发电所进行的一切活动中。1991 年，国际安全咨询组编写的"75－INSAG－4"报告《安全文化》面世，标志着安全文化正式在世界各国传播和实践。随后，在中国劳动保护科学技术学会的推动下，我国在核电工业、交通运输业、建筑业、石油化工业、冶金等领域逐步引入及推广这一概念，并兴起研究和建设安全文化的热潮。

英国健康安全委员会对安全文化的定义：一个单位的安全文化是个人和集体的价值观、态度、能力和行为方式的综合产物。安全文化可分为三个层次，一是可见之于形、闻之于声的表层文化，如企业的安全文明生产环境与秩序等；二是企业安全管理体制的中层文化，它包括企业内部的组织机构、管理网络、部门分工及安全生产法规与制度建设；三是沉淀于企业及其职工心灵中安全意识形态的深层文化，如安全思维方式、安全行为准则、安全价值观等。其中最重要的是深层文化，它支配着企业职工的行为趋向，而表层文化、中层文化的状况也会反作用于企业的深层安全文化。

安全文化有广义和狭义之别，但从其产生和发展的历程来看，安全文化的深层次内涵，仍属于“安全教养”“安全修养”或“安全素质”的范畴。也就是说，安全文化主要是通过“文之教化”的作用，将人培养成具有现代社会所要求的安全情感、安全价值观和安全行为表现的人。

倡导安全文化的目的：在现有的技术和管理条件下，使人类生活、工作得更加安全和健康。而安全和健康的实现离不开人们对安全健康的珍惜与重视，并使自己的一举一动符合安全健康的行为规范要求。人们通过生产、生活实践中的安全文化的教养和熏陶，不断提高自身的安全素质，预防事故发生，保障生活质量，这就是被一部分人认为的安全文化的本质。

安全文化包括以下三种体系：

1. 安全文化的形态体系

从文化的形态来说，安全文化的范畴包含安全观念文化、安全行为文化、安全管理（制度）文化和安全物态文化。安全观念文化是安全文化的精神层，安全行为文化和安全管理（制度）文化是安全文化的制度层，安全物态文化是安全文化的物质层。

（1）安全观念文化。主要是指决策者和大众共同接受的安全意识、安全理念、安全价值标准。安全观念文化是安全文化的核心和灵魂，是形成和提高安全行为文化、制度文化和物态文化的基础和原因。当代，需要建立的安全观念文化：预防为主的观念；安全也是生产力的观点；安全第一的观点；安全就是效益的观点；安全性是生活质量的观点；风险最小化的观点；最适安全性的观点；安全超前的观点；安全管理科学化的观点等。同时还包括：自我保护的意识；保险防范的意识；防患未然的意识等。

（2）安全行为文化。指在安全观念文化指导下，人们在生活和生产过程中的安全行为准则、思维方式、行为模式的表现。行为文化既是观念文化的反映，同时又作用和改变观念文化。现代工业化社会，需要发展的安全行为文化：进行科学的安全思维；强化高质量的安全学习；执行严格的安全规范；进行科学的安全领导和指挥；掌握必需的应急自救技能；进行合理的安全操作等。

（3）安全管理（制度）文化。安全管理文化是企业行为文化中的重要部分，因此放在专门的地位来探讨。管理文化指对社会组织（或企业）和组织人员的行为产生规范性、约束性影响和作用，它集中体现观念文化和物态文化对领导和员工的要求。安全管理文化的建设包括从建立法制观念，强化法制意识，端正法制态度，到科学地制定法规、标准和规章，以及严格的执法程序和自觉的执法行为等。同时，安全管理文化建设还包括行政手段的改善和合理化、经济手段的建立与强化等。

（4）安全物态文化。安全物态文化是安全文化的表层部分，它是形成观念文化和行为文化的条件。从安全物态文化中往往能体现出组织或企业领导的安全认识和态度，反映出企业安全管理的理念和哲学，折射出安全行为文化的成效。所以说物质是文化的体现，又是文化发展的基础。企业生产过程中的安全物态文化体现在：一是人类技术和生活方式与生产工艺的本质安全性；二是生产和生活中所使用的技术和工具等人造物及与自然相适应的有关的安全装置、仪器、工具等物态本身的安全条件和安全可靠性。

2. 安全文化的对象体系

文化是针对具体的人来说的，是对某一特定的对象来衡量的。除了对社会一般的大众、公民、学生、官员等都具有安全文化素质的问题外，对于企业安全文化的建设，一般说有五种安全文化的对象：法人代表或企业决策者，企业生产各级领导（职能处室领导、车间主任、班组长等），企业安全专职人员，企业职工，职工家属。显然，对于不同的对象，所要求的安全文化内涵、层次、水平是不同的，其具体的知识体系需要通过安全教育和培训来建立。例如，企业法人的安全文化素质强调的是安全观念、态度、安全法规与管理知识，对其不强调安全的技能和安全的操作知识。因此，对于企业决策者，应该建立的安全文化观念有：安全第一的哲学观；尊重人的生命与健康的情感观；安全就是效益的经济观；预防为主的科学观等。

3. 安全文化的领域体系

从安全文化建设的空间来讲，存在安全文化的领域体系问题，即行业、地区、企业由于生产方式、作业特点、人员素质、区域环境等因素，造成安全文化内涵和特点的差异性及典型性。因此，从企业安全文化建设的需要出发，安全文化涉及的领域体系分为企业外部社会领域的安全文化（如家庭、社区、生活娱乐场所等方面的安全文化）和企业内部领域的安全文化（如厂区、车间、岗位等领域的安全文化）。例如，交通安全文化的建设既有针对行业内部（民航、铁路内部等）的安全文化建设问题，也有公共领域（候机楼、道路等）的安全文化建设问题。

从整体上认识清楚安全文化的范畴，对建设安全文化能起到重要的指导作用。

三、安全文化建设

安全文化建设需要根据企业内外部安全管理环境及实际需要制定安全文化发展战略及计划，以保证企业在安全文化建设中的主动性，从而塑造更为可行的适合企业安全发展需要的安全文化体系。企业通过对安全文化各种影响因素及安全文化现状进行全面分析的基础上，选择合适的安全文化建设时机及目标模式，确定安全文化建设的切入点，制定安全文化建设的战略计划。

（一）安全文化建设的内容

1. 建立稳定可靠、标准规范的安全物质文化

安全文化需要依靠技术进步和技术改造来不断提高本质安全文化的程度。主要包括：

（1）作业环境安全。将生产场所中的噪声、高温、尘毒、辐射等有害物质控制在规定的标准范围内，创造舒适、安全的作业环境。

（2）工艺过程安全。操作者应了解物料、原料的性质，正确控制好温度、压力和质量等参数。

（3）设备控制过程安全。通过对生产设备和安全防护设施的管理来实现设备控制过程安全。

2. 建立符合安全伦理道德和遵章守纪的安全行为文化

（1）通过多渠道、员工在掌握安全知识的基础上，熟练掌握各种安全操作技能。

（2）严格按照安全操作规程进行操作。

3. 建立健全切实可行的安全管理（制度）文化

（1）建立健全企业安全管理机制，即建立起各方面各层次责任落实到位的高效运作的生产经营单位安全管理网络；建立起切实可行、奖惩严明的劳动保护监督体系。

（2）建立健全生产经营单位安全管理的基本法规、专业安全规章制度和奖惩制度，使其规范化、科学化、适用化，并严格执行。

4. 建立"安全第一、预防为主、综合治理"的安全观念文化

（1）通过多种形式的宣传教育，提高员工的安全生产意识，包括应急安全保护知识、间接安全保护意识和超前安全保护意识，并进行安全知识教育培训。

（2）进行安全伦理道德教育，提高员工的责任意识，使其自觉约束自己的行为，承担起应尽的责任和义务。

（二）安全文化建设的途径

建设企业安全文化就是要在企业各个方面、所有活动、一切时空过程中营造一个强大的安全文化氛围，使全体员工在这个氛围中，行为被潜移默化地规范在所崇尚的安全价值取向和安全行为准则之中，用安全文化造就具有健康完美的心理程序和安全伦理道德、科学的思维方式、高尚的行为取向和文明生产秩序的现代企业员工队伍，从而降低人为造成的安全事故发生率。

一般来说，企业安全文化建设应从三个方面进行。

一是精神层。企业安全文化建设就是要在企业内部营造一种安全气氛，通过宣传、教育培训、建立制度、认真落实、开展活动、采取激励措施等方法来转变员工的安全价值观。利用文字、影像、声音等各种传播途径，强化员工的安全意识，使企业领导和员工共同信守安全基本准则、信念、安全价值和标准。在我们商业集团安全经营管理中，最大化地利用了安全文化建设：假如您一进入我们的商业营业大厅，就会处处感受到安全文化的存在。营业厅内随处可见的"安全通道""消防栓""灭火器"等指示标牌，在各个货区高高挂着"顾客的安全和您的生命在于您的遵章守纪""注意防火""要学会正确使用消防器械"等醒目标语。来到警卫室报警装置前，安全警示板上写着"密切注视报警器，我为大楼保安全"，同时提醒警卫人员"要付出一万的努力，防止万一的发生"。在营业员更衣室，"您的安全是家人的牵挂"亲情合影照片栏，时刻提醒在岗职工安全的重要，家人的期盼。各楼层柜组、货区相继开展"讲我身边发生的消防小故事""提高我们货区安全管理小建议”“查我柜组小隐患”等活动，总公司还定期举办安全、消防培训班，举行消防事故紧急救援预案演练，提高职工消防能力，增强安全意识。为配合这些活动，集团总公司向每名职工发出安全倡议书，印制了事故隐患发现卡，建立完善了事故隐患发现台账，汇编了安全文化手册。这样，通过开展安全文化建设，采取引导、激励等多种手段增强职工践行安全理念、用安全理念规范日常安全行为的自觉性。通过以上措施，滨城区商业集团总公司安全管理工作取得了突出成效。

二是制度层。制度层是企业安全文化的中间层，主要是指对企业组织和员工的安全行为产生规范性、约束性影响的部分，它主要规定了企业成员在共同的生产经营活动中所应遵循的安全行为准则。如企业安全生产责任制度、检查制度、教育制度及各工种的安全操作规程等一系管理制度和操作规程。实践证明，安全管理仅靠文化的影响是不够的，还要通过制度建设来强制规范和约束。

三是物质层。物质层是企业安全文化的最表层部分，是企业创造的器物文化，是精神层（核心层）的载体，它所折射出的是企业的安全生产理念、思想、作风和意识。如安全生产设备、装置（自动保护开关、限位开关、联锁装置等）及防护器件、消防器材、仪表、报警系统等。注重安全经营设备建设，也是我们商业企业安全文化建设的重要部分，近几年来，百货大楼、银茂大酒店、隆达食品等企业都完成了安全生产（经营）设备装置的更新换代，进行了安全设备的高科技化改造，在实际管理中发挥了重要作用。

企业安全文化的精神层、制度层和物质层是互为表里不可分割的整体，精神层是制度层和物质层的思想内涵，是企业安全文化的核心和灵魂；制度层制约和规范着物质层和精神层的建设，是企业安全文化的骨架，没有严格的规章制度，企业安全文化建设就无从谈起；物质层是企业安全文化的外在表现，是精神层和制度层的物质载体，它所表现的是企业安全文化的程度。

企业安全文化建设必须以人为本，任何人在组织中从事生产经营活动都具有双重地位，既是被管理者又是管理者（如某人在从事某项劳动，其劳动对象即是管理对象，而劳动者本身又受制于组织的管理），而管理过程的每个环节的主体又都是人，人与人的行为是管理过程的核心，也是企业安全文化建设的落脚点。企业安全文化建设一般遵循下列方式：安全意识转变（营造安全文化氛围，提高安全意识，建立正确的安全观）→强化安全管理（建立制度，严格管理，明确责任，加强检查落实）→建立安全激励机制（制定实施激励措施，包括物质激励和精神激励）→安全科技活动（危险识别、评价、整改）等。

企业安全文化建设充分体现了现代企业管理的人文精神，是安全管理的基础工作，长期坚持，必将使员工养成良好的行为习惯。

参考文献

[1] 马克思恩格斯选集［M］. 北京：人民出版社，1995.
[2] 马克思恩格斯选集（第四卷）［M］. 北京：人民出版社，1972.
[3] 马克思恩格斯全集（第二十六卷第三册）［M］. 北京：人民出版社，1974.
[4] 马克思恩格斯文集［M］. 北京：人民出版社，2009.
[5] 列宁选集（第一卷）［M］. 北京：人民出版社，1972.
[6] 列宁选集（第二卷）［M］. 北京：人民出版社，1972.
[7] 列宁选集（第三卷）［M］. 北京：人民出版社，1995.
[8] 列宁选集（第四卷）［M］. 北京：人民出版社，1995.
[9] 毛泽东选集［M］. 北京：人民出版社，1991.
[10] 毛泽东文集［M］. 北京：人民出版社，1993.
[11] 邓小平文选（第二卷）［M］. 北京：人民出版社，1994.
[12] 邓小平文选（第三卷）［M］. 北京：人民出版社，1993.
[13] 邓小平年谱（1975—1997）：下册［M］. 北京：中央文献出版社，2004.
[14] 邓小平思想年谱（一九七五——九九七）［M］. 北京：人民出版社，1998.
[15] 江泽民文选［M］. 北京：人民出版社，2006.
[16] 中共中央文献研究室. 三中全会以来重要文献选编［M］. 北京：中央文献出版社，2011.
[17] 中共中央文献研究室. 十二大以来重要文献选编［M］. 北京：中央文献出版社，2011.
[18] 中共中央文献研究室. 十三大以来重要文献选编［M］. 北京：中央文献出版社，2011.
[19] 中共中央文献研究室. 十四大以来重要文献选编［M］. 北京：中央文献出版社，2011.
[20] 中共中央文献研究室. 十五大以来重要文献选编［M］. 北京：中央文献出版社，2011.
[21] 中共中央文献研究室. 十六大以来重要文献选编［M］. 北京：中央文献出版社，2011.
[22] 中共中央文献研究室. 十七大以来重要文献选编［M］. 北京：中央文献出版社，2013.
[23] 坚定不移沿着中国特色社会主义道路前进为全面建成小康社会而奋斗［M］. 北京：人民出版社，2012.
[24] 中共中央关于全面深化改革若干重大问题的决定［M］. 北京：人民出版社，2013.
[25] 中共中央关于全面推进依法治国若干重大问题的决定［M］. 北京：人民出版社，2014.
[26] 赵曜. 马克思列宁主义基本问题［M］. 北京：中共中央党校出版社，2001.
[27] 金春明. 毛泽东思想基本问题［M］. 北京：中共中央党校出版社，2001.
[28] 郑必坚. 邓小平理论基本问题［M］. 北京：中共中央党校出版社，2001.
[29] 本书编写组. 毛泽东思想和中国特色社会主义理论体系概论［M］. 北京：高等教育出版社，2010.

［30］田克勤．毛泽东思想概论［M］．北京：高等教育出版社，2000.
［31］张彦玲．毛泽东思想概论［M］．北京：北京出版社，2004.
［32］金春明，陈登才．毛泽东思想发展史［M］．北京：中共中央党校出版社，1993.
［33］金春明．毛泽东思想基本问题［M］．北京：中央党校出版社，2001.
［34］庄福龄．毛泽东思想概论［M］．2 版．北京：中国人民大学出版社，2010.
［35］沙健孙．毛泽东思想通论［M］．北京：人民出版社，2013.
［36］中共中央宣传部．中国特色社会主义学习读本［M］．北京：学习出版社，2013.
［37］中共中央宣传部．习近平总书记系列重要讲话读本［M］．北京：人民出版社，2014.
［38］习近平谈治国理政［M］．北京：外文出版社，2014.
［39］中共中央文献研究室．习近平关于协调推进“四个全面”战略布局论述摘编［M］．北京：中央文献出版社，2015.
［40］全国安全生产教育培训教材编审委员会．基层安监局长知识读本［M］．北京：中国矿业大学出版社，2011.
［41］国家安全生产应急救援指挥中心．安全生产应急管理［M］．北京：煤炭工业出版社，2007.
［42］广东省安全生产监督管理局．安全生产应急管理实务［M］．北京：中国人民大学出版社，2009.

后　记

《安全监管监察干部理论学习读本》主要内容包括马克思列宁主义、毛泽东思想、中国特色社会主义理论体系基本理论和安全生产基本理论，侧重于党的基本理论，是安全监管监察干部学习马克思主义基本理论特别是中国特色社会主义理论体系的参考教材。

本书在编写过程中，得到了国家安全生产监督管理总局人事司、国家安全生产监督管理总局党校、华北科技学院领导的大力支持，王俊昌、蔡卫、马顺海、王磊、冯平章等为书稿提出了重要的指导性意见。

本书由张国茹统稿修订，各章节具体撰稿者为：郭丽娟，第一章；卜忠政，第二章；李文英，第三章第一、二、三、四节；张国茹，第三章第五、六、七、八、九节；赵英，第三章第十、十一、十二、十三节；李华炜，第四章第一节；马汉鹏，第四章第二节；潘霄，第四章第三节；李刚强，第四章第四节；潘霄、王悦平，第四章第五节；张立强，第四章第六节；兰泽全，第四章第七节。

由于时间仓促、水平有限，本书尚有不完善之处，敬请读者批评指正。

作　者

2015 年 12 月 15 日

图书在版编目（CIP）数据

安全监管监察干部理论学习读本/张国茹主编．--北京：煤炭工业出版社，2016

ISBN 978-7-5020-4893-8

Ⅰ.①安…　Ⅱ.①张…　Ⅲ.①安全监察—干部教育—学习参考资料　Ⅳ.①X924

中国版本图书馆 CIP 数据核字（2016）第 043888 号

安全监管监察干部理论学习读本

主　　编　张国茹
责任编辑　曲光宇　赵　冰
编　　辑　孟　楠
责任校对　李新荣
封面设计　盛世华光

出版发行　煤炭工业出版社（北京市朝阳区芍药居 35 号　100029）
电　　话　010-84657898（总编室）
010-64018321（发行部）　010-84657880（读者服务部）
电子信箱　cciph612@126.com
网　　址　www.cciph.com.cn
印　　刷　北京玥实印刷有限公司
经　　销　全国新华书店

开　　本　787mm×1092mm $^{1}/_{16}$　**印张**　$15^{1}/_{4}$　**字数**　339 千字
版　　次　2016 年 5 月第 1 版　2016 年 5 月第 1 次印刷
社内编号　7739　**定价**　38.00 元